U0220900

深海浅说

汪品先　著

上海科技教育出版社

作者简介

（新华社记者张建松　摄）

汪品先，1936 年生于上海，海洋地质学家，同济大学海洋与地球科学学院教授。1960 年莫斯科大学地质系毕业，1981—1982 年获洪堡奖学金在德国基尔大学进行科研工作，1991 年当选中国科学院院士。专长古海洋学和微体古生物学，主要研究气候演变和南海地质。致力于推进我国深海科技的发展，开拓了我国古海洋学的研究，提出了气候演变低纬驱动等新观点。积极推动深海海底观测，促成了我国海底观测大科学工程的设立。同时，还成功地推进我国地球系统科学的发展，提倡强化科学的文化内蕴，并身体力行促进海洋的科普活动。著有 *Geology of China Seas*，《地球系统与演变》等大量著作。

1999年在南海主持中国海首次大洋钻探，开我国深海科学钻探之先河。2011—2018年主持国家自然科学基金重大研究计划“南海深海过程演变”，该项目为我国海洋科学第一个大规模的基础研究计划，使南海进入国际深海研究前列。2018年深潜南海，发现深水珊瑚林。

曾获国家自然科学奖、欧洲地学联盟的米兰克维奇奖，以及伦敦地质学会名誉会员、美国科学促进会会士、第三世界科学院院士等荣誉。曾担任中国海洋研究委员会主席、国际海洋联合会（SCOR）副主席、国际过去全球变化计划（PAGES）学术委员会副主任等，发起“亚洲海洋地质会议”系列，并主持全球季风等多个国际工作组。是第6、7届全国人大代表，第8、9、10届全国政协委员。

目　录

引　言 \ I

第一章

初探深海大洋 \ 001

第一节　海洋的早期探索 \ 002

第二节　海底测量“三部曲” \ 009

第三节　深层海流 \ 014

第二章

发现海底是漏的 \ 023

第一节　海底并不静寂 \ 024

第二节　潜入深海 \ 031

第三节　深海热液 \ 035

第四节　深海冷泉 \ 042

第五节　海底是漏的 \ 045

第三章

发现第二生物圈 \ 049

第一节 “永久的黑暗”\ 050

第二节 热液与冷泉生物 \ 054

第三节 海底下的深部生物圈 \ 062

第四节 深海由动物造林 \ 067

第四章

海底在移动 \ 075

第一节 海洋为什么深？\ 076

第二节 大洋中脊 \ 081

第三节 大洋深海沟 \ 090

第四节 海底大地形 \ 097

第五章

解读深海档案 \ 107

第一节 大洋钻探50年 \ 108

第二节 小行星撞击地球 \ 113

第三节 绿萍漂浮北冰洋 \ 117

第四节 地中海干枯之争 \ 123

第六章

祸从海底来 \ 133

第一节 地震与海啸 \ 134

第二节 海底火山爆发 \ 145

第三节　海底漏油和漏气 \ 155

第四节　海底滑坡 \ 162

第七章

深海藏宝 \ 165

第一节　多金属矿 \ 166

第二节　烃类资源 \ 176

第三节　生物资源 \ 186

第八章

无风也起浪 \ 191

第一节　深海权益之争 \ 192

第二节　海底的保护 \ 197

第三节　权益之争与深海科技 \ 204

第四节　人类与深海 \ 211

参考书目 \ 219

图片来源 \ 221

引　　言

深海，是新世纪谈论的新题目。从20世纪晚期起，人类开始进入海洋内部，对于深海取得了前所未有的新认识，这些认识正在成为科技发展和国家决策的重要依据。于是出现了一连串问题：深海什么样？深海里有什么？当前开发深海的国际竞争，我们如何应对？这类问题，已经引起了学界和媒体的热议，可惜在华语文献里至今缺乏适用的介绍材料。

其实深海是科普的绝佳材料，不但地球上最大的山脉、最深的沟谷都在深海，连最大的滑坡、最强的火山爆发，也都发生在海底。撰写这本《深海浅说》，就是想提供一份既能获取深海知识，又能当作消闲读物看的科普材料。全书8章31节，附图150幅，从深海的基础知识，一直讲到深海的开发利用，说明海洋既不能当作聚宝盆，也不该用作垃圾桶。在学术方面，本书也力求深入浅出，多用插图，争取既能反映国际科研的最新进展，又能追溯历史、揭示科学发现的过程。

本书是在十多年干部培训与科普报告的基础上，收集新资料加工整理而成。定位是海洋科学的简明介绍，让读者用尽量短的时间，获得相对深入的了解。为了集中主题、提高效率，本书回避了三方面的内容：一不是教科书，并不解释基本概念，也不提供系统知识，而是注意材料的趣味性和文字的可读性；二不汇报国内进展，只是通过实例剖析和历史回顾，介绍海洋科学的认识过程和争论；三不包括人文科学，介绍的主要是自然科学及相关技术的发展。

最后，作者想学学“王婆卖瓜，自卖自夸”，真诚希望有更多的国人抽时间读一读这本小册子。原因是我国传统文化里海洋因素不强，而世界上海洋、尤其是深海的知识近年来发展十分迅速。现在华语文献里海洋出版物不少，只是对当前进展反映滞后，甚至于相互传抄、以误传误。同时也得承认：海洋科学的面太宽，此书的内容太广，有失误之处欢迎读者指正。

汪品先

2020年3月30日

第一章
初探深海大洋

深海大洋，人类是陌生的。经过几个世纪的探索，方才知道海洋有多大、有多深，至于大洋深处的水究竟怎样流动，直到现在还在争论。

第一节　海洋的早期探索

1. 海洋究竟多大

人类是陆生动物,早先不知道、也不关心海洋有多大。早期文明里,人类活动的范围很小,又没有地"球"的概念,都以为自己生活在世界的中心。所不同的是中心的性质:古代中国人以为是中原大地,古希腊人却以为是地中海(图1.1),正是这点海陆的区别,埋下了东西方文化差异的种子。在这中心之外的海洋就是神怪世界,《山海经》里长翅膀、甚至没有头的人,就生活在这海外世界里。自古以来,大海也就是世界的尽头。11世纪时,62岁的苏东坡贬谪海南,面对着大海嗟叹"天涯海角"。在欧洲,地中海联通大西洋的直布罗陀海峡便被以为是世界的尽头,海峡入口的岩崖上刻有拉丁文古训"Nec Plus Ultra"(不得再前),警告航行者到此止步。要等到16世纪"地理大发现"发端,才由西班牙国王、神圣罗马帝国的皇帝查理五世(Charles Ⅴ),改为"Plus Ultra"(继续向前),鼓励航海家冲出地中海去探索大洋。正是这位查理五世皇帝,出手资助麦哲伦(Ferdinand Magellan),实现了首次环球航行。

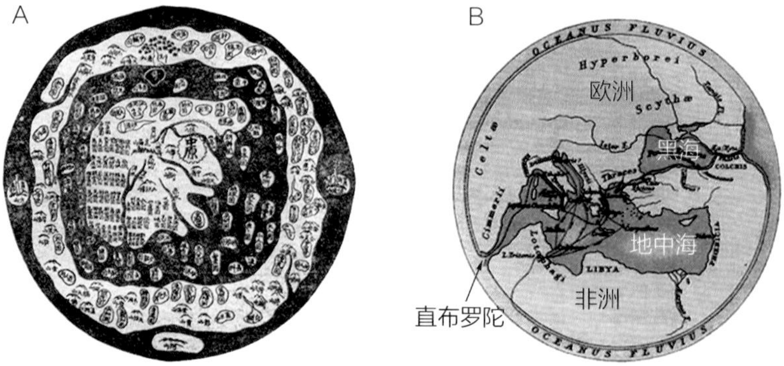

图1.1　古人心目里的世界中心。A. 古代中国的"中原大地",周围是海;B. 古希腊的地中海,出了直布罗陀海峡是大海洋。

世界海洋有多大现在很清楚：3.6亿km^2！但是古人不相信海洋有那么大，“上帝造这么多海洋做什么！”至少花了一千几百年人类方才明白，地球表面71%是海洋。最早的世界地图出在公元2世纪的罗马帝国时期，埃及亚历山大城的希腊学者托勒玫(Claudius Ptolemy)编制了第一张有经纬度的世界地图，世称“托勒玫地图”(图1.2)。今天看来，此图最大的缺点是海洋太小，缺少了太平洋，以及美洲和澳洲。

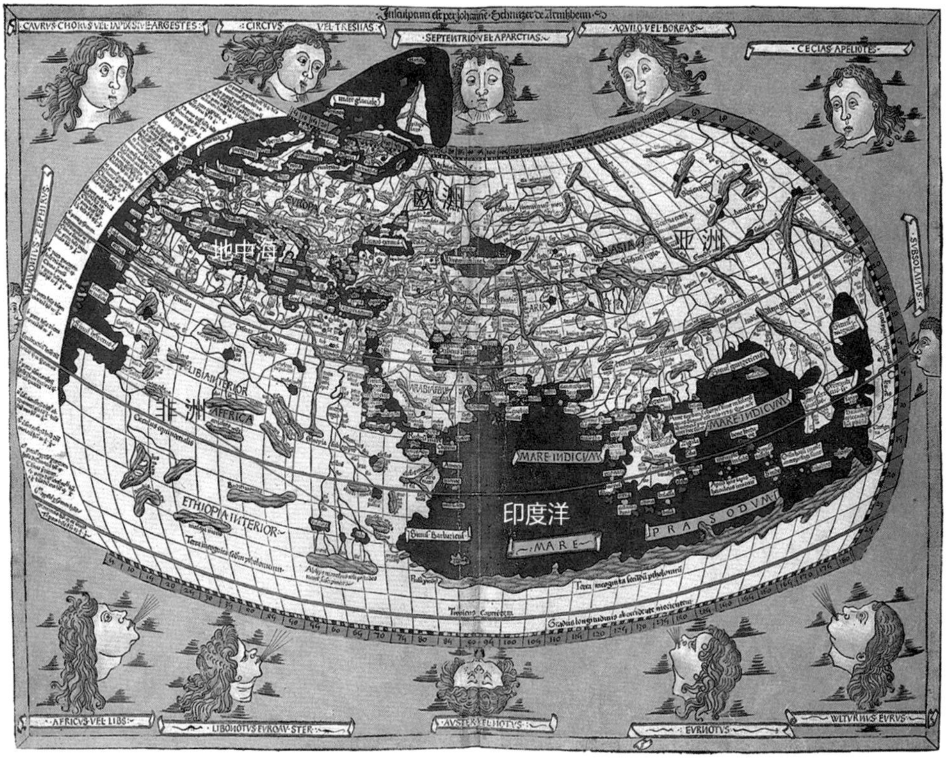

图1.2　托勒玫地图。原载于《地理学》巨著中，已散失，此图系1482年恢复。

然而工是托勒玫地图的这种缺陷，成就了哥伦布(Christopher Columbus)的发现。15世纪中期东罗马帝国灭亡，土耳其人和阿拉伯人控制了通往东方的商路，切断了欧洲人香料和丝绸的来源。有位意大利航海家哥伦布，奉了西班牙国王之命去开拓新航路，目的地是印度和中国，并且订有合同：新发现的领土归国王和王后，所得金银财宝的10%归哥伦布并一律免税。哥伦布的勇气来自地图：他相信地球是圆的。好在当时用的地图也是错的：欧洲的对面就是亚洲，从西班牙往西走就可以到达印度和中国，根本想不到中间还有一个太平洋和美洲。不难想象,假如哥伦布当年知道了地理真相,大概是不敢去冒这个险的。

1492年10月12日凌晨,哥伦布带领三艘西班牙帆船,经过70昼夜的艰苦航行,终于跨越大洋,登上了中美洲巴哈马群岛的陆地。可是,他却以为到的是印度的岛屿,把当地的原住民当作印度人。所以,直到今天美洲原住民还被称作"印第安人",这一带的岛屿也都被叫作了"西印度群岛"。这怪不得哥伦布,因为15世纪没有人料到海洋有那么大,没有人知道还有个太平洋。真正发现和穿越太平洋,要等到16世纪的葡萄牙航海家麦哲伦。麦哲伦也是奉了西班牙国王之命,1519年率领探险队横渡大西洋,沿着巴西东海岸南下,绕过今天的麦哲伦海峡进入太平洋,1521年3月到达菲律宾群岛,成功地穿越了太平洋,最后于1522年回到西班牙,完成了人类历史上第一次环球航行。

所以说"哥伦布发现新大陆"这句话常常有人质疑,因为从"殷人东渡"起,历史上有各种各样亚洲人、欧洲人到达美洲的传说。将近20年前,有一位英国退休船长孟席斯(Gavin Menzies)还著书立说,论证美洲是郑和发现的,此话虽然不见得靠谱,却从侧面反映了中国古代的航海水平。历史上真的"发现"美洲的是哥伦布的同胞,另一位意大利航海家亚美利哥·韦斯普奇(Amerigo Vespucci)。他在1502年提出,这里并不是亚洲,而是一片原来不知道的新大陆,后来这片新大陆也就用他的名字命名为"美洲"(America)。假如当年哥伦布没有搞错,那么美洲就应该叫成"哥洲",今天的美国也就成了"哥国"。

2. 内大洋和外大洋

太平洋的发现非同小可,因为太平洋和大西洋不属同一个等级。太平洋面积近1.7亿km^2,几乎占世界大洋面积的一半,大西洋面积0.85亿km^2,只相当于太平洋的一半,但是更重要的是性质不同。地球上的大陆时分时合,现在五大洲是"分"的时候,两亿年前世界大陆合成一个"联合大陆"或者叫"超级大陆",相应的也就是一个"超级大洋",太平洋就是当年的超级大洋,而大西洋是超级大陆分裂的产物,所以两者不是一

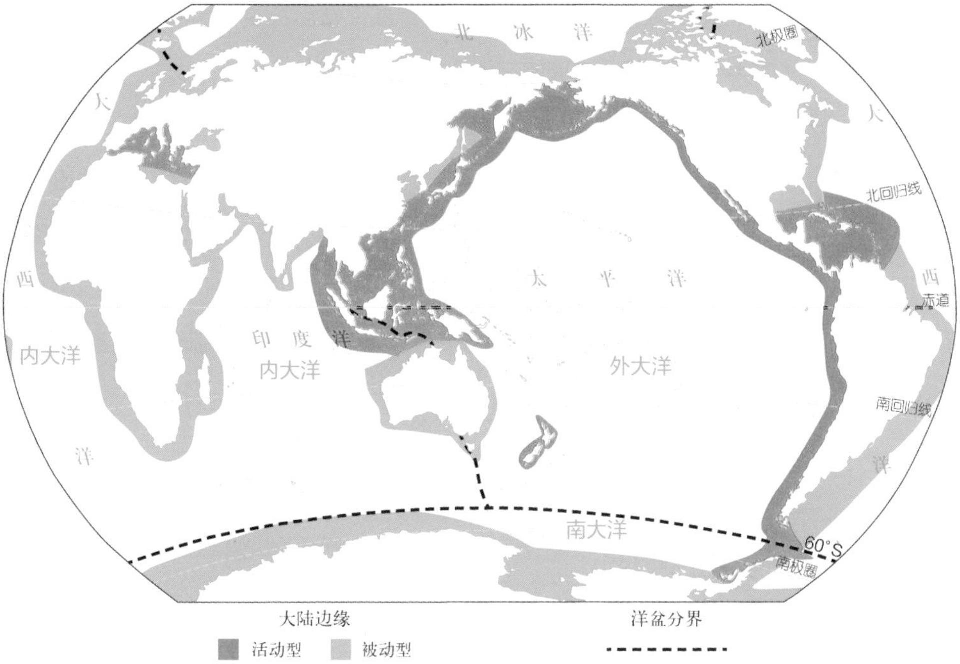

图1.3　现代地球上两大类型五大洋。

个世代的产物。不仅资历有别，大洋的边界也完全不同。大洋分成两类：外大洋和内大洋（图1.3）。太平洋是唯一的外大洋，也就是原来的超级大洋；大西洋属于内大洋，是超级大陆内部分裂产生的大洋。太平洋周围都是板块的俯冲带，有强烈的火山地震活动，周围发育沉积盆地属于“活动大陆边缘”（图1.3的橙色）；大西洋周围是沉积盆地，属于“被动大陆边缘”（图1.3的青色）。这些都是板块运动的表现，到第四章还有机会进一步讨论。

看图1.3就知道，现代地球上的五大洋，只有太平洋属于外大洋，其余的大西洋、印度洋、南大洋和北冰洋都属于内大洋，都是当初超级大陆崩解的产物。其中印度洋面积0.7亿km^2，占世界大洋面积的1/5，平均水深3700m，略小于太平洋的3970m，但超过大西洋的3650m，这三者加起来占全大洋海水总量的93%，也即通常所说的世界“三大洋”。相比之下，北冰洋面积不到0.16亿km^2，平均水深1200m，只有全大洋1.4%的水量。至于南大洋，介于南极洲和南极圈（60°S）之间，其实是太平洋、大西洋、印度洋的南端，面积不过0.2亿 km^2，是国际水文组织2000年春天做出决定，特意分出来的，理由是南大洋在全大洋环流中起着特殊的作用（见本章第三节）。

由此可见，从前说的三大洋变成了五大洋。原来以为天经地义的一些习惯数字，其实都在发生变化。太阳系有几颗行星，数目在变；地球上有几个大陆，数目也在变。从前的五大洲三大洋，现在成了七大洲五大洋，这种数字的增长，主要反映的还是概念使用的随意性。大陆的定义和大洋一样宽松：为什么紧连着的欧洲和亚洲，要说成是两大洲？为什么澳大利亚是个洲，格陵兰就是个岛？人们使用的科学概念往往并没有绝对的标准，无非取决于传统习惯或者使用的方便。

3. 海洋究竟多深

让我们再回到大洋上来。16世纪的“地理大发现”也称“大航海时代”，通过全球规模的航行探险，解决了“海洋有多大”的问题。至于要回答“海洋有多深”，那就不是航海能解决的问题了。历来航海怕浅不怕深，海上行舟怕的是海水太浅，担心撞上暗礁浅滩，海底有多深都并不在意。再说，古时候海洋开发不外乎“渔盐之利，舟楫之便”，没有人关心深水海底。即便文人诗兴所至，吟唱“相思似海深”之类的诗词，也并不含有定量的意思。

其实古希腊人相信深海是没有底的，英文里深渊叫abyss，词源就是希腊文的“无底”，因此“大海多深”就成了个伪命题。1521年麦哲伦环球航行时，曾经在太平洋中部把一根731m长的绳子系上炮弹壳，丢到海里根本够不着底，于是他声明深海真的是没有底的。没有底的深海只能是个神怪世界，当时一幅最为精细的海图是北欧的“Carta Marina”（图1.4），出自瑞典教士芒努斯（Olaus Magnus）之手，上面就绘有不少出自水族的海怪，反映了当时人们对海洋的普遍认识。

真正的深海测量，要等到19世纪。起先还是用麻绳系上重物往海里抛，触碰海底后收回来，量到的长度就是水深。最为有名的是英国“挑战者号”（HMS Challenger）的环球航行，那时的深海考察船都是军舰，破纪录的深度是1875年在太平洋的马里亚纳

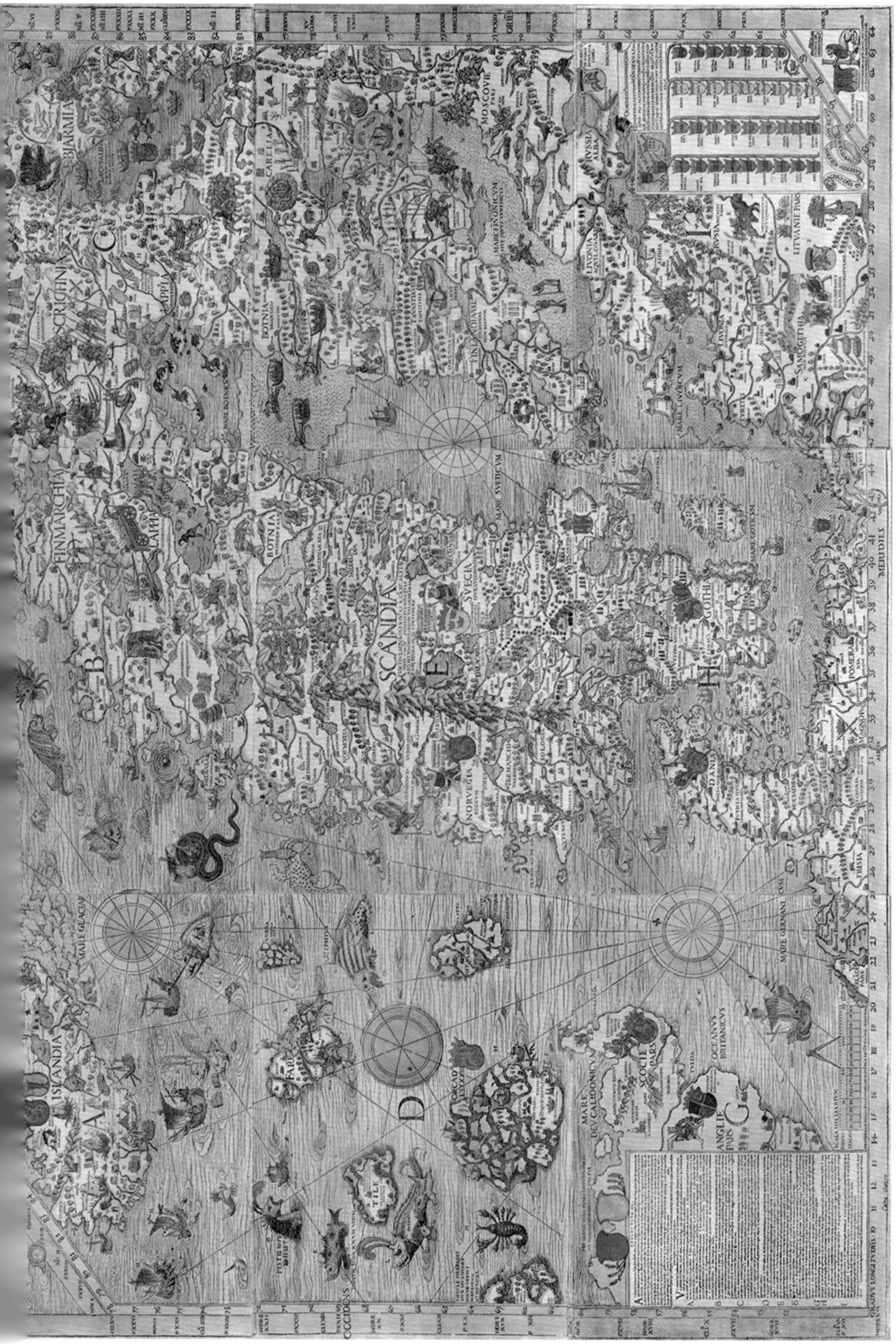

图1.4　16世纪的海图“Carta Marina”。

海沟测到的8230m。丢绳子测深固然可以确定深海有底，但是论精度却很成问题。海水在流、船身在动，几千米的海水里绳子绝不可能垂直，重物触底的时间也并不精确。几乎与此同时，美国军舰为了探索跨太平洋通信电缆的铺设，在本州以东的日本海沟里测到更大的深度8513m，被认为是世界最大的海深，而测量使用的不是麻绳而是钢琴丝。钢琴丝比绳子细得多，投放下沉也快得多，从而将测量的效率和精度提高了一个量级。

几千米长的钢琴丝测深要用个机器，1870年代发明这台机器的人读者不会陌生：他就是大名鼎鼎的英国物理学家、皇家学会会长开尔文勋爵（Lord Kelvin），我们使用的绝对温度单位"K"就是纪念他的。不过他当时还不叫开尔文，叫威廉·汤姆孙（William Thomson），1866年因为装设第一条大西洋海底电缆有功被封为爵士，到1892年才晋升为开尔文勋爵。尽管19世纪大洋测深的精度不高，但是第一次看到了海底地貌，比如发现了大西洋中脊，成为1912年魏格纳（Alfred Wegener）提出大陆漂移说的依据之一。

不过现在所说大洋海沟上万米的真实深度，都是后来用回声测深的声学方法测出的。纵观一部科技史，改良固然有用，但是真的发展得靠源头创新，改换思路。深海测量真正的突破，就在于20世纪初利用声波测深的新思路。从船上向下方发射声波，声波到达海底反射回来，再由测深仪接收，根据传播时间计算出海底深度。海水中的声速约为1500m/s，实测一万米的水深也只要十几秒钟，因此声波测深从根本上改进了测量的时间和精度。1912年"泰坦尼克号"邮轮撞上冰山沉没，加速了声波测深的技术发展。1950年代起，单波束测深已经在海轮上广泛使用；到1980年代，开始用多波束条带测绘（multibeam swath mapping），大幅度提高了海底测深和制图的技术。

第二节　海底测量“三部曲”

我们现在看到的海底地形图，是在声波测深的基础上产生的。当前世界上流传最广，也最为漂亮的世界海底地形图，产生于1970年代晚期（图1.5）。此图最突出的是大洋中脊的转换断层，表达得惟妙惟肖、丝丝入扣，许多人正是从这幅图上看懂了板块学说，但是这幅图其实是有错的。大洋中脊的位置、大西洋和西南印度洋中脊“鳄鱼背”形状的粗糙形态都是对的，但是东太平洋和东南印度洋的中脊完全不同，并没有那种“鳄鱼背”的粗糙，而是来自当时作者的想象。本来用多波束声呐制图，测线的间距太大，而世界大洋又只有百分之几的面积经过测量，不可能达到这种精度。然而此图当年的发表震惊了学术界，因为它反映了对海底一种全新的理解。此图是权威海洋地球物理学家希曾（Bruce Heezen）和海洋制图女专家撒普（Marie Tharp）合作的产品，希曾是大洋中脊的发现人，绘图的是撒普，她从1950年代起依据轮船带回的测线数据，

图1.5　希曾和撒普的世界海底地形图（1977）。

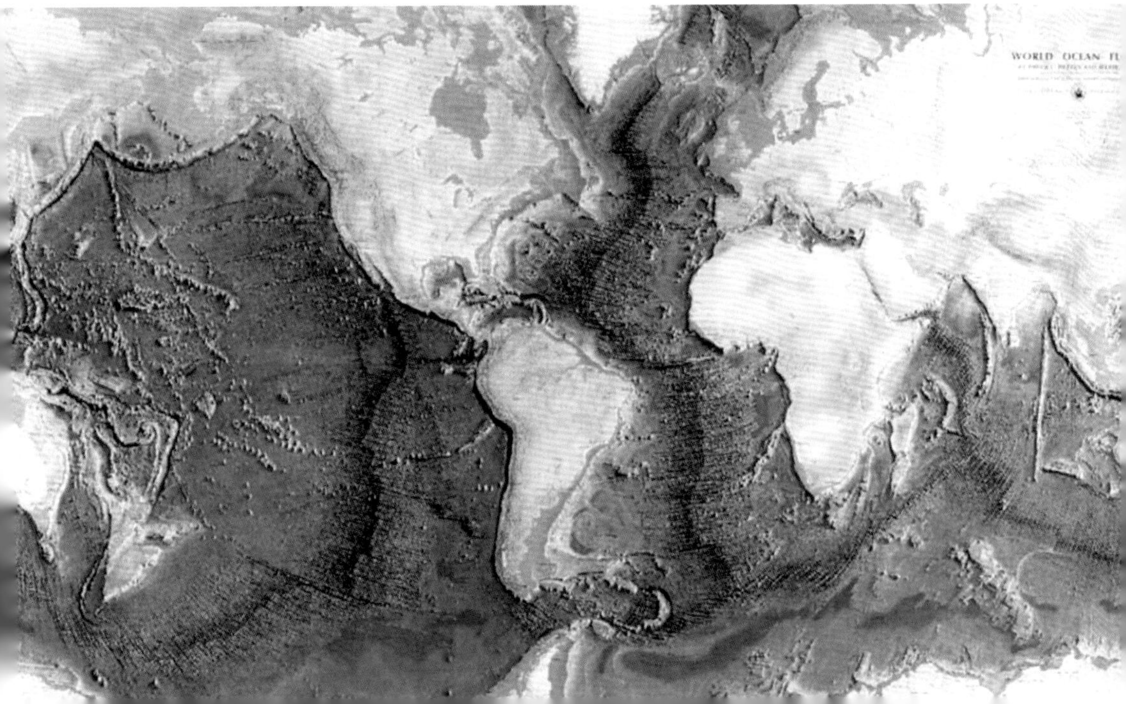

为大西洋海底绘图，也就是凭着地质资料和科学家的知识，人工勾画出等深线来。因此这可以说是艺术加工的产物，并非实测得出的地形图。想要得到一幅客观实测的海底地形图，科技界还得再来一次源头创新——上升到空中去，用遥感方法测绘海底地形。

1960年代以来遥感技术的发展，完全改变了陆地制图的途径，大陆地形已经从空中一目了然。但是包括激光在内的电磁波在水中传播时衰减太快，不能在深海应用。因此海底地形也需要离开地球表面到空中探测，但是要另辟蹊径，这就是"卫星测高"技术。卫星上的雷达高度计，可以准确地测得海平面的高度，为海洋学测量海流、海温等开拓了新的途径。虽然海面地形并不是我们想要的海底地形，但是可以根据海底地形对海平面高度的重力影响，对海底地形作间接的测算，这种方法对于深海大洋地壳上的海山特别敏感。由于海底岩石的比重远大于海水，海山形成的重力异常会反映为海平面的隆起（图1.6B）。

因此，现代海洋界有两种海底测深的方法：一种是从船上用声波，通过多波束回声测深方法，在海底测得10—20km宽的条带（图1.6A），水平精确度可以到200m左右；另一种是从卫星用电磁波，通过雷达高度计测得海面高度然后再算出水深（图1.6B）。雷

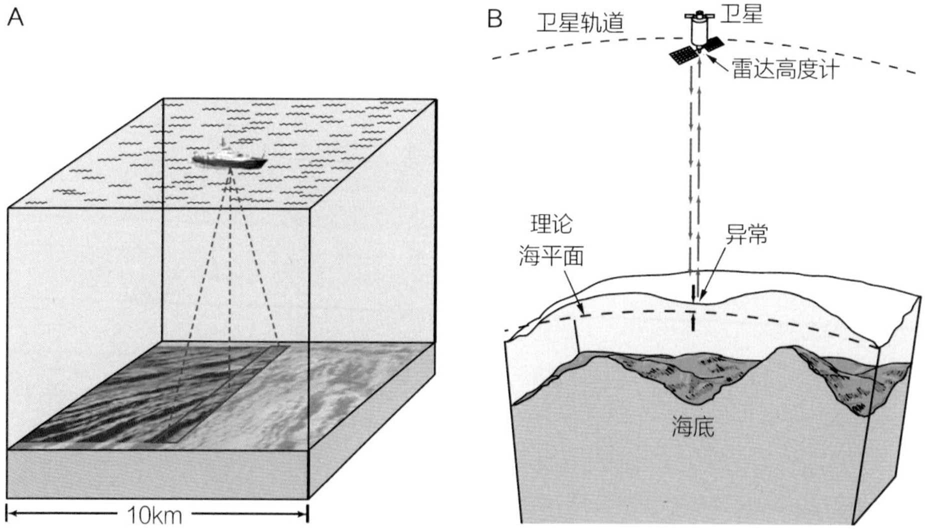

图1.6　海底地形制图的两种方法。A.船载多波束回声测深；B.卫星雷达高度计海底测深。

达高度计并不能“看到”海底，而是通过重力异常得出水深，因此水平分辨率比船测低得多，只有8km左右，但是极大地拓宽了覆盖面。据估算，用船测的途径为全大洋海底制图，需要大约200年，还不包括更加复杂的浅水海域；而用卫星技术测量全大洋地形，只需要1年。不过卫星测得的水深分布精度不足，可以用于科研而不能用来指导航行。因此，理想的办法是将两者结合起来，取长补短。

果然，1997年美国科学家完成了卫星和船测相结合的海底地形图（图1.7）。这幅新图的重大特色是揭示了海底的粗糙地形，具体说就是发现了大量的海底火山。早在1960年代，就已经发现有上千米高的海山耸立在大洋地壳的深水海底，尤其是靠近大洋中脊的海区更多。采用新技术测量海底地形后，发现高度超过1500m的海山有13 000座，而海山的数量和大小呈对数关系，由此推测全球高度超过1000m的海山应当有10万座，超过100m的有2500万座。我们对海山并不陌生，夏威夷群岛就是海山，但是这里说的是分布在几千米深海海底的海山，其数量之多超乎我们的想象。比如在东太平洋10—20km长、2—5km宽、50—300m高的海山，排成链状与海底扩张方向垂直分布，可以占到深海海底30%以上的面积，而且被沉积物掩埋的海山还不算在内。深海底上的海山是个大题目，到第四章我们再谈。

地球表面的一个重要数据，是世界海洋的平均深度。19世纪末、20世纪初，根据绳测数据得出世界大洋平均深度在3800m上下。但是用绳子测量海底得到的是点的数据，把点连起来就算地形，结果总以为海底地形是平缓的。随着技术的发展，单波束回声测到的是线，卫星技术测到的是面，信息越多反映出来的地形越复杂，于是发现海底地形起伏的幅度远大于陆地。世界上最高的珠穆朗玛峰8844m，而最深的马里亚纳海沟11 032m，相差2000m。而且地球上最大的山脉，也不在陆上而在海底：世界大洋的扩张洋中脊高出海底2km，相互连接形成一个巨大的深海山脉，绵延6万km；而陆地上最长的南美洲安第斯山脉，也只有8900km，相差一个数量级。这样，深海地形平坦的误会已经消除，大洋深处有的是崎岖陡峻、粗糙不平的海底，其结果使得世界海洋的平均深度减少。根据现在的统计，世界海洋平均水深是3682m，笼统可以说3700m深。

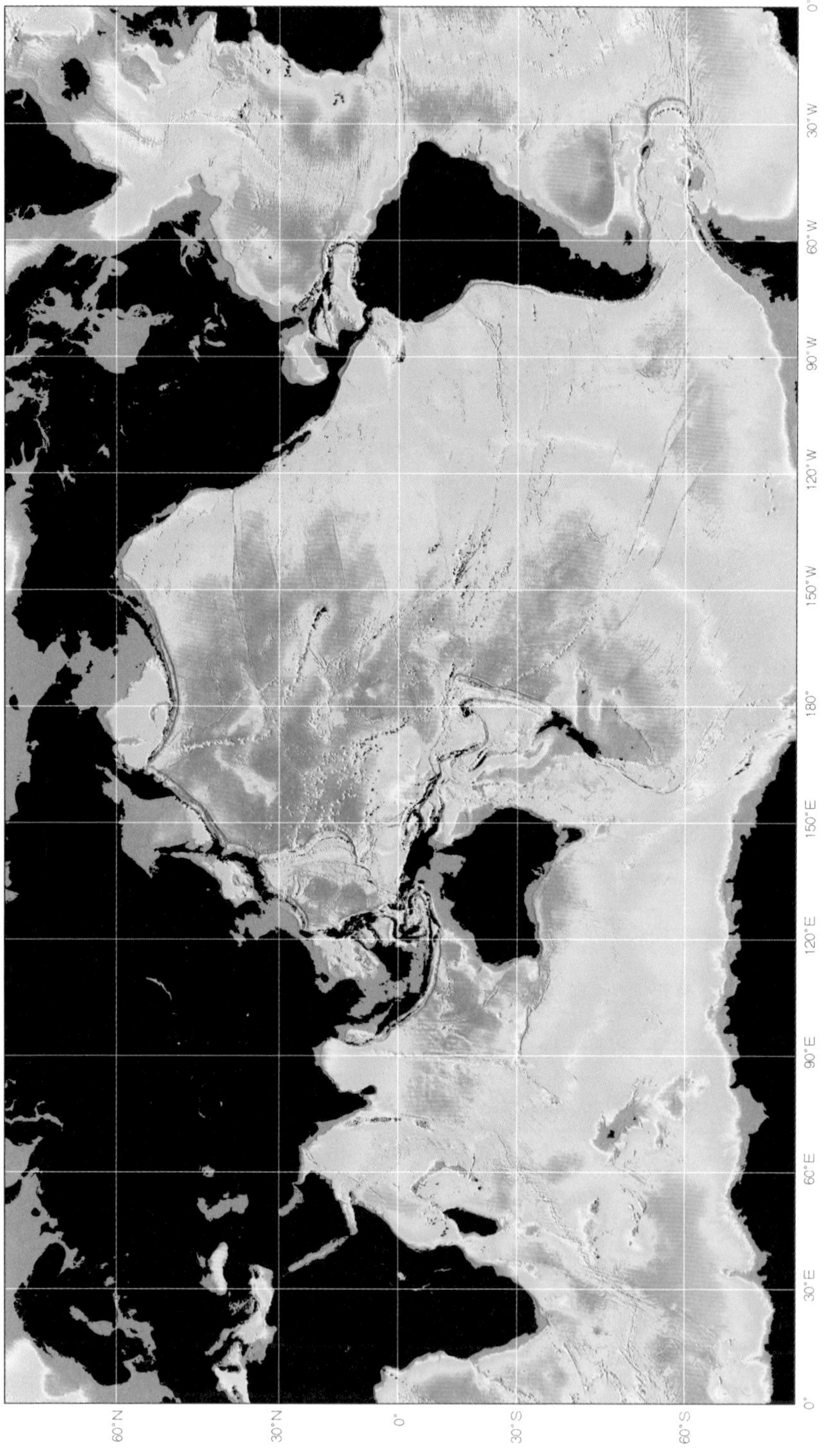

图 1.7 结合卫星测高重力资料和船载回声测深资料得出的全大洋海底地形图。

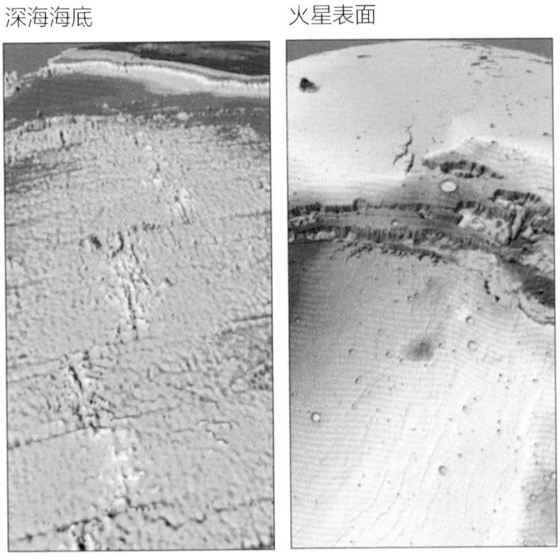

图1.8　深海海底(左)与火星表面(右)地形图比较。

总之,海底地形测量的技术,从用绳子测点,到声波测线,再到遥感测面,经历了“点—线—面”的三部曲,在近几十年来取得了巨大进步,但是绝大部分海底至今缺乏详细的地形图,关键在于遥感技术应用的局限性。虽然遥感技术已经能够对地外星球做高精度的测量,但是由于受几千米厚层海水的阻挡,人类对于海底地形的了解还不如月球背面,甚至不如火星。不妨来个比较:图1.8的左边是大西洋中脊区的地形,可以看出中脊、海山和转换断层,但是分辨率不高(水平15km,垂向250m);右边是火星上“水手谷”(Valles Marineris)的地形,显示出峡谷和撞击坑等,分辨率高得多(水平1km,垂向1m)。两幅图用的比例尺相同,质量的差别一目了然。

第三节　深层海流

1. 深层水也能流

人类认识大洋是个漫长的过程。16世纪弄明白海洋有多大，20世纪弄明白海洋有多深。有了面积和深度，就可以算出大洋的体积。现在知道海洋总面积为3.6亿km^2，海水总量有13.3亿km^3。普通人听这种大数据找不到感觉，可以打个比方：长江每年入海流量将近1000km^3，就是说要流140万年才能灌满世界大洋。或者说，假如地球表面没有起伏，那么全球都会盖上2600m厚的海水。听起来吓人，但是与6371km的地球半径相比，只相当于0.04%的一薄层。有人把地球表面的水画成三颗水珠(图1.9)，最小的是江湖的水，小得几乎看不见，中间的那颗是地下水，最大的才是全球海水，但是与地球相比，实在小得可怜。

既然海水很深，那深海底上压力很大吧？根据物理学原理，每10m厚的海水增加一个大气压，几千米深处就有几百个大气压，在如此的高压下，猜想海水是很难流动的。但是18世纪大西洋航船一次偶然的发现，却提供了深层也有海流的线索。

直到18世纪，黑奴还是大西洋海上“贸易”的重要“商品”，这里说的就是一条贩卖黑奴的船。1751年，一位贩卖黑奴的英国船长在北回归线附近抛绳测深时，挂上了一个能够采深层水样的桶和温度计，结果在1600m深处测到水温只有12℃，而当时船上温度高达29℃。船长大为惊奇，但并没有去追究这低温水从哪里来，更没有去想这冷水有什么意义，只是琢磨天这么热，冷水可以为

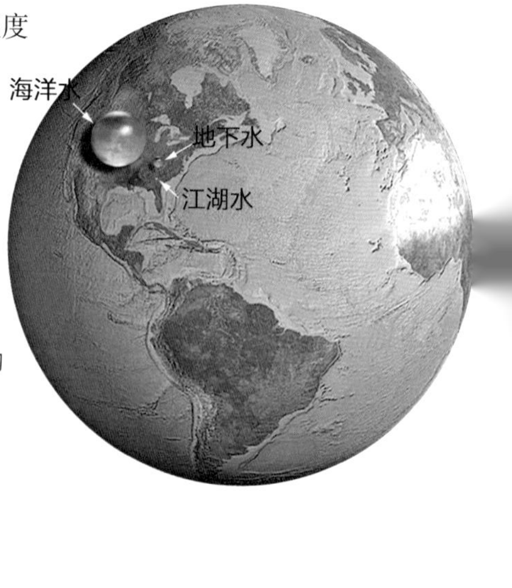

图1.9　地球上的水：大的圆珠是全大洋的海水，小的是地下水，最小的是地面淡水。

船上的饮料降温。回过头看，18世纪发现深海水冷具有重大的历史意义，因为这是人类第一次测量深海的水温。现在知道，世界大洋底层水冷是两极表层水降温下沉的结果，但是当时对冷水的解释还得等半个世纪，等到一位英国物理学家在讨论液体传热的著作中引用了这个实例，提出极地的冷水下沉可以传到热带的深处。至于从地球科学给出的解释，还要等到19世纪，德国的博物学家洪堡（Alexander von Humboldt）提出了深层海流从极地流向热带的假设，那时候再一次引用了这位船长的测量数据。

可见深层海流的踪迹，早在18世纪中叶已经发现，说明海洋深处海水也在流，对深层海流作科学研究却是发生在200年之后。对于海洋表层水的流动，人类在19世纪就已经有系统认识，驱动表层洋流的就是风；至于深层水为什么流，直到现在还有争论，但是关于深海洋流的系统假设，出现于1950年代末期。当时美国的施托梅尔（Henry Stommel）提出了全球底层海流的理论框架，分成几步：首先，高纬区表层海水随着冷却和结冰而变重，从北大西洋北部和南大洋下沉到大洋深部（图1.10的黑圆点），然后沿着洋盆的西边界向赤道流动（图1.10的粗线），构成大洋的深部洋流，最后在大洋内部向上返回高纬区（图1.10的细线）。

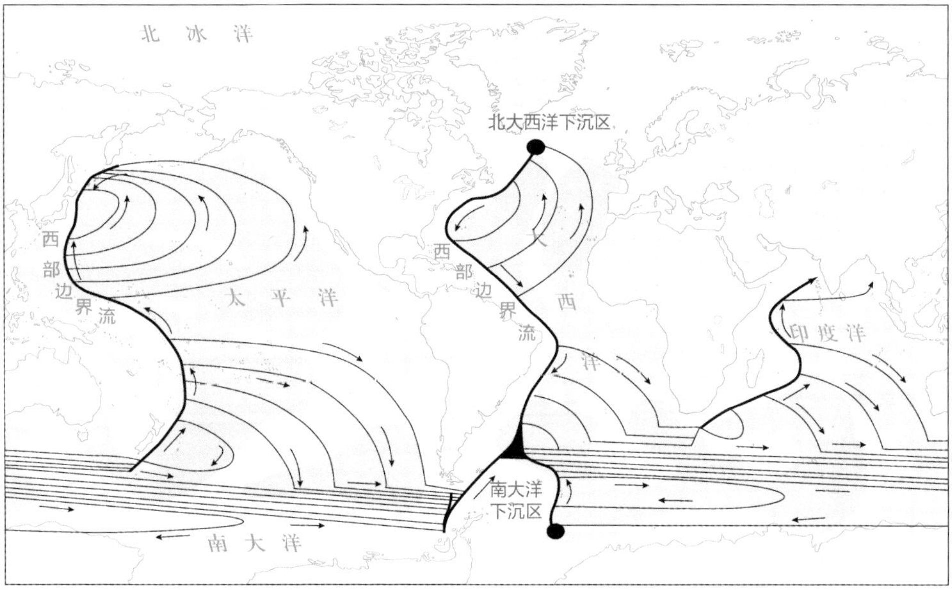

图1.10　施托梅尔的底层洋流假设。黑圆点为深层水形成处，粗线表示深层西部边界流。

2. “大洋传送带”

什么是海流？从图上看，用线条画的海流很容易引起误解，让人以为海流就是海里的河流，只是没有岸罢了。错了，海流不是河流，海流并不像河流那样有固定的路径，而是常常以涡流的形式出现。因此，海流尤其是深层海流的测量，不像河流那么容易，而是根据水温、盐度、含氧量等水的性质追溯来源，从而推论出海流来，因此有很大的猜测性。20世纪下半叶以来，研究最多、影响最大、同时争议也最多的，是大西洋的“经向翻转流”，也就是沿着经线的南北方向，在海洋上下层之间的海流。

简单地说，海水总是按着密度分层：温度高、盐度低的水密度低，浮在上层；冷和咸的水密度高，沉在底层。可是这种分层又很容易被破坏，造成不同范围的“翻转”。小的翻转很快，表层海水昼夜就可以升降，而深部海水的缓慢翻转可以长达千年。学术界早已提出了大西洋经向环流的假设：北大西洋北部表层水，由于降温和结冰，既冷又咸的海水下沉成为北大西洋深层水，在深部向南流，到南半球以后又上翻返回北大西洋，也就是所谓“大西洋经向翻转流”（图1.11）。这种

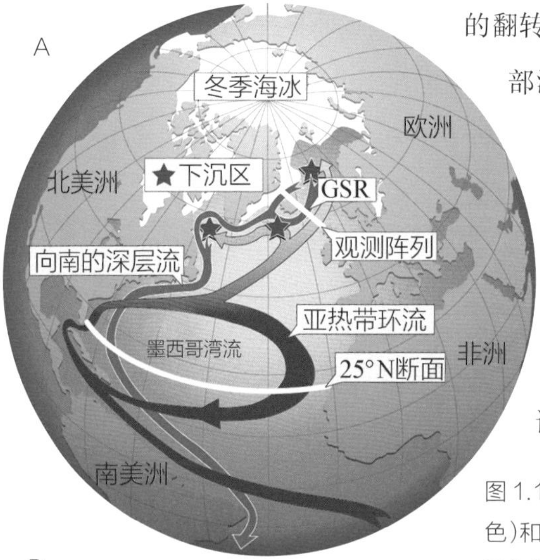

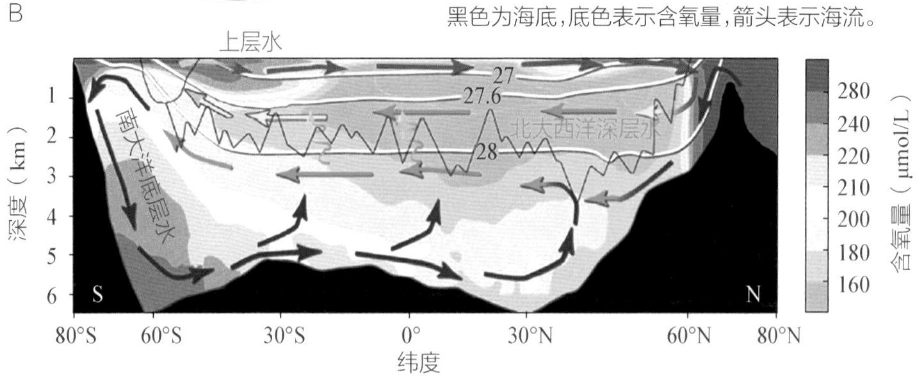

图1.11　大西洋经向翻转流。A. 大西洋上层（红色）和深层（蓝色）的洋流；B. 大西洋南北向剖面图，黑色为海底，底色表示含氧量，箭头表示海流。

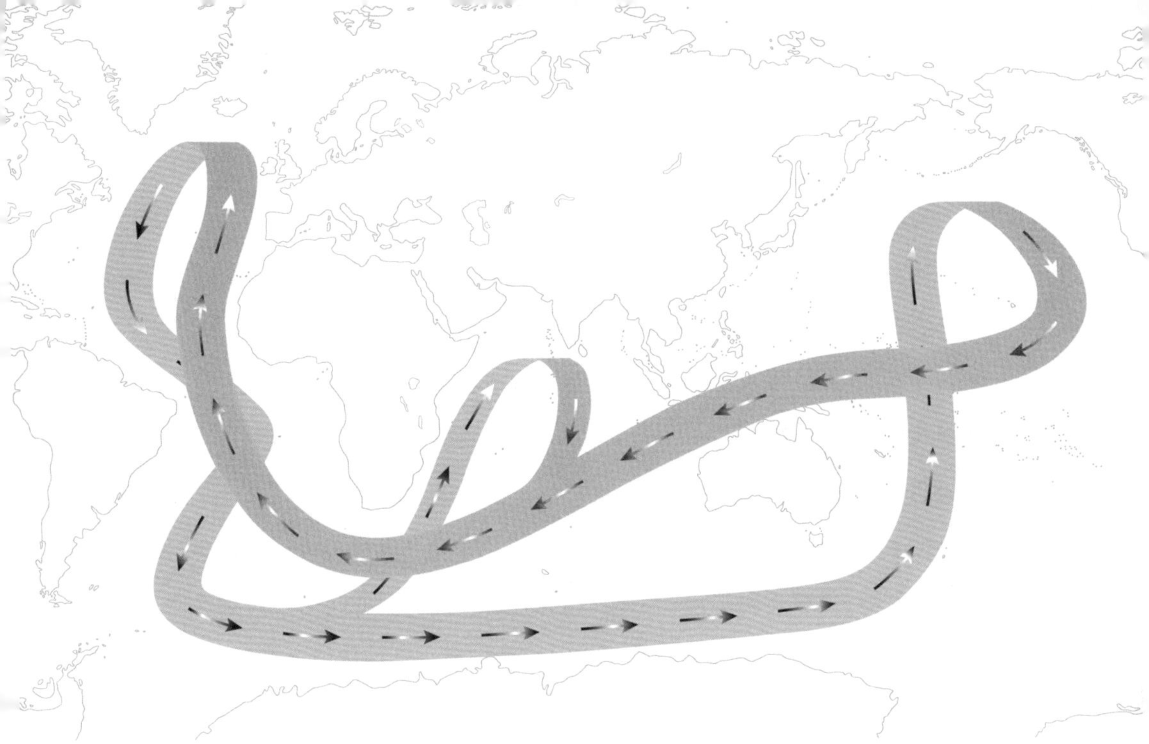

图 1.12　布勒克的“大洋传送带”。蓝色为深层流，红色为表层流。

洋流当然产生气候效应：地球表面接收太阳的能量在低纬区为多，这种经向翻转流正好提供了在海里将低纬区的能量送往高纬区的机制。

正好自从1960—1970年代开始，古气候研究有了惊人的发现：科学家在北极格陵兰的冰盖上打钻，根据冰芯提供的高分辨的气候记录，发现气候可以发生突然变化。比如在距今12 000年前后，在末次冰期结束全球回暖的过程里，突然出现了1200年的冷期，而且这种冷期来去匆匆：只要50年的时间，格陵兰上空的温度就可以突然上升或者下降7℃。人们在寻找气候突变的原因时，自然联想到了大西洋的经向翻转流的热量输送机制：只要反转流突然停止，热带的热量过不来，高纬区的气温岂不就会突然下降？

果然，美国古海洋学权威布勒克（Wally Broecker）提出了气候突变机制的假说：在北大西洋北部，无论是大量冰山融化产生淡水，还是融冰湖水注入海洋，只要表层海水淡化，使得海水分层，就会阻止北大西洋深层水的产生；没有了冷水的沉降，大西洋经向翻转流就会停闭，从而阻止低纬向高纬的热量传输，造成北半球气候突然变冷。这样，就找到了气候突变的海洋机制。他进一步把翻转流比喻为“大洋传送带”（the Great Conveyor Belt）（图1.12），翻转流停闭就是传送带中断。大洋传送带的开启和停闭，可以造成千年尺度的气候突变。

因为经向翻转流是海水温度和盐度差别造成的,因此也可以称为“温盐环流”。这温盐环流影响全大洋,前些年放映的科幻电影《后天》,讲的就是“传送带”切断造成突然降温的灾害。

“大洋传送带”假设是20世纪晚期古气候学研究的一大突破,为古气候记录中的一系列问题提供了答案。它突出了北大西洋高纬区在全球气候变化中的主导作用,不但为冰期旋回中许多地质记录的理解设定了基调,也为现代海洋化学中一系列的观测现象提供了解释,包括深部海水中放射性碳、磷等营养元素的分布。深海中海水的放射性碳的年龄,代表着海水离开海面以后的滞留时间,因此也可以理解为海水的“年龄”。测量的结果显示:热带大西洋3000m深处的海水平均年龄只有350年,而同样深度热带太平洋的深层水有1550年,说明北大西洋深部海水最“年轻”,流到北太平洋已经是“千岁”的老水,与“大洋传送带”的假设一致。

近30年来,“大洋传送带”的概念在学术界根深蒂固,似乎已经是天经地义的真理。但是学无止境,正在学术界为这项发现热烈欢呼的时候,最近的科学发展却从根子上对“大洋传送带”提出了挑战。

3. 南大洋才是中心

前面说过,大洋不是大陆,洋流也不是河流。洋流不是靠测出来,而是根据海水的性质推出来的。“大洋传送带”的基础,就是推论得出来的洋流。随着技术的发展,现在深层水也可以实测了,不料一经实测,原先的推论就出了问题。

进入21世纪,学术界已经有了各种各样的手段测量海流。既可以通过投放浮子追踪水流的轨迹,也可以设置潜标长期连续测量流速流向。观测的结果出乎意料:海水流速流向的变化极大,往往呈涡流状进行(图1.13)。过去以为,水流的测量值相对稳定,有点小的变化叫作误差,而误差的范围只不过10±1;而现在知道海流变化极大,是作为涡流在运动,因此误差的量级是1±10。如此一来,新世纪的实地观测颠覆了一些原来的概念,正在纠正以往根据海水性质对洋流得出的结论。

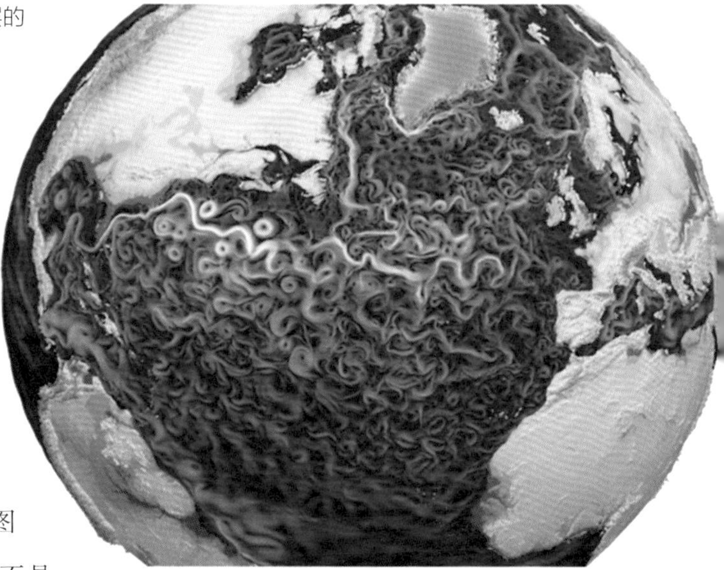

图1.13　大西洋表层的洋流呈涡流状。

“大洋传送带”的源头在北大西洋北部(图1.10的黑圆点),这里的深层水应当朝着低纬区向南流。但是观测结果出人意料:在深处投放多年的浮子,并不沿着西部边界流向南流,而是朝东往北大西洋内部流;西部边界流本身(图1.10的粗线)也会变成涡流,并不是连续的洋流。在一片质疑声中,2010年《科学》(*Science*)杂志上文章的标题就叫《给传送带拆台》。同时到来的是理论上的质疑,物理海洋学家指出:盐度、温度造成的密度差可以引起海水的扩散交流,但不能推动洋流,想要靠北大西洋深层水的下沉来推动几千米海底的“大洋传送带”,物理学无法接受。在观测和理论两方面的夹攻下,几十年来海洋学和气候学界的一个重要概念,发生了动摇。

对于欧美地区来说,“大洋传送带”不单是学术上的理论概念,也一直被认为是生存环境的生命线。2001年发现北大西洋深层水的源头流量在减少,认为从1950年以来至少减少了20%,于是掀起了一场轩然大波,有人惊呼电影《后天》里的情景正在降临。但是后来发现,这种变化只不过是年际、年代际的波动,1995—2000年确实减少,2000—2003年却又回升了,总的看来1948—2003年间是稳定的。更重要的是,欧洲暖湿气候和“大洋传送带”之间的关系,已经不再是原先想象的那样密切。

“大洋传送带”概念的动摇,带来了严重的科学问题。下沉的海水总要回上来,因此翻转流的存在不成问题;高低纬度的海水是联通的,大洋环流的概念也没有问题。问题在于“温盐环流”的叫法:既然靠盐度和温度“驱动”不了大洋环流,还能叫“温盐环流”吗?既然北大西洋的深层流观测不到,原来意义上的“大洋传送带”更成问题。“传送带”

是个好名词，生动地表达了大洋海水连成一个系统的概念，但只是表达高低纬区平均值的一个抽象概念，决不能以为真的有一滴海水会从北大西洋下沉再从北太平洋钻出来。“大洋传送带”的提出，反映了各大洋不同深度的海水在物理化学上确实存在着的差异，本身并没有错，只是推测的驱动机制错了。那么，正确的驱动机制又在哪里？

驱使海水流动的动力无非是两个：风力和潮汐。表层海流由风力驱动不成问题，其实风力的作用也可以达到深海。由月球等天体的吸引力造成的潮汐大家都很熟悉，不熟悉的是潮汐作用的深度，因为所有的地球圈层，包括地球内部都受到潮汐作用，只是水圈的反应最强。另外一个影响因子就是海底的地形，潮汐引起的海水流动遇到海底地形的阻拦发生摩擦，推动着深部的海流。深层海流的运动机制是一个新命题，至今并不清楚，清楚的是否定了原来的概念，否定了北大西洋深层水的产生驱动“大洋传送带”，进而决定全球气候的假说。

但是，北大西洋和南大洋下沉的深层水如何回流？是什么力量驱动着大洋的翻转流？近年来的研究，逐渐把注意力南移，移到南大洋的环南极洋流上来。多数人并不熟悉南大洋，对环南极洋流更加陌生，但这是地球上最大的一支洋流。当今的地球大陆偏在北半球，只有南大洋不被大陆切割，因此世界上只有环南极洋流能够绕地球一周。加上南半球的西风带特别强烈，达到15节到24节，吹动着南大洋的水绕着南极洲向东流，从海面一直到2000—4000m的深处，洋流宽度可达2000km，每秒流量高达1亿—1.5亿m^3，成为世界上最为强大的一支洋流。但是南大洋离人类集中居住的北半球过于遥远，对于全球气候环境的重要性直到最近方才受到重视。

新的观测和模拟表明：大洋翻转流的源头在南大洋，不在北大西洋；动力在于风力驱动的上升流，不靠密度差。环南极西风作为地球表面最强的风系，由它引起的上升流可以使2—3km深处的海水上涌，从而使得地球上80%的深层水重新暴露于大气层。可见南大洋上升流驱动着80%的深部水流，这才是翻转流的动力所在(图1.14)。换句话说，大洋翻转流有两头，海水在北大西洋沉下去，在南大洋回上来。现在要问：究竟哪一头是主力？回答是南大洋。高纬区冰盖附近，海水确实因为比重增大而下沉，但是下沉的水总得有个地方回来，总得有种机制使得下沉的水回升。近年来的进

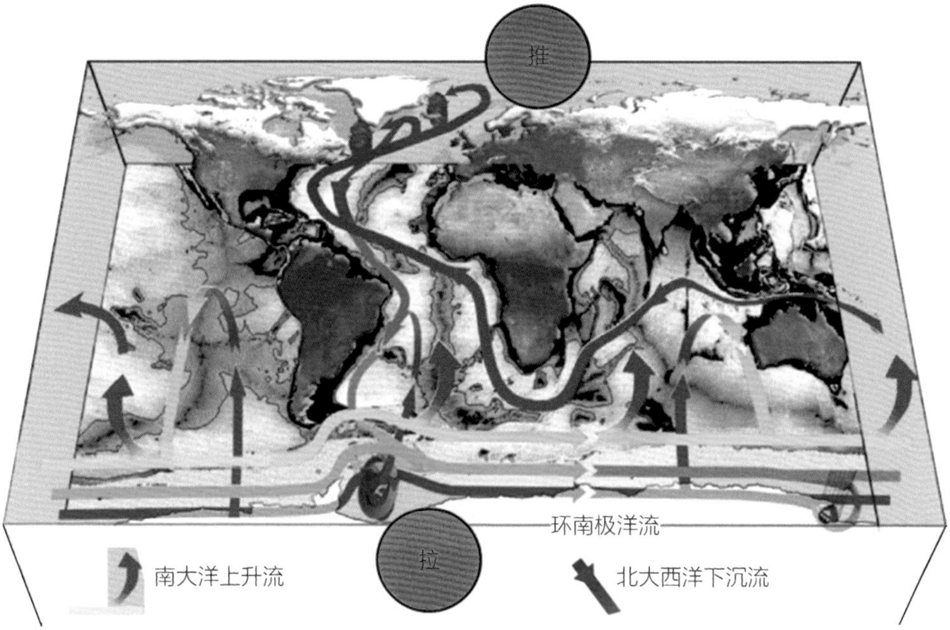

图1.14　重新认识大洋的经向翻转流：南大洋上升流才是主要推动力。

展查明：是南大洋世上最强的西风推动了最强的上升流，从而驱动着大洋翻转流。按照原来的概念，大西洋经向翻转流的源头在北大西洋北部；新的发现把南北的作用颠倒过来：翻转流是靠南大洋上升流拉动，而不是靠北大西洋下沉流推动(图1.12)。

几千米深处的大洋深层水，离我们极其遥远，爱怎么流就怎么流，和我们有什么关系？为什么要滔滔不绝地讲深层洋流？因为大洋的水控制着地球表层的生态环境。

我们操心大气CO_2的浓度，而海水里的碳是大气的60倍；我们关心气温的升降，但是大气是没有“记忆力”的，在稍长的时间尺度上正是海水控制着气候。现在的地球，北半球是陆半球，南半球是水半球：从赤道到南极圈，地球表面84%是海洋。尽管世界三大洋之间有大陆阻隔，亚热带环流互不相连，但是近来发现南半球的三大亚热带环流，在1000m上下的中层深度相互连通，组成一个“南半球超级环流”，影响着全球的气候变化。

多少年来，总是说北大西洋决定着全球的洋流，决定着全球的气候。现在终于弄

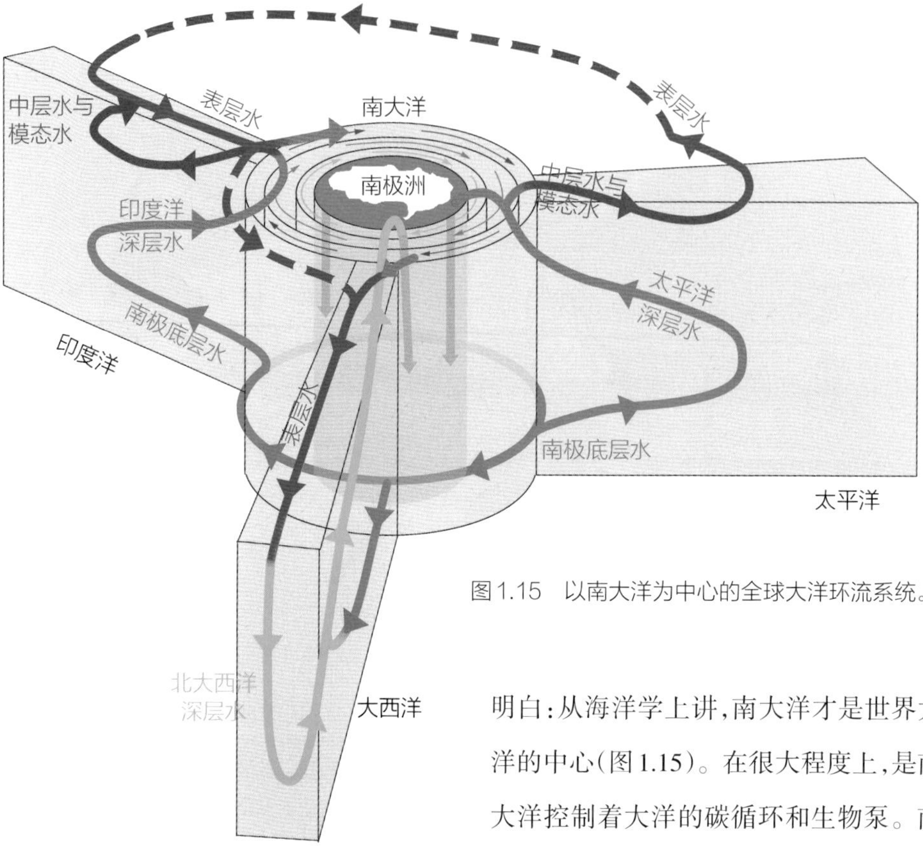

图1.15 以南大洋为中心的全球大洋环流系统。

明白：从海洋学上讲，南大洋才是世界大洋的中心（图1.15）。在很大程度上，是南大洋控制着大洋的碳循环和生物泵。南大洋的深处，是大洋主要的碳储库。由于受光和铁的限制，南大洋有大量营养元素剩余，而地球的低纬区40°N—40°S之间的大洋表层缺乏养料，因而南大洋外的世界大洋生产力，有3/4的养料是来自南大洋。世界各大洋相互连接，其中心并不是北大西洋，而是南大洋。

第二章

发现海底是漏的

直到几十年前,人们还以为深海是一片静寂的死亡世界。20世纪晚期深潜技术的发展揭示了真相,热液和冷泉的发现,说明海底是“漏”的。

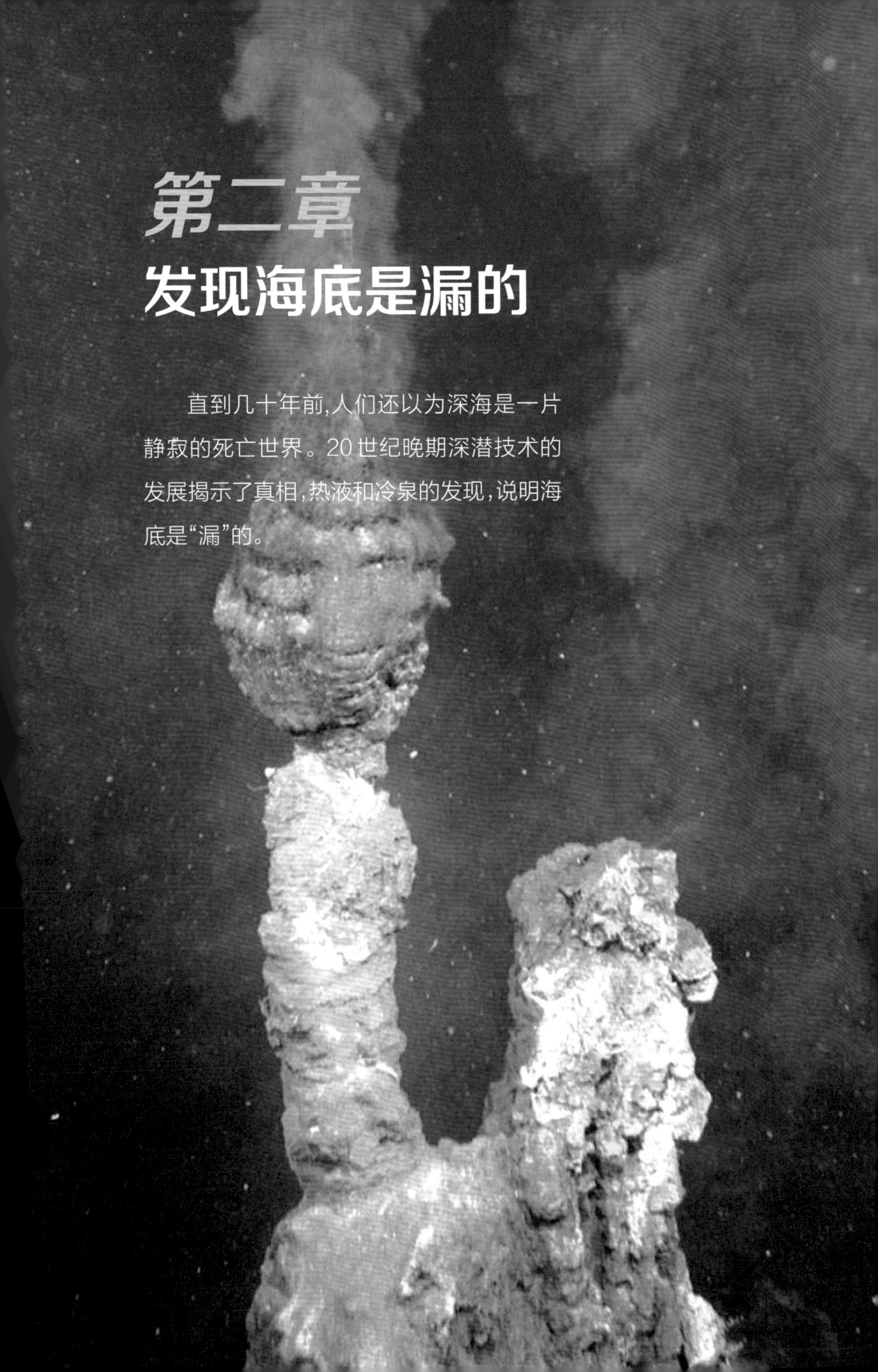

第一节　海底并不静寂

1. “深海无动物”?

进入19世纪,已经知道大洋是有海底的,但是海底上又有什么?深海海底还会有生物吗?科学界在19世纪一场争论的主题,就是“深海无动物论”。主角是英国动物学领袖人物、皇家学会会员福布斯(Edward Forbes),他根据海底拖网采样的结果推论,认为超过300fm(550m)的深海不会有动物。

事情发生在19世纪上半叶,英国海上探测十分活跃的时期。探测用的都是军舰,达尔文(Charles Darwin)环球航行5年(1831—1836)乘坐的“贝格尔号”(HMS Beagle)就是军舰,条件比较艰苦,达尔文在这5年的许多时间是在岸上度过的。1841年,福布斯也登上了“贝格尔号”到地中海,他的目标是用拖网在海底采集生物(图2.1左)。19世纪早期的海上拖网操作起来是很吃力的:虽然有了蒸汽机,船还是靠风帆航行,而拖网缆绳的绞盘全靠人工推,拖网本身也很笨重,到了海底网里首先塞满淤泥。但是福布斯的船员们采样十分努力,一年半的航次在爱琴海下了100多次拖网,发现生物数

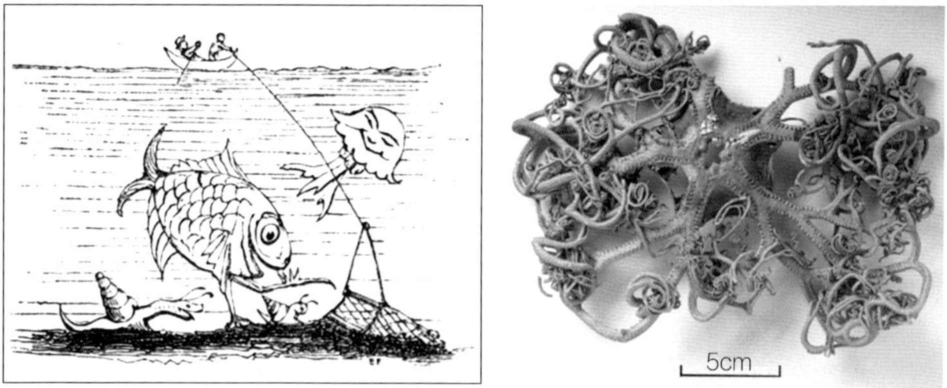

图2.1　“深海无动物论”之争。左:福布斯自绘的海底拖网漫画;右:1818年采自加拿大巴芬湾1000多米深海的蛇尾类棘皮动物。

量从浅到深逐渐减少:过了百余米的有光带,植物不再出现,动物也越来越少。他们的拖网最深下到420m,拉上来的只是几只海绵和软体动物。按照数量递减的速率推算,550m便是终点,更深的海底动物数量等于零。于是1843年福布斯在给学会的报告里,正式提出了他的550m以下"深海无动物论"。

这项"理论"风光一时,得到学术界的推崇,地质学家和生物学家都认为深海高压下不可能有生物。即使有相反的证据,当时的学术界也不予考虑。比如早在1818年,加拿大的巴芬湾在1000多米水深处采到过蛇尾类棘皮动物(*Gorgonocephalus arcticus*)(图2.1右)。就在1843年福布斯报告之前,南极航次在730m深处采到多种无脊椎动物,报告之后又在挪威岸外500—600m深处采到大量动物,与福布斯的"理论"不符。但这并没有阻止"深海无动物论"在当时的流行。

"深海无动物论"的破灭,是在1860年代末期。英国皇家学会专门组织了航次去验证这项"理论",结果在西欧岸外水深1200m以内都采到了丰富的动物。福布斯报告之后的各个航次,采集的结果都并不支持他的假设,这才导致"深海无动物论"的寿终正寝。事后有人反问:反对"深海无动物论"的证据早就出现,为什么要等1/4个世纪之后方才证伪呢?这里有人事上的因素:"新发现"反对者的人缘不好,提出的证据甚至得不到同船伙伴的支持;更重要的是理论信念也会干扰科学的观测。"深海无动物论"听起来合情合理,水太深了生物当然会受不了;再说福布斯用采集的数据外推,也符合科学逻辑。于是信念影响了观测,这就是所谓"观测的理论负担"(theory ladenness of observation)。

信念影响深海观测,在19世纪中叶还不止"无动物论"这一例。更为"精彩"的一场误会,是关于生命起源的海洋证据,主角也是一位英国皇家学会会员,他就是著名生物进化论者赫胥黎(Thomas Huxley),严复翻译的《天演论》原作者就是他。

1859年达尔文"进化论"的发表,在欧洲科学界激起了研究生命演化的热潮,德国的海克尔(Ernst Haeckel)和英国的赫胥黎都是他的铁杆支持者,都相信生命起源是从无机物合成有机物,并且渴望找到证据。1866年海克尔研究单细胞生物时,发现黏液状的原生质就是最原始的生命物质。与此同时,赫胥黎在显微镜下分析1857年从大

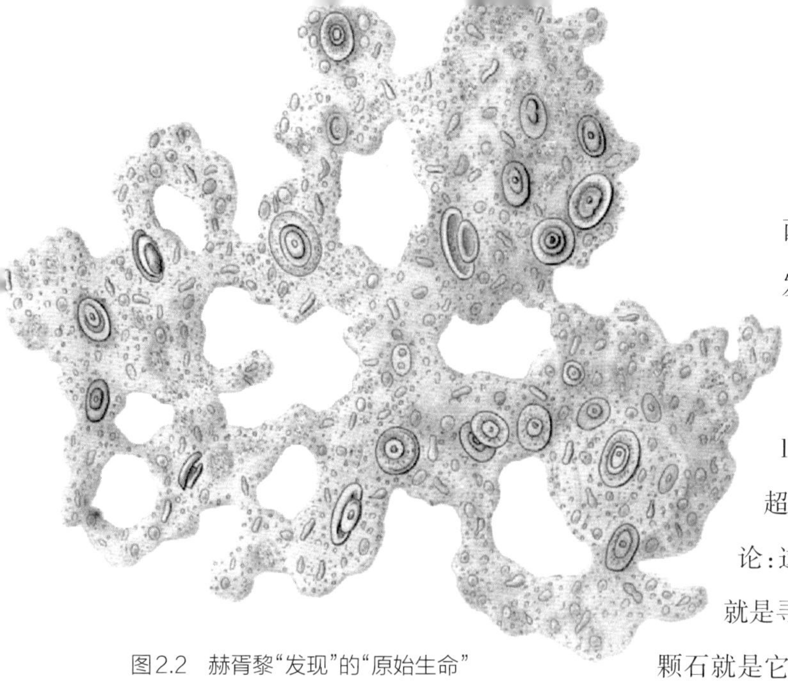

图2.2　赫胥黎“发现”的“原始生命”*Bathybius haeckelii*。

西洋深海采回的软泥时，发现其中就有这种黏液状的结构(图2.2)，里面还有细微的颗石(coccolith)，也就是今天说的钙质超微化石。于是他得出结论：这种无定形的黏液状物质就是寻觅中的原始生物，其中的颗石就是它的内骨骼，和海绵里有骨针是一个道理。因为产于深海，赫胥黎把这“生物”命名为*Bathybius*(希腊文中bathys意指“深”，bios意指“生命”)，并且以海克尔的姓氏作为种名*haeckelii*，以示尊敬。

海克尔当然高兴，立即将*Bathybius haeckelii*的发现作为证据，在1868年正式提出了生命起源于原始黏液的假说。这项发现产生了巨大的激发效应，科学家们从不同海域找到了深海的*Bathybius haeckelii*，于是认为全世界大洋的底面都被这种原始生命的黏液所覆盖。既然黏液里见到的颗石在地层里也有，足见这种原始生命贯穿了地质历史。原始生命的发现和“深海无动物论”的提出，本身都没有经得住检验，但是在客观上却促使19世纪中叶的科学界进一步去探索深海，从而催生了海洋科学历史上首个最重要的航次：1872—1876年的“挑战者号”环球航行。

英国军舰“挑战者号”是60m长、2300t的三桅帆船，为这次航行还特地拆掉了15门火炮、卸下了弹药安装实验室，从1872年到1876年穿越三大洋，历时1000天、航程109 000km，在362个站位进行全套测量和采样，取回的材料经过23年的分析研究，出版了50卷、29 500页的研究报告，是一次空前的科学壮举。这次全面的深海探索，很容易地回答了前述的两个科学问题。“挑战者号”最深在8000m处采得了动物样品，宣布动物分布并没有深度限制。至于深海的*Bathybius haeckelii*，环球航行的初期就注意采集，但是始终没有找到。反倒是船上的化学家发现：将酒精注入样品时会与海水反应,立即产生出黏液状的物质,但这不是生物而是硫酸钙!通过比较发现:深海软泥凡是注入了酒精的,都会产生这种黏液。于是真相大白:当初赫胥黎发现"原始生命"的软泥,就是好几年前采集、一直保存在酒精里的软泥样品。

"挑战者号"的环球航次,澄清了19世纪中期的深海之谜。赫胥黎不失其学者的大家风度,第一时间就主动承认了错误,结果他在学术界的地位非但不降,反而上升。1883年他当选皇家学会会长,1893年的报告被译成《天演论》,都发生在此之后。其实,黏液与生命起源的关系这一科学问题并没有解决。后来有人怀疑:赫胥黎发现的不见得就是酒精和海水产生的硫酸钙,有可能是"海雪"带来的黏液,所以还是有机物质。近年来发现胞外聚合物(EPS,extracellular polymeric substances)和生物膜的重要性,又将"黏液"重新推到了学术前沿,不禁使人回想起19世纪"原始黏液"的假说。科学发展犹如螺旋,有时候古老的设想也会在更新的背景下再生。

2. 深海滑坡

"挑战者号"19世纪20万里的长征,航线长度相当于绕地球三圈,结果给海洋科学留下了极为丰富的知识财富:证实了全大洋深部水冷,确证了最深海也有动物分布,发现了大西洋中脊和马里亚纳海沟,虽然这些地形含义的解读还得等上100年。总之,这是19世纪成就最大(虽然并不是规模最大)的科学航次。要说规模,19世纪最大的科学考察是1838—1841年美国的威尔克斯航次(Wilkes Expedition),动用了6艘船、300多人,"挑战者号"只有200多人。但是威尔克斯航次抱有强烈的政治和经济目的,虽然为美国开发其西边的太平洋海域和南极洲取得了重大进展,却没有像瞄准深海科学的"挑战者号"航次那样,为世界科学作出历史贡献。

但是,"挑战者号"航行也给海洋科学留下了一种不正确的概念,以为深水海底是个平静世界。早期人类以为深海是个没有光线、没有生命、没有运动的"三无"世界,现在证明除了"没有光线",其他都是错误观念。不过几千米深的海底还会有什么运动,当时确实难以设想。"挑战者号"在三大洋海底取样,采到的不是深海黏土就是生物软泥，造成了陆架之外全是细粒沉积、深海海底一片静寂的错觉。按当时的概念：沉积颗粒从海面上掉下去，像陆地降雨那样到达海底后，就不再有任何运动，深海是地球上一切过程的终点。与此同时，发现沉积物有一条深度界线：水深大约4500m以上的海底，是以浮游有孔虫和颗石类壳体为主的灰白色碳酸盐质软泥，以下是红褐色的黏土，所含生物骨骼以硅藻、放射虫之类的硅质壳体为主，两者之间红白反差强烈，被喻为“海底雪线”（图2.3）。这是一项海洋沉积学的重大发现，因为碳酸盐在深海低温高压条件下化学溶解，灰白色的碳酸盐质生物骨骼不能保存，“海底雪线”在今天说来就是“碳酸盐补偿面”，是深海碳酸盐保存的下限。

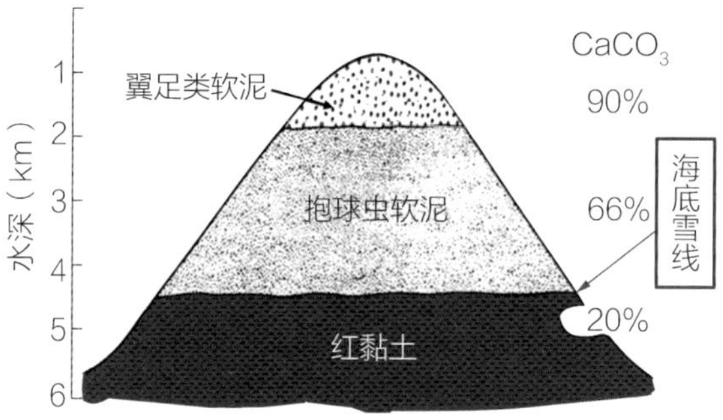

图2.3 “海底雪线”——深海碳酸盐沉积和红黏土的界线。

“挑战者号”在大洋深水盆地发现的细颗粒沉积垂直分带，确实反映了海底的宁静环境，但是以为深海底下都同样平静，那就是一种错觉。打破这种错觉的是半个世纪以后加拿大岸外发生的地震。1929年11月18日傍晚，加拿大纽芬兰岸外发生7.2级地震，掀起的海底沉积物沿着陆坡下滑，不但造成海底滑坡，还激起了海啸，切断了海底电缆。这次地震和海啸，卷起了2万km^2面积上的海底沉积物，形成饱含泥沙的高密度海水，作为重力流以60—100km/h的速度下滑，造成百余立方千米体积的巨型滑坡。地震2小时20分钟之后发生的海啸，激起了高达13m的巨浪，海啸波还跨越大西洋，直击葡萄牙海岸。值得格外注意的是几千米深处的海底电缆，1860年正式开通的大西洋越洋通信电缆，西端就在纽芬兰岸外，这次地震海啸切断了12根电缆，并且留下了一个谜团：较浅的6根电缆先随着地震一道切断，而其他6根却是在后来的13小时7分钟里，由北向南逐根切断（图2.4上），为什么不是一起切断呢？

电缆逐根切断的原因，过了20年才得到解释：原来这是地震海啸造成的重力流由北向南向深处流动，一路上切断电缆的结果，这就是现在沉积学里所说的浊流(turbidity current)。重力流裹卷海底沉积物时不分粗细，但是沉降时却是粗粒沉积物在先，形成的地层上细下粗，呈现出浊流沉积特有的递变层理(图2.4下)。这项发现的意外收获是解答了地质学上的一项不解之谜。意大利亚平宁山脉的岩层里，早就见到过这种上细下粗的递变层理，取了名字叫"复理石"(flysch)，但是想不出来什么样的机制会产生这种怪层理。这一来真相大白，原来"复理石"就是地质时期里深海的浊流沉积。

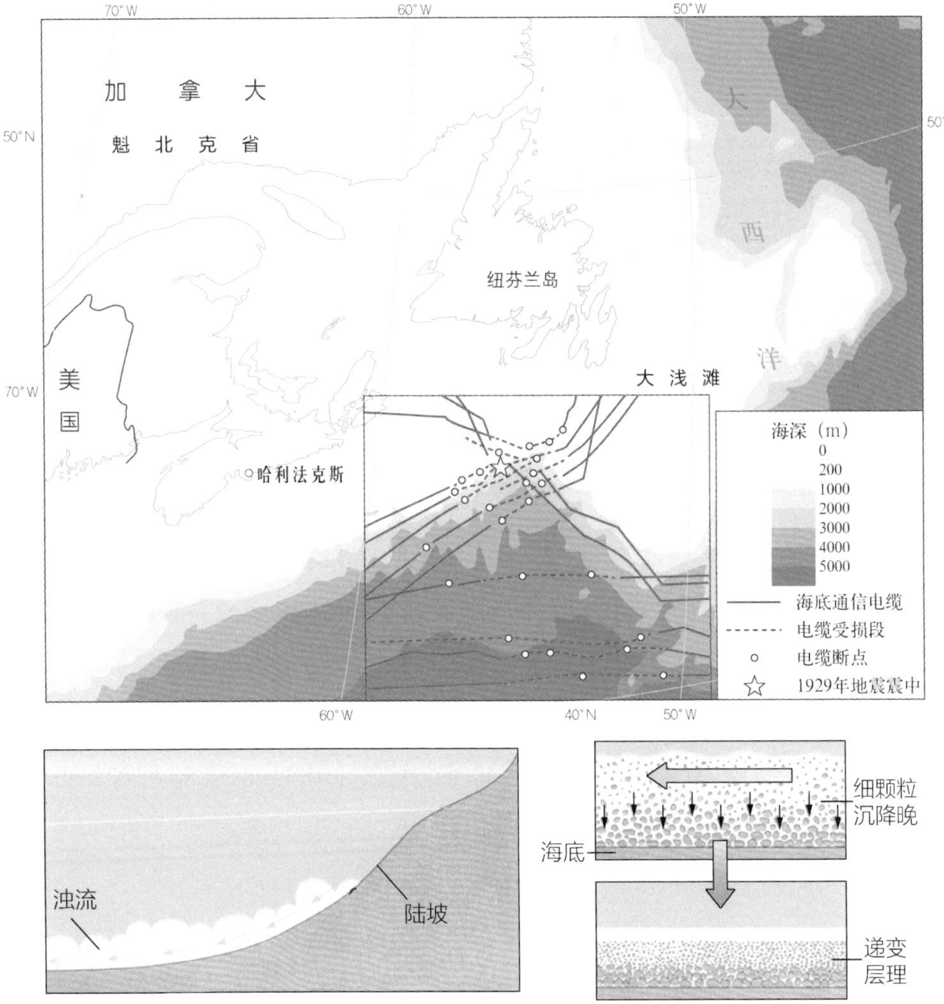

图2.4 深海浊流。上：1929年加拿大大浅滩7级地震诱发浊流，切断12根大西洋通信电缆；下：浊流沉积过程和形成递变层理的示意图。

现在知道海底滑坡相当普遍，也是沉积物从陆地跨过陆坡进入深海的几种基本机制之一，它不仅会切断海底电缆，还会引起海啸，是造成海底重大灾害的一大祸害。已知规模最大的海底滑坡是挪威岸外的斯图尔加滑坡，体积3000km^{3}的沉积物，移动距离800km，受影响的陆坡面积达95 000km^2。好在那次滑坡发生在8200年前，谈不上人类社会的灾害，真的深海灾害我们留到第六章再谈。这里只想说，深海底下可以有规模惊人的灾难发生。但是除了这类特殊事件，海洋深处平时是不是也有剧烈的海水运动？有，这种运动的线索来自照片。

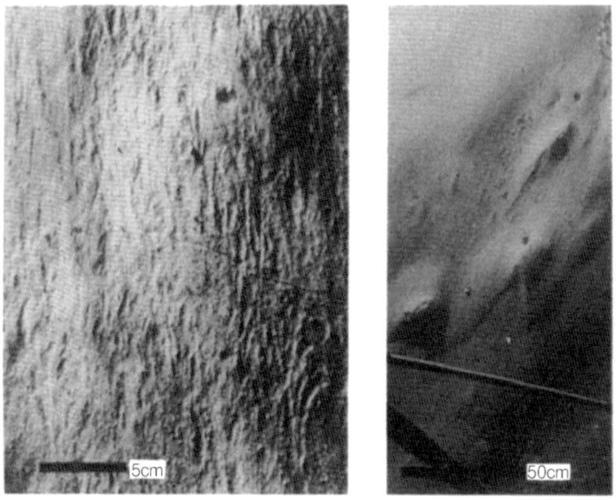

图2.5　西北大西洋水深4750—4950m处拍摄的海底照片（1981/1982年）。左：冲刷痕；右：波痕。

从1960年代开始，学术界就注意到西北大西洋加拿大岸外，水深四五千米的海底照片上，居然有波浪和冲刷的痕迹（图2.5）。但是深水海底，从哪里来的浪？唯一的可能就是深海底下有海流，而验证的唯一办法是现场检测。第一章里我们谈到过“深海西部边界流”，加拿大岸外深海照片上记录的，会不会就是这种海流造成的波痕？

为了检测深海海流的存在，欧美科学家设计了专门的仪器设备，在加拿大岸外4800—4900m深的平坦海底，选了一块2km×4km的海底，从1978年起进行了7年连续观测。结果发现深海真的也会发生“风暴”：平均每年8—10次，每次延续2—20天，突然有高速的海流发生，最大流速可达15—40cm/s，可以冲刷海底沉积，掀起高浓度的悬移物，改变海底的面貌。这次简称为“HEBBLE计划”的深海观测确证了“深海风暴”的存在，开启了研究深海沉积学的实测方向。

第二节　潜入深海

说到现在，提到的种种深海研究，其实都是从船上进行的。“不入虎穴，焉得虎子”，真的要了解深海，当然不能只是坐在船上探索。人类进入深海很难，不但有呼吸的问题，还需要承受巨大的水压力，每加深10m增加一个大气压。最早也是最简单的办法就是屏住一口气下潜，这种“没水采珠”的古法下海，明朝《天工开物》里就有记载。这种不靠任何设施的下潜，深度有限，能到30m深就很了不起，从生理学来说100m就是极限。现在作为极限运动的“自由下潜”的世界纪录是121m。如果背上氧气瓶，就可以在水下呼吸，这种“水肺潜水”能够比较持久，而且可以深得多，现在的纪录已经达到332m。但这类潜水，人体暴露在水的压力下，如果回到海面减压太快，溶解在血液里的气体就会形成气泡，阻碍血液流动，严重的甚至可以致命。如果想要进入深海，尤其是要进行较长时间的考察，应当在某种容器里潜入海底。

最先出现的这种容器，是17—18世纪发展的潜水装备——潜水钟。潜水钟的形状和材料可以不同，关键是钟的上部有空气，可以供潜水者在水下呼吸而不需要回到水面。类似的想法古人早就有过，这位古人就是古希腊的亚里士多德（Aristotle）。据说亚历山大大帝（Alexander the Great）曾经在特制的透明桶里下到过海底观察海鱼，可能就是受了亚里士多德的影响，因为他做过亚历山大大帝的老师。此事是否当真已经无从考证，但是从后世流传的图来看（图2.6），至少曾经有过这种想法，

图2.6　13世纪的古画，展示亚历山大大帝在桶里潜入海底。

这从一个侧面反映出古希腊对海洋的重视。

真正建造科学探索的深潜装置，需要等到20世纪。先是用钢制的圆球“潜水球”(bathysphere)(图2.7A)，依靠钢缆吊索用绞车投入海水，同时配有人工操作的橡胶软管，里面是电话线和照明电线。1930年，美国海洋生物学家毕比(William Beebe)和工程师巴顿(Otis Barton)钻进这潜水球，下到了百慕大海域的183m深；1934年他们的潜水球又下到了923m的深水，并且在那里停留了3分钟，这是当时人类到达的最深处。他们的壮举轰动了全球，通过此举，毕比改变了海洋生物学的许多观念，巴顿还成了好莱坞的业余明星。但是简易的潜水球深潜能力毕竟有限。1949年，巴顿制作的新钢球下到了1350m深水，打破了深潜的新纪录，但这还只不过是大洋最大深度的1/8。毕竟钢制的潜水球靠吊索上下，重量太大，想要下潜几千米并不现实，需要有源头上的创新思路，才能实现人类亲身探索深海的愿望。

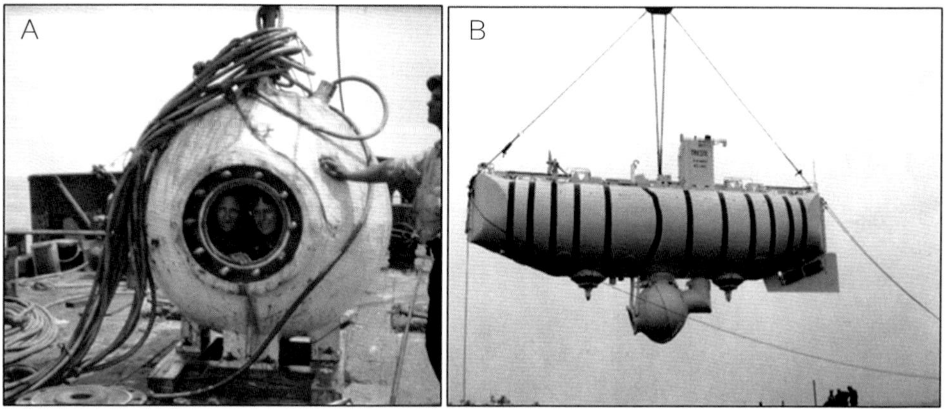

图2.7 早期的深潜器。A.1930年代的潜水球；B.1960年代的深潜舟(注意：大的船状物是浮体，载人的是下面的圆球)。

无论深潜下海还是升空上天，都是人类挑战极限、拓展空间的壮举，而说到早期的上天下海，就不能不提到瑞士的皮卡尔一家。19世纪出生的双胞胎兄弟奥古斯特·皮卡尔(Auguste Piccard)和让·皮卡尔(Jean Piccard)两位皮卡尔教授，1930年代时都热衷于制造热气球，亲自探索平流层。奥古斯特在1931年乘坐热气球，上升到16 000m，成为当时探空最高的人；而让在1934年携爱妻升到了18 000m，打破了亲兄弟的纪录。

1953年奥古斯特提出把气球的原理移植到深潜技术上，在钢球之上另加一个装有汽油的浮体，不靠吊索而是靠浮力上下，实现了技术上的突破，这就是“迪里亚斯特号”(Trieste)深潜舟(bathyscaphe)(图2.7B)。1960年，奥古斯特·皮卡尔教授的儿子、工程师雅克·皮卡尔(Jacques Piccard)和美国海军军官沃尔什(Don Walsh)，乘坐“迪里亚斯特号”下潜到太平洋马里亚纳海沟水深10 916m的海底，这是人类第一次下潜到了地球表面的最深处。

经过五六十年的发展，深潜技术早已今非昔比，万米深潜已经不再那样艰难，马里亚纳海沟的万米深度也已经不再那样神秘。深潜技术已经成熟，以至于深潜器可以由单人驾驶，供业余探险使用。2012年3月26日，加拿大著名导演卡梅隆(James Cameron)驾驶单人潜水器“深海挑战者号”(Deepsea Challenger)成功下潜至“挑战者深渊”(Challenger Deep)，深度为10 898m；2019年4—5月，美国亿万富翁维斯科沃(Victor Vescovo)独自驾驶“特里同号”(Triton)36000深潜器，一直下潜至10 928m处的深海底，打破了前人的纪录。

然而科学探索对深潜器的要求不同于探险，需要有高超的观测与采样能力。由此出发，这几十年里产生了多种不同的载人深潜器，其中特别要提的是美国的“阿尔文号”(Alvin)载人深潜器。从1964年启用到2011—2013年进行大修和升级，这艘设计深度4500m的深潜器在46年里完成了将近4700次下潜，为深海探索立下了大功。“阿尔文号”的载人舱外壳还是球形的，但用的是钛合金，可以同时坐三个人，在水下呆8小时以上。更重要的是它带有动力系统，可以在深海缓慢移动、航行。1985年法国的“鹦鹉螺号”(Nautile)深潜器，1987年苏联的“和平1号”(MIR-1)和“和平2号”(MIR-2)深潜器，都能下潜到6000m，从而掀起了载人深潜的高潮。另一方面，1970年代以来迅速发展的遥控深潜器，也随着技术发展越来越先进，不但同样可以进行科学探索，而且有成本低、效率高的明显优势。近年来我国快速发展深潜设备，接连涌现的“蛟龙号”7000m和“深海勇士号”4500m载人深潜器，以及多台遥控深潜器，都已经成为深海探索的尖兵(图2.8)。

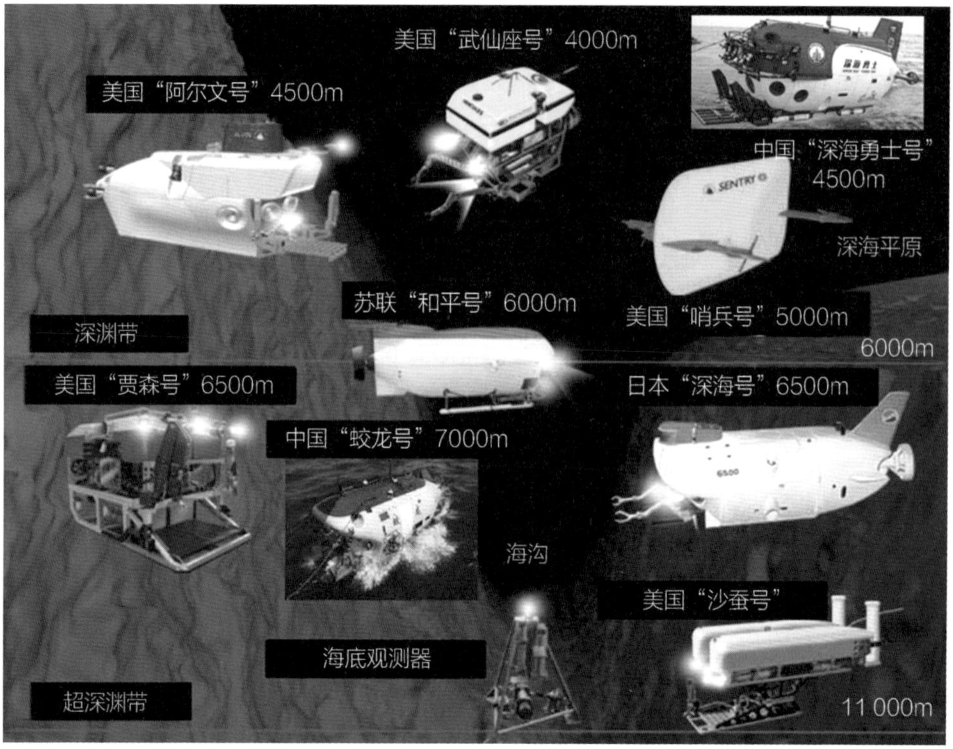

图2.8　当前世界上超过3000m潜深能力的主要深潜器(黄色表示不载人)。

第三节　深海热液

1. 红海的启示

人类潜入深海后，影响最大的发现就是深海热液。活动热液口的面积有限，从船上找热液口好比从飞机上高空投篮，目标太小，只能通过间接标志寻找。至于真的热液喷口，只有潜入海底才能发现。但是科学界寻找深海热液的念头，却早已随着板块理论而产生：既然板块之间有裂缝，岩浆岂不会从裂缝跑出来？至少应该能放出热量，出现在深水海底。

最早的线索来自红海：1888年俄罗斯船在600m深处发现温度异常，6年后瑞典船也发现那里的深水温度比周围高出好几度，而且特别咸。由于发现异常的地点靠近麦加圣城（图2.9A），这种怪象引起了各种各样的联想，其中多少有点道理的一种是蒸发

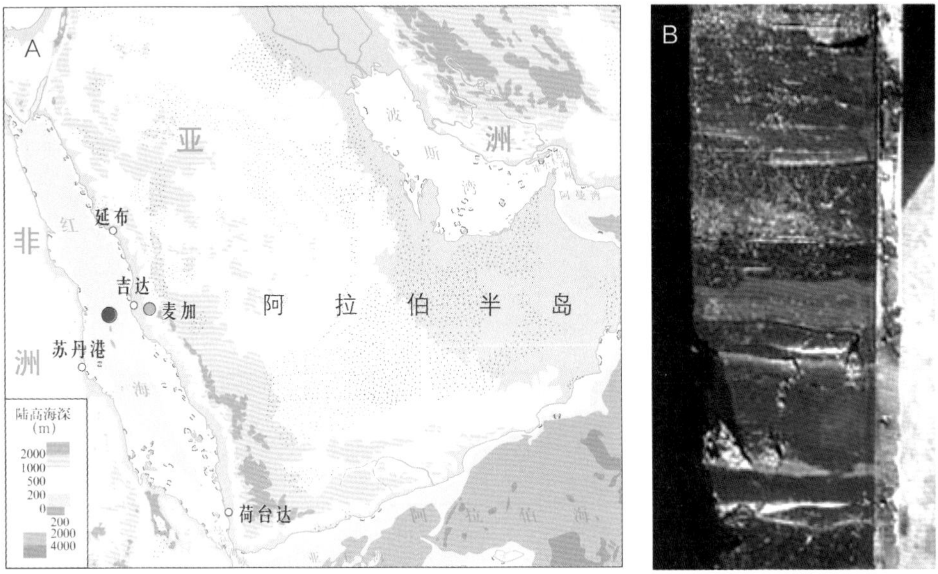

图2.9　红海海底的热液作用。A.高温异常发现处（红圆点）；B.多金属软泥柱状样。

作用。因为那里的热带蒸发作用特别强烈，有人猜想是晒成盐卤的水沉了下去造成异常。到了1965年，美国船在那里发现采上来的底泥居然烫手，温度高达54℃；下一年又去做专题考察，采上来的是黑、白、红、绿、蓝、黄五彩缤纷的多金属软泥，富含铜、铁、锰、锌等各种金属（图2.9B）。科学家们在1967年推论：窄而深的红海是个正在张开的裂谷，高温和金属都源自海底下面深处的热液活动，而这种热液活动在别的大洋也会有，首先想到的是大西洋。

于是，学术界开始了探寻海底热液之旅。1974年6月，美国“阿尔文号”加上法国海军的深潜艇“阿基米德号”（Archimède）和碟形潜器“雪苔蛾号”（Cyana），三架潜器在北大西洋中央的亚速尔群岛会合，开始执行“法-美大洋中央海底探索计划”（FAMOUS, French-American Mid-Ocean Undersea Study），人类第一次下到2000多米水深的大西洋中脊，探索深海热液。法国潜器下潜27次，“阿尔文号”下潜17次，拍摄了10万张照片、采回了3000lb（约1350kg）岩石，但是深海热液并没有出现。猜想热液应当从裂缝里出来，下一年“阿尔文号”再去，钻进了海底的裂缝里差一点出不来，但热液口还是没有找到。以世界大洋之大，找热液口犹如海底捞针，总得先缩小寻找范围才是。

2. 高温黑烟囱

这时候科学家们把目光转到了东太平洋。这里有太平洋产生新板块的洋中脊-东太平洋中隆，还有向东俯冲的老板块分界线，应当是寻找深海热液的理想目标。

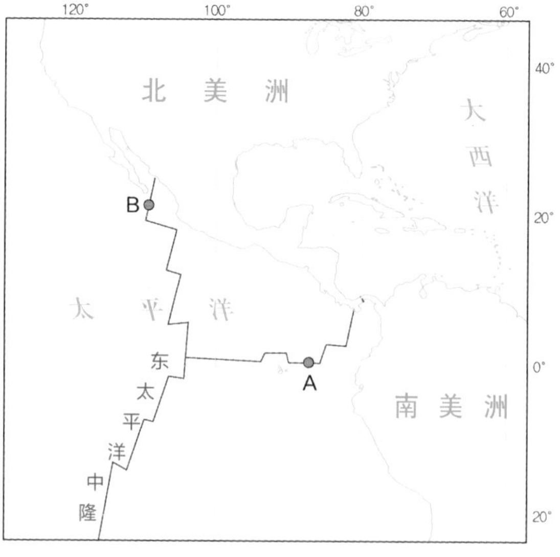

图2.10 首先发现深海热液的东太平洋海区。A.1977年发现热液的加拉帕戈斯海区；B.1979年发现黑烟囱的21°N海区。

1972年，美国在东太平洋加拉帕戈斯（Galápagos）群岛附近的深海底（图2.10的A点），发现过一批上面有矿物的泥丘，大的有20多米高、直径40多米，泥丘上方的水温略有异常，虽然只高出零点几度，却不失为热液的可能标志。1976年再去考察，离海底4m处有0.4℃的温度异常，而附近还发现有一堆白色的大贝壳，现在知道这就是热液生物，但当时还从来没人见过热液生物是什么样子。于是有人出来吹冷风：那会不会是什么船上吃剩的垃圾？不是附近还有个扔下的啤酒罐子吗？

但是加拉帕戈斯可是个科学的福地，当年达尔文的进化论思想就是在这里产生。有了这些线索，加上技术准备，载人深潜可以出手了！1977年2月15日，先将摄像装置投放到2500m深海底扫描，发现正好在白色贝壳堆的地方出现温度异常（图2.11A），这就是探索的目标。2月27日，“阿尔文号”下潜到锁定的海底，发现了有红色鳃状羽的

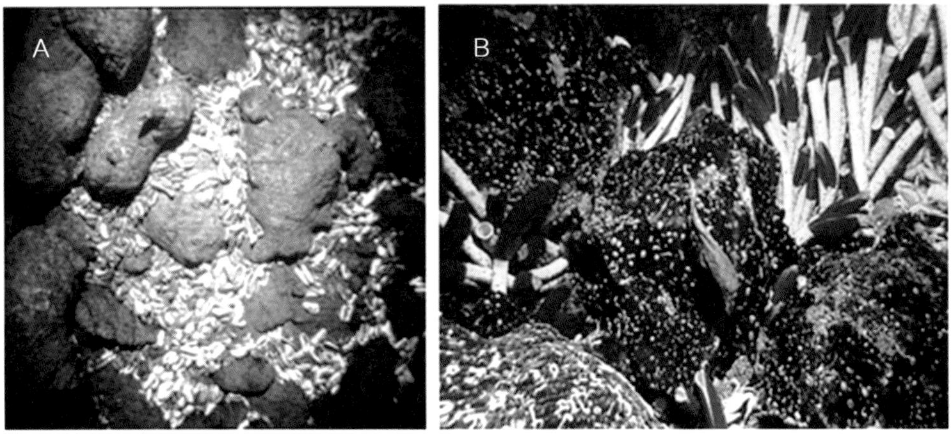

图2.11　东太平洋加拉帕戈斯海区首次发现的深海热液生物群。A.白色大贝壳堆；B.管状蠕虫和白色螃蟹。

管状蠕虫，30cm长的白色大贝壳和螃蟹等各种动物密密麻麻挤在一起（图2.11B）。深海热液找到了！在海底移动，他们又见到了热液口半米高成簇的管状蠕虫，这里水温高达17℃，海底采上来的水也是一股硫化氢的臭味。下潜科学家兴奋地说他们看到了“伊甸园”，首次看到了活着的热液生物群。不过1977年加拉帕戈斯的深海考察，目标是热液不是生物，因此船上都是地质学方面的专家。为此，1979年春天，“阿尔文号”再次到加拉帕戈斯2550m的深海探索，专门考察热液生物。

尽管取得了空前辉煌的成绩，深海热液的探索并没有限制在加拉帕戈斯海区，美国和法国又开始在东太平洋中隆进行探测，这回是在加利福尼亚湾出口处，21°N的深海（图2.12B）。先是1978年法国的碟形深潜器到那里进行探测，取回的大量岩石标本中有一根管子，上面有亮晶晶的硫化锌矿物，这种矿物只能在高温下形成。1979年"阿尔文号"深潜器下到海底时，意外地看到了2m高的"黑烟囱"耸立在前，向上喷出滚滚浓烟（图2.12A），高温还烧坏了温度计。后来才明白：这才是真正的热液！深入海底下深处的海水，与上升的岩浆接触后，形成了富含金属元素的热液，像黑烟般喷出，而

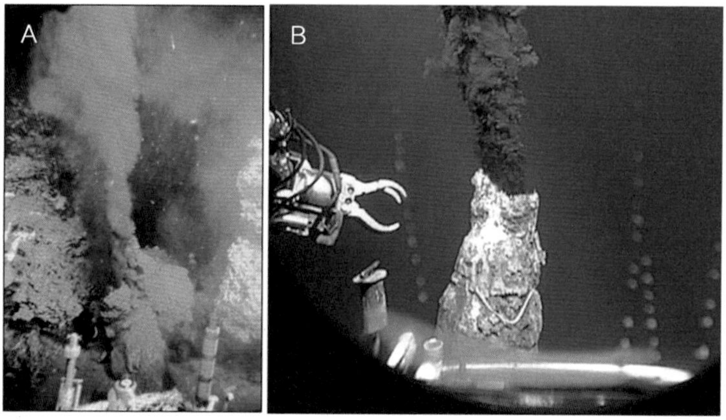

图2.12　深海热液活动。A.东太平洋中隆21°N海域首次发现的第一根热液"黑烟囱"；B.从潜器里看到的"黑烟囱"。

被海水冷却下来的金属硫化物在喷口沉淀，层层相叠形成了"黑烟囱"。出口处的热液温度可达350℃，离热液稍远温度较低处才能发育热液生物群。但是热液并不稳定，一旦停止喷出，热液生物群便集体死亡，如果被沉积埋葬就会形成泥丘，几个航次看到的都可以得到解释，深海热液终于真相大白。

"阿尔文号"发现热液黑烟囱，是国内外科普的热点主题，近年来几乎家喻户晓。可惜国内几乎所有的科普阐述都并不准确，说是"阿尔文号"1977年深潜加拉帕戈斯时意外遇上了黑烟囱，有的还绘声绘色任意发挥。其实无论时间、地点还是情节都说错了。1977年在加拉帕戈斯发现的是热液生物群，1979年在21°N才第一次发现黑烟囱。深海热液的发现是学术界多年努力取得的突破，并不是偶然的巧遇。

3. 发现白烟囱

热液生物群和黑烟囱的发现极大地鼓舞了学术界，被认为是20世纪地球和生命科学最重要的发现之一。然而这些发现都在东太平洋，而那里的洋中脊扩张最快。热液活动是不是与洋底扩张的速度相关？扩张快说明岩浆多，所以热液活动也强？其实不然。

现今的世界大洋，沿着6万km的洋中脊海底都在扩张、形成新的大洋地壳，但是扩张速度不一：太平洋扩张属于快速（8—14cm/y）和超快速（>14cm/y），东印度洋属于中速（5.5—8cm/y），大西洋慢速（2—5.5cm/y），西印度洋和北冰洋超慢速（<2cm/y）（图2.13）。扩张速度确实和岩浆的供应相关，但是随着探索的继续和技术的改进，各大洋都发现了热液喷口。北大西洋中脊26°N的TAG热液区，1970年代初已经拖网采到过热液矿样品，但是要到1980年代才发现黑烟囱和热液生物群，关键是采用了新的检测装置，在海底以上10m缓慢拖行，终于找到了热液喷口。在东太平洋发现深海热液40年之后的今天，深海热液很快在各大洋都有发现。到2009年全球已经发现了518处活动的热液口，这些热液口一半分布在板块张裂的大洋中脊，一半在板块俯冲的火山弧和弧后，但是科学家们估计还有900多处有待发现（图2.13）。

不过这种推测，有可能还是低估了深海热液活动的总规模。因为这里统计的，只是在板块扩张的裂口里由岩浆活动引起的热液活动，进入21世纪以来，发现还有别的机制也能造成热液活动。大洋中脊的新洋壳沿着其中轴线产生，然后向两边扩张，离中轴越远的洋壳年龄越老、温度越低，但是残留的地热还可以引起海水和岩石发生化学反应，产生不同温度的热液。其中最为有名的一例是大西洋"失落之城"（Lost City）的白烟囱。这是在北大西洋30°N洋中脊的侧翼，离中轴15km的地方，属于150万年前新生的洋壳，这里的热液温度不高，只有<40—90℃，高的是碱度，pH为9—11，形成的不是由金属硫化物组成的"黑烟囱"，而是主要由方解石之类碳酸盐矿物构成的"白烟囱"。方解石的烟囱比较牢，不容易倒塌，可以形成一二十米高的尖塔，最高可以到60m，和杭州的雷峰塔差不多高（图2.14）。黑、白烟囱不但成分各异，来源也不同。"失

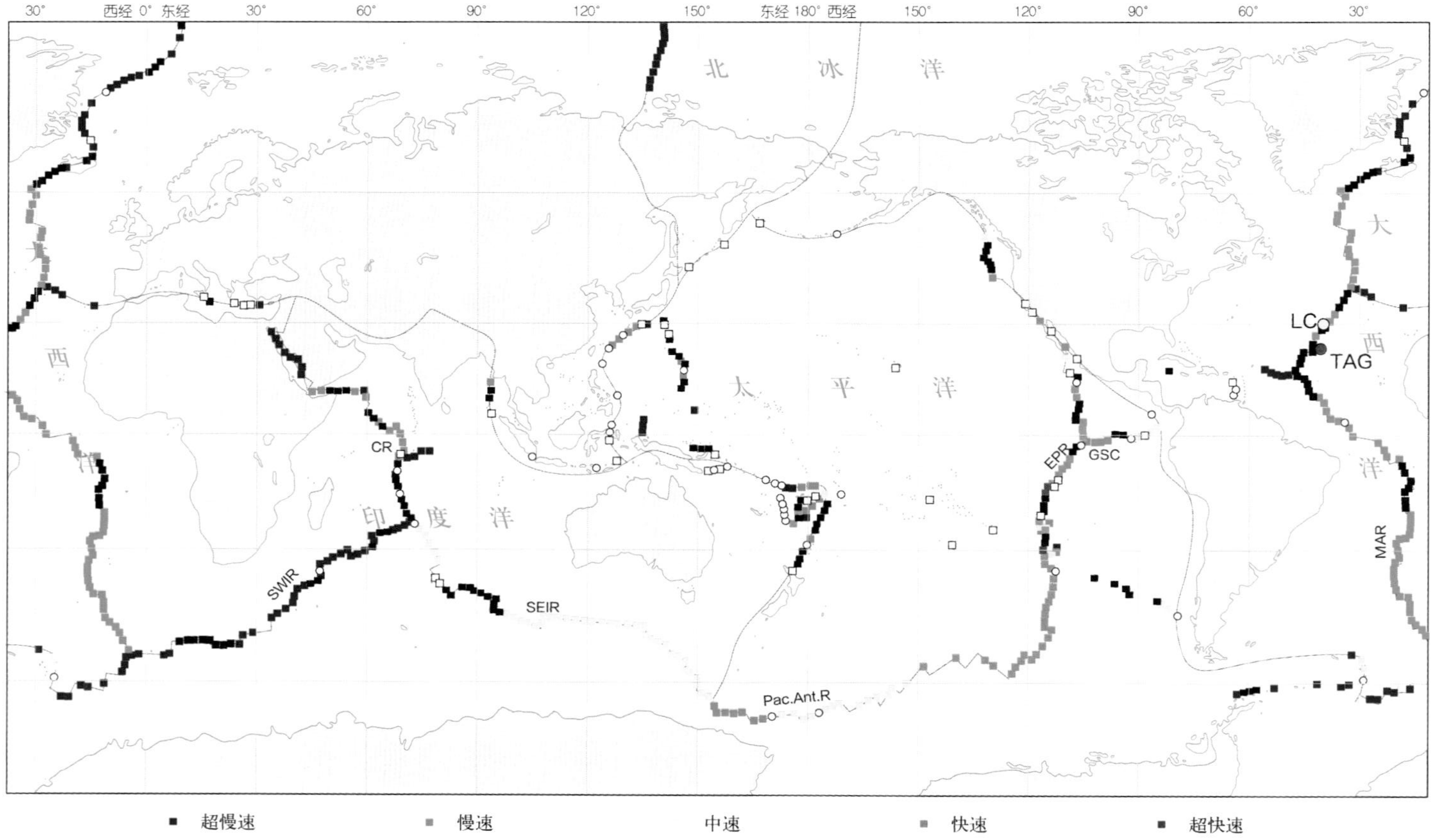

图2.13　世界海底热液喷口分布图。颜色表示大洋中脊不同的板块扩张速度，TAG和LC(Lost City)表示北大西洋中脊的高温和低温热液区(见正文)。

落之城"低温热液的动力来自地幔岩,上地幔的橄榄岩在大洋中脊出露,与海水发生化学反应产生热量,也能引起热液活动、也能滋养特殊的热液生物。另一个实例来自南大西洋8°S,也是靠地幔橄榄岩残留热量产生热液,位于大洋中脊轴线以东9km处,形成的黑烟囱也不是硫化物,而是由橄榄岩派生的矿物组成,被德国科学家命名为"龙喉"(Drachenschlund)。

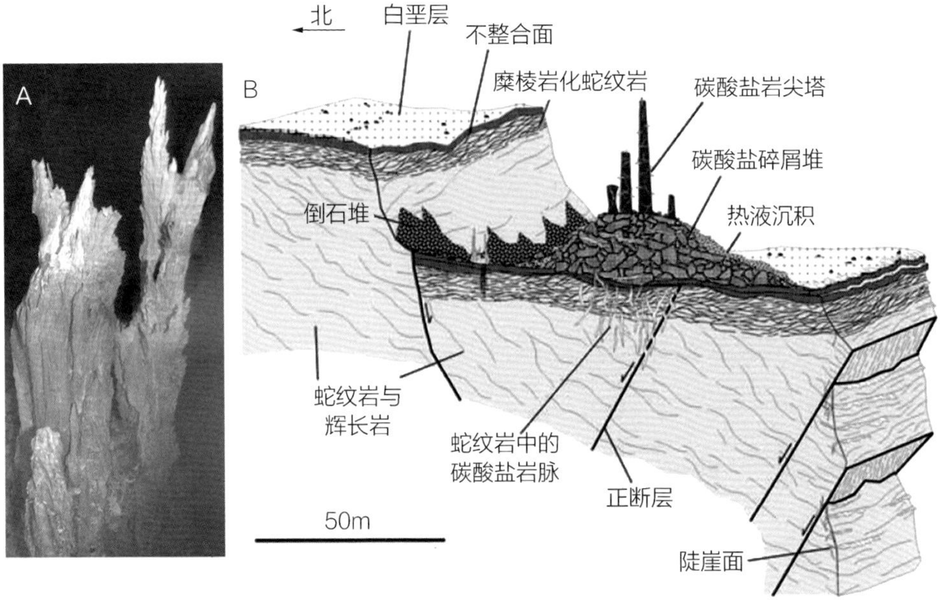

图2.14　北大西洋"失落之城"低温热液白烟囱。A.8m高的尖塔状白烟囱;B.地质背景。

第四节　深海冷泉

海底调查发现，热液之外还有更多的流体从海底出来，温度并不高，可以统称“冷泉”，主要成分是甲烷（CH_4）。在几百万种有机化合物里，甲烷是最简单的一种。靠近大陆的泥质沉积里甲烷分布极其广泛，在海底只要温度低、压力大，甲烷分子很容易包在水分子里形成笼形结构，这就是天然气水合物。如果点个火，冰化了就能燃烧，所以也叫“可燃冰”（图2.15A、B）。天然气水合物在海底分布广泛，只要温度压力适合，在海底的输气管里也会形成，造成技术上的麻烦。海底地层里天然气水合物的大量聚集可以成矿，但是也可以成灾。因为水合物不稳定，温度压力稍有变化就会放出气体。如果释放缓慢可以形成海底的凹坑，叫作麻坑；如果突然喷出来就犹如火山爆发，可以堆成一座山，叫作泥火山（图2.15C）。

甲烷在陆地上分布极广，因此可燃冰在陆地上也有，主要分布在冻土带；泥火山陆地上也有，在台湾南部就是重要的景点之一。陆地上的可燃冰早已被知晓，而海里的发现主要是大洋钻探的功劳。早先的海洋科学钻探对天然气水合物避之犹恐不及，因为它不但可以造成钻井事故，

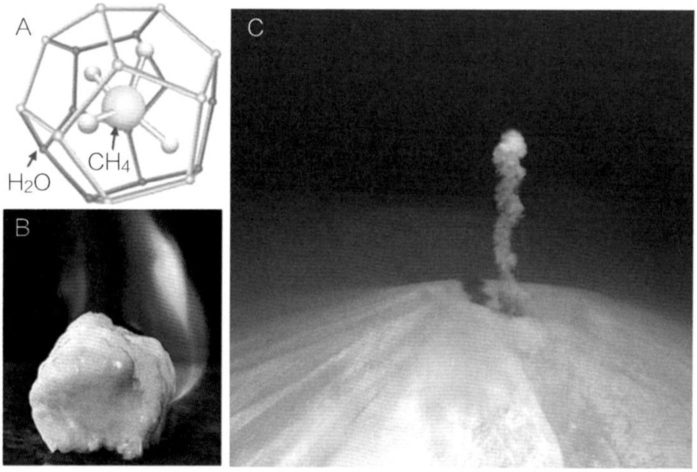

图2.15　可燃冰与泥火山。A.可燃冰分子；B.燃烧中的可燃冰；C.喷发中的泥火山（墨西哥湾）。

还含有硫化氢(H_2S)等毒气。进入新世纪,可燃冰成为潜在的清洁能源,大洋钻探专门设计了航次探索可燃冰。$1m^3$可燃冰可以释放出$160m^3$以上的天然气。早先有人估计可燃冰蕴藏的天然气总量,相当于全球已探明传统化石燃料总碳量的两倍。对于这项估计的争议我们将放在第七章里讨论,但无论怎么说可燃冰都有着巨大的能源开发前景。

可燃冰埋在海底下面,只有流出来才有表现,成为冷泉。从冷泉出来的羽流可以用化学或物理的办法检测。不过海底冷泉和热液一样都并不稳定,好在曾经活跃过的冷泉,还可以根据海底地形加以判断。图2.16所示是现代海底的冷泉分布,图上的红点表示主要表现为泥火山的冷泉区,集中在地中海、黑海和加勒比海等海区,估计总共有700多个;黄点表示以麻坑、溢出口为主的冷泉区,而麻坑的数目多得不好统计。如果将冷泉(图2.16)和热液(图2.13)的地理分布做一个比较,就可以发现两者有相反的趋势:热液主要沿大洋中间的扩张中脊分布,而冷泉分布在大陆边缘、大洋板块的俯冲带,原因是靠近大陆边缘沉积速率高、板块汇聚构造挤压的环境,才是可燃冰形成的主要背景。

海底出现那么多可燃冰并不奇怪,因为深海底下有着和我们陆地上完全不同的低温高压环境,在那种条件下不仅是甲烷,连二氧化碳也可以变成液态,甚至形成固态的

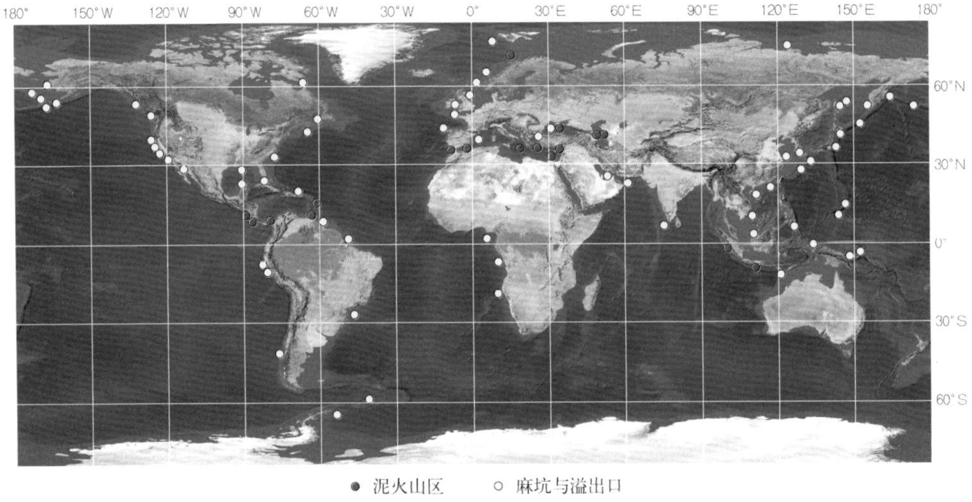

图2.16 海底冷泉分布图。

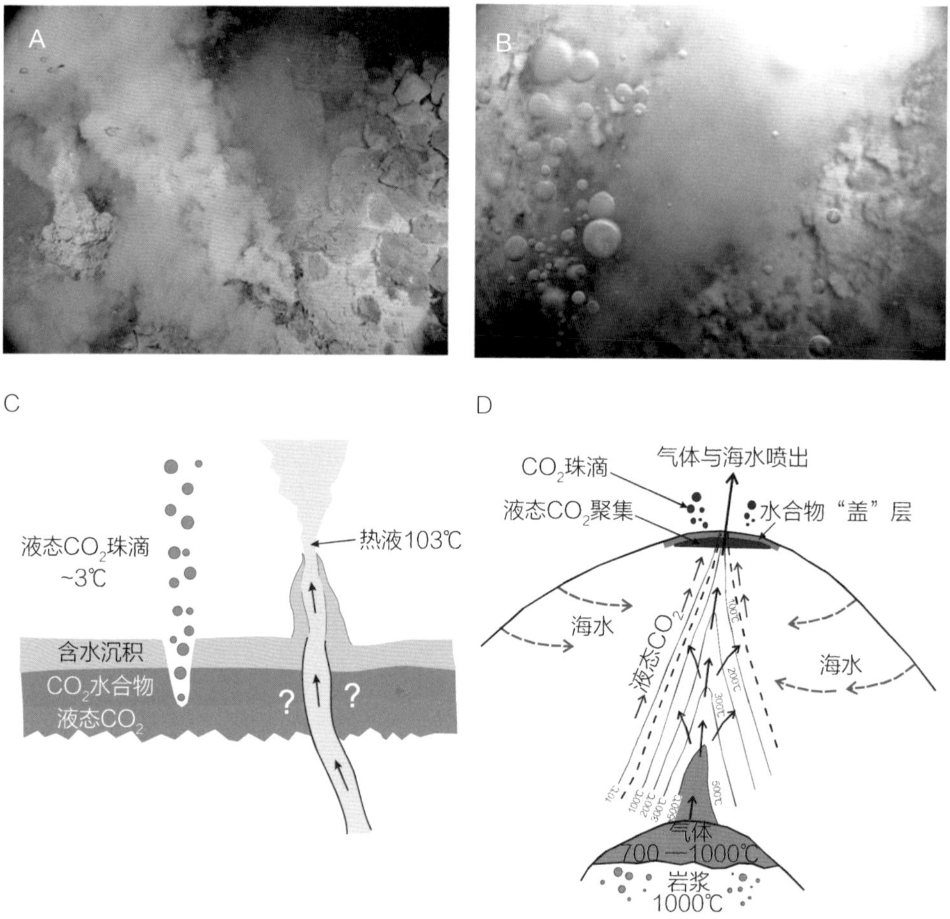

图2.17 太平洋马里亚纳海沟的CO_2湖。A.热液喷口；B.喷口放大，示喷出的液态CO_2珠滴；C.CO_2湖喷出液态CO_2珠滴和热液并存的解释；D.深成CO_2来源于岩浆房的模型解释。

水合物。事实上CO_2水合物也已经在深海底发现，并且在水合物层下面还可以有液态的CO_2聚集成“湖”，西太平洋的冲绳海槽和马里亚纳海沟，都在1000多米的深水下发现有这种“CO_2湖”。有趣的是CO_2的来源，与表层过程产生的CH_4不同，CO_2属于深部成因，应当来自地壳深部的岩浆房（图2.17D）。因此深海的CO_2湖紧挨着低温热液口分布（图2.17C），喷出来的既有热液（图2.17A）也有CO_2湖的液态珠滴（图2.17B）。冷泉和热液共生，在未来的“海底地质公园”里应当是5A级的景点。

第五节　海底是漏的

1970年代以来，深潜技术的迅速发展，使人类认识了海底。海底不再是个无底洞或者无边无际的一马平川，而是也有山势险峻、坡陡沟深的地形；海底不是个死寂世界，而是既有热液又有冷泉的活跃天地。所以说人类进入深海，其结果是发现了另一个世界，这项发现涉及人类的世界观，其意义超越了科学技术的范畴。意大利科学院1994年在罗马举办过一次针对海底的国际研讨会，以“海底的观测、理论与想象”为题，把诗人、哲学家、作家请来，同科学家一起参加圆桌讨论，从海盆成因到深潜思维进行自由畅谈。如果读者你也在场，你会说些什么呢？猜想你看了上面两节后，可能会说这样一句话：“海底是漏的。”

真的，海底真的是漏的。因为从海洋底下真的有流体在跑出来。大洋的中央多热液，大洋的周边多冷泉，但是数量都不算大，数量大的是海底下面的地下水（图2.18）。近岸海底尤其是河口附近的海底，常有海底地下水渗出。香港的吐露港把污染源都切断了，但是海水还是被污染，原来污染来自海底的地下水。陆地上的水除了通过地表（主要是河流）输向海洋之外，还可以走地下的通道直接输入海洋，因此近岸海底尤其

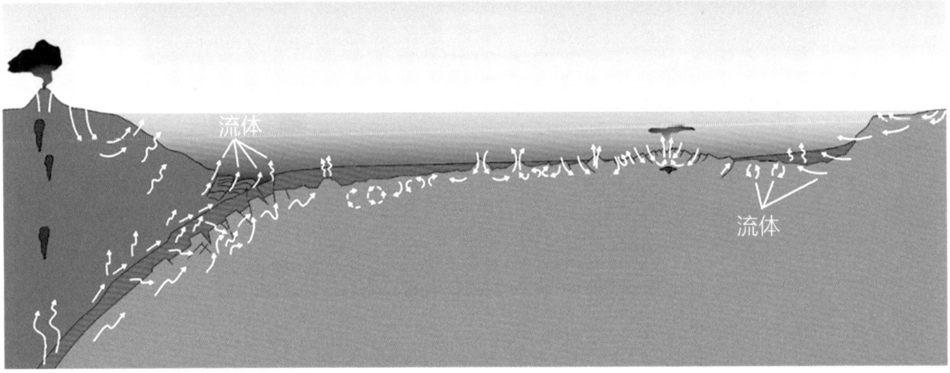

图2.18　海底是漏的：各种流体从海底向上进入海洋。

是河口附近的海底,常常有地下水渗出。据估算,大西洋海底渗出的地下水每年有2万—4万km^3,相当于大西洋河流输入量的0.8—1.6倍。更加大量的海底地下水来自地质时期,因为冰期时海平面下降,大片陆架出露,陆地降水一部分在地面汇流入海,另一部分渗入地下成为地下水;冰期结束海面回升,这些地下水就会储存在海底下面,穿越地质年代长期保留下来。现在全球有多少海底地下水缺乏数据,也很难统计,有人估计在5000万km^3上下,相当于现在全球湖水总量的3倍。

说海底是漏的,还有更加深刻的意义。上面说的海底地下水和多数冷泉,都是地球表层过程的产物,而热液和CO_2却是源自地球深部,深海海底正是离地球内部最近的地方,因而提供了联通地球内部和表层的直接通道。大洋中脊和海底火山,都是地球内部岩浆的出口,而海沟的大洋俯冲带,是地球表层的水和海洋沉积等物质进入地球内部的通道。

读者可能意识不到,地球其实有两个储水库:你知道的是地球表层系统的储水库,

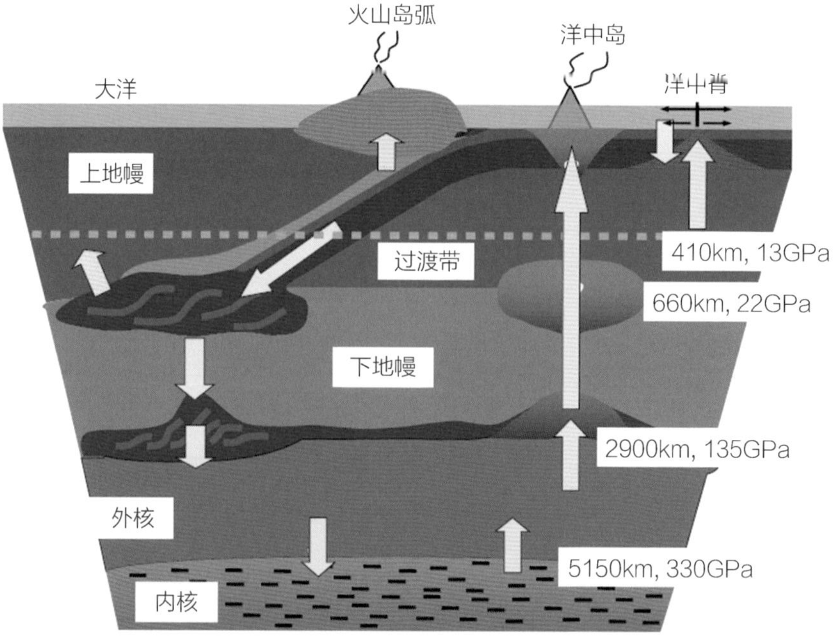

图2.19 地球内部的水循环。深蓝色示俯冲板片,箭头指水的输运方向,浅蓝色向地幔,黄色向表层。

以液态海水为主;不知道的是地球内部还有一个储水库,那里的水以地幔矿物的羟基(-OH)为主。地幔里的水是在矿物的晶格里头,你不能舀来喝,但是它和地球表面的水可以相互转换。一头是板块的俯冲带,水随着俯冲板片进入地幔深处;另一头是洋中脊和大洋岛屿的火山活动,水随着岩浆活动返回地面。这就构成了行星地球的水循环,也是水在地球系统中最大尺度的循环(图2.19)。按照地球历史的超长尺度说来,今天地球表层水圈的总水量大约为1.4×10^{20}t,每100万年由海沟俯冲下去的水大约是24×10^{16}t,其中进入地幔深处的水估计有9×10^{16}t。如此算来,地球表层系统里水圈的水,至少每隔16亿年才能在地幔深处循环一遍。有人推算,现在地球上俯冲下去的水多、从火山回上来的水少,自从5亿—6亿年前的“寒武纪生命大爆发”以来,地球上的海水已经减少了6%—10%。按照这种速率推测,全球大洋的水将在20亿年之后枯竭。如果说太阳在50亿年之后会变成“红巨星”吞没地球,那么水圈的枯竭远在此之前。

总之,几十年的深海探索表明,海底是漏的,海洋底下还有海洋。深海海底绝不是地球上万事万物的终点,因为海底是一个双向的世界:既有从海面向下的运动,也有从海底向上的运动。

第三章
发现第二生物圈

几十年深海探索，最大的意外发现在于生物圈——黑暗食物链、深部生物圈，原来地球上还有一个不依靠太阳能的第二生物圈。

第一节 “永久的黑暗”

第一位潜入深海的科学家叫毕比，他在1934年写了本《下潜半英里》(*Half Mile Down*)畅谈观感。他认为，陆地上没有任何环境能够与深海的奇特相比拟，唯一可以与之相比的是太空。“敬畏的人类只能看到无尽的黑暗虚空和……星球。这不是恰巧与半英里处深海的生命所看到的景象一样吗?” 到了20世纪晚期，科学家里的深潜高手当数巴拉德(Robert Ballard)，他也写了书回顾深海探险的历史，正题就叫《永久的黑暗》(*The Eternal Darkness*)。的确，惯于陆地生活的人，潜入深海最大的感受就是这无尽的黑暗。下到一二百米阳光早就消失，潜器窗外是无穷无尽的黑暗，只有星星点点的“海雪”反映着潜器的灯光。有什么样的生物能够在这黑暗世界里享受生活?

深海生物至少有两大特点很早就引起公众的注意:一是个体大，二是会发光。欧洲自古就有传说，讲深海里巨型的水怪。从13世纪起，就传说挪威海深水里有种极大的水怪叫“克拉肯”(Kraken)，大得能把整个船只抓起来，掀起的巨浪足以把船掀翻。“克拉肯”所指的就是巨型章鱼。凡尔纳(Jules Verne)的《海底两万里》中就有章鱼来袭、摩尼船长血战章鱼的情节(图3.1A)。深海确实有巨大的头足类，包括章鱼和乌贼，不过到目前为止，已发现的乌贼最大可达14m长(图3.1B)，章鱼最大才7m长，离“克拉肯”的传说还差得很远。

还有一类“海怪”是指巨型的“海蛇”。在北欧的古代传说里，“海蛇”大得居然被错认为是一串群岛(图3.1C)。其实，被误认为“海蛇”的常常是皇带鱼—— 一种深水硬骨鱼，生活在温暖海区上千米的深处，最长纪录有17m(图3.1D)。所以说深海“水怪”的传说，并不都是空穴来风。许多动物，生活在深海里的种类往往比浅水里的大得多，连深海的虫子也大得惊人。我们熟悉的潮虫，在地上只有1cm大小，而深海类型的潮虫居然有76cm大、3斤半重。为什么深海动物特别大呢? 一种原因可能是食性。这些

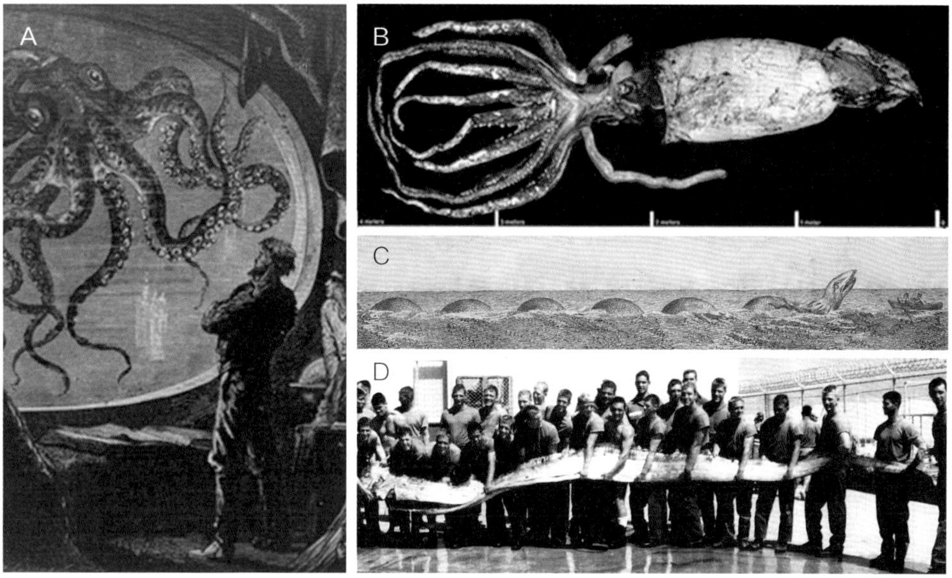

图3.1 深海“水怪”和巨型动物。A.《海底两万里》中的章鱼袭击;B.巨型乌贼;C.古代传说中的“海蛇”;D.深海皇带鱼。

靠捕食为生的异养动物,在深海里觅食很不容易。只有个体大的动物才能够一次大量进食、经受长时间的饥饿,然后再作长距离转移去寻找下一顿食物。深海“巨型”动物,有可能就是对于这种“食性”的适应。

另一个特点是发光。陆地生物发光的很少,只有萤火虫等少数几种;而海洋生物从细菌到鱼类,几乎所有的门类都有会发光的物种。与灯泡发的“热光”不同,海洋动物发的是冷光,主要是蓝色和绿色,发紫光、红光和黄光的少(图3.2)。不同于光致发光的荧光与磷光,生物发光不需要外来光源,而是在虫萤光素酶的参与下,依靠生物形成的虫萤光素进行氧化作用就能发光,所以发光是海洋生物一种主动的行为。

深海生物的发光现象,早在19世纪“挑战者号”环球航行和1930年代毕比乘坐潜水球探索深海时就已经发现,目前已经发展出许多定量观测的手段,发光已经成为海洋生态学研究的重要内容。不难想象,在通盘漆黑的深海里,微弱的萤光可以起很大的作用。一方面说,这是一些生物重要的种内通信工具,一些鱼类、章鱼、介形虫都会在交配季节,依靠发光的途径“找对象”。另一方面说,发光也是诱捕猎物和摆脱敌人的办法。黑伞水母在遇到紧急情况时会喷发出萤光的光幕来分散敌人的注意，赢得逃生的时间；有些鱿鱼的腕足很长，腕足末端可以发光，在逃不掉的时候可以放弃发光的腕足以误导来敌，"壮士断腕"保全生命。

世界大洋平均3700m深，而有光带不到200m，因此海洋的95%是在"永久的黑暗"里，除非被人类深潜的灯光照亮。这种环境必然影响生物的演化，比如深海既然永久黑暗，眼睛就成了无用的累赘。虾是鲜蹦活跳的动物，不但有突出的眼睛，有的还长有眼柄。但是到了大西洋中脊二三千米的深处，有一种盲虾 *Rimicaris exoculata* 就不长眼睛，密密麻麻"盲目"拥挤在热液口附近（图3.3B）。奇怪的是它们背上却长着两块能够感光的斑（图3.3C、D）。盲虾为什么还要感光？经过探索找到了答案：原来是为感知热液用的。我们说"黑暗"，是指没有人类眼睛能够感知的可见光。可见光是电磁波的一种，一般人可以感知的光的波长范围在380—400nm。深海热液本身不发光，但是

图3.2 深海生物的发光。A.*Tomopteris*,多毛类环虫；B.*Gaussia*,桡足类节肢动物；C.*Periphylla*,水母；D.*Rosacea*，管水母；E.*Aequorea*，水螅水母；F.*Abraliopsis*，头足类软体动物。照片大小未按真实比例。

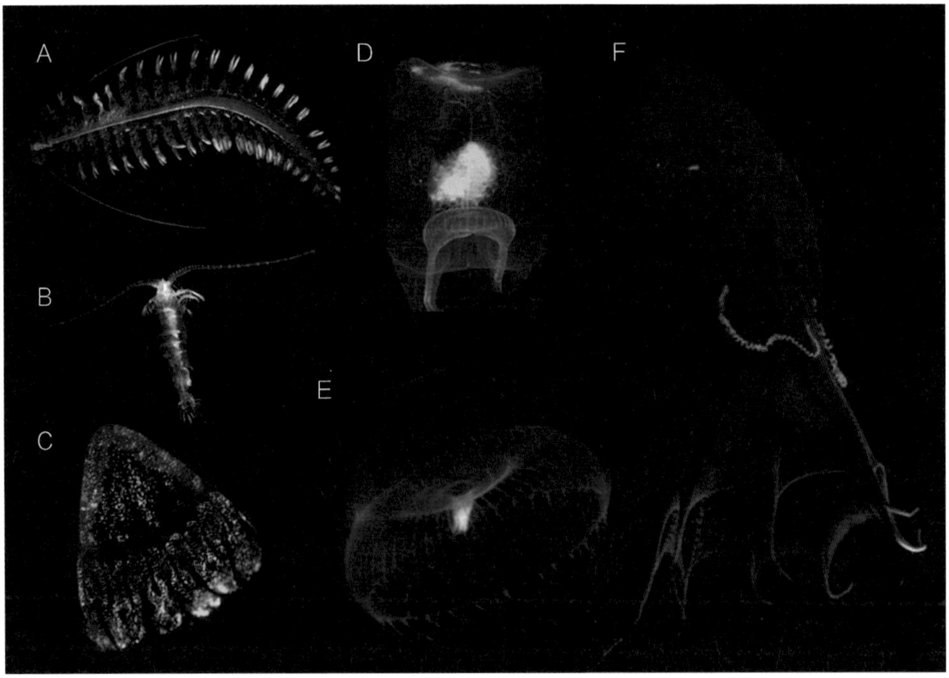

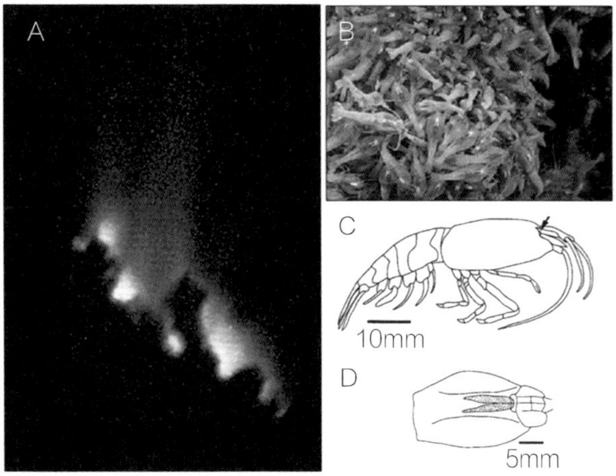

图3.3 盲虾的"眼睛"。A.热液口热辐射产生的光;B.大西洋盲虾 *Rimicaris exoculata* 在热液区;C.盲虾侧视;D.盲虾背视,两块灰色示背面感光区。

有高温就有热辐射,温度越高产生的电磁波越短。当然深海热液350—400℃的高温还不够高,热辐射产生的电磁波也还比较长,因而属于红外光而不在可见光的范围之内。科学家只有采用专门的摄像技术,才可以把热液口的"光"拍摄下来(图3.3A)。大西洋盲虾吃细菌,依靠热液区化学合成营养的细菌为生,盲虾背上长感光区显然是用来感知热液,以便和热液保持适当的距离,既能维持生计又不至于烫伤。

海洋生物无疑是海洋科学最具有吸引力的内容,也是科普书刊介绍最多的重点对象,因此本书无须再作全面的阐述。格外有趣而介绍不足的,是几千米深海下的底栖生物,因为相关的研究只在近些年来才有重大进展,值得在这里作专题讨论。深海海底,尤其是水深2000—3000m的水域,是地球上生物多样性最高的地方之一。只不过在热液、冷泉这类特殊环境下,个体虽然极多但是种类很少。当然,我们对深海底栖生物的了解太少,全大洋只有5%的深海海底从船上做过一般调查,而从海底做过详细调研和采样的深海,只占总面积的0.01%,总共加起来也就相当于几个足球场的面积。深海底栖生物只有上、下两种生活来源:或者依靠从有光层掉下来的生物的活体、尸体和粪粒,或者依靠海底下面供应的能量进行化学合成制造的有机物。下一节我们先从后者讲起。

第二节　热液与冷泉生物

1. 水深火热的生活

深海热液，是20世纪地球和生命科学颠覆性的发现，其中最具有颠覆性的还不是热液作用本身，而是伴生的热液生物群。对于地质学来说，热液作用产生金属硫化物是矿床学里早有的概念，这回的发现是这种矿床产生的现代过程。热液生物群不同，在发现之前没有人预计会有大量的动物密集在深海热液的喷口，从而颠覆了生命只能依靠太阳能的基本概念。这个发现过程也不乏幽默感：1977年深潜找热液，下潜的是清一色的地质学家，结果找来的是热液生物群；1979年生物学家下潜去找热液生物群，反而发现了热液喷口和黑烟囱。不过在发现之后的40年里，研究焦点也更多聚集在生物群上。

迄今为止，全大洋发现的热液口不下1000个，但是面积都很小，全部加在一起也只有50km²，相当于4个舟山的普陀岛，只占世界大洋面积的不到0.000 01%，但是给生命科学提出了一大串的新问题。现代的深海热液作用分布范围很广，沿着60 000km大洋中脊和10 000km的弧后裂谷，加上俯冲板块的海底火山都有出现，热液生物群包括的门类众多，管状蠕虫、瓣鳃类和腹足类软体动物、蟹和虾类节肢动物，以及单体珊瑚等都有分布（图3.4）。热液生物作为极端环境下的生物群，从生态、生理到动物地理提出了全方位的各种问题。

在热液生物群的各类动物中，最为吸引眼球的是巨型管状蠕虫 *Riftia pachyptila*。这种蠕虫从几丁质的长管里伸出红色的鳃状羽，在热液喷口旁的岩石上呈簇状分布，鲜艳夺目（图3.4A，图3.5A）。在深海热液动物中这是个体最大的一种，一般长1.5m、直径4cm，最大的长达2.5m，可以和蛇相比（图3.5B）。更加惊人的是巨型管状蠕虫的身体结构——居然是无口、无肠、没有消化器官的动物，全靠一肚子的共生细菌谋生

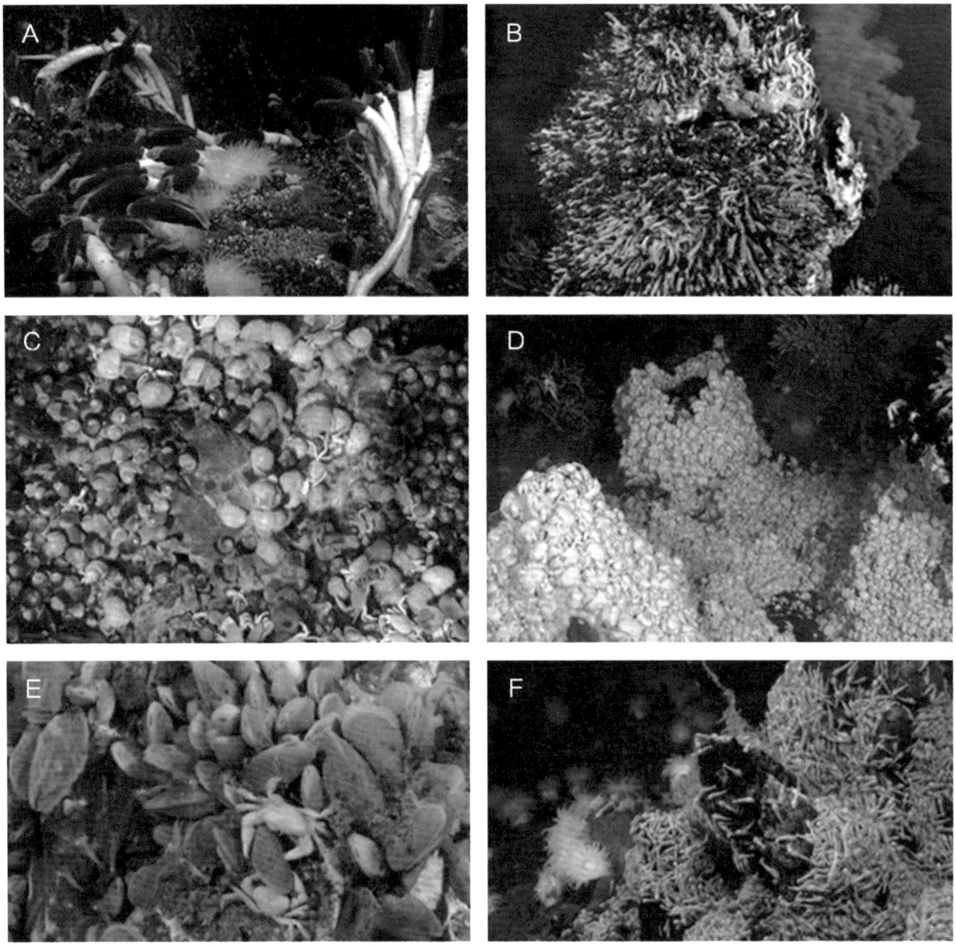

图3.4 热液生物群。A.巨型管状蠕虫 *Riftia pachyptila*；B.管状蠕虫 *Ridgeia piscesae*；C.螺类 *Alviniconcha* spp.和 *Ifremeria nautilei*；以及螃蟹 *Austinograea alaysae*；D.铠虾 *Kiwa tyleri*；E.贻贝 *Bathymodiolus azoricus*；F.虾 *Rimicaris hybisae*。

（图3.5C）。管状蠕虫至关重要的是循环器官：红色的鳃状羽吸取海水里的O_2、CO_2和H_2S，通过血管供应给细菌，而细菌的任务是从CO_2固碳形成有机物，而且可以有两种途径：含氧充分的时候进行卡尔文循环（Calvin cycle），低氧的时候也能进行反三羧酸循环（rTCA cycle），通过氧化H_2S取得能量、合成有机物。这最后一点最重要：深海热液动物可以通过氧化H_2S取得能量、合成有机物，也就是通过化学合成的途径实现新陈代谢。

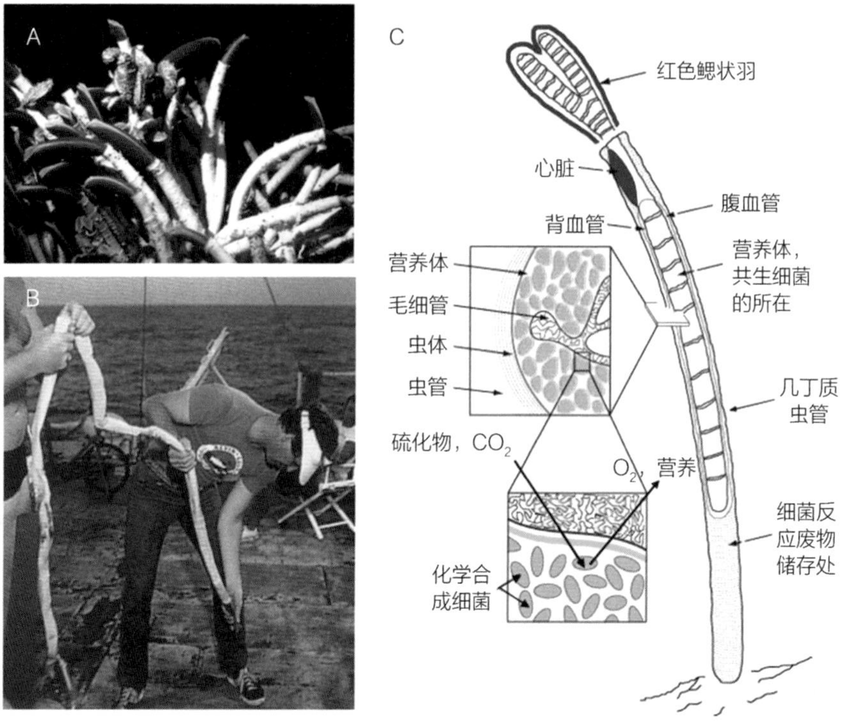

图3.5　巨型管状蠕虫*Riftia pachyptila*。A.巨型管状蠕虫簇；B.最大的巨型管状蠕虫可达2.5m长；C.巨型管状蠕虫切面图。

这就回答了热液生物群的成因之谜：在大洋深处一无阳光、二无养分，哪里来的营养和能量，支持如此高生产力的热液生物群？原来热液生物群的基础是细菌，细菌依靠热液的热量和深源的H_2S，通过化学合成作用制造有机物，支持这已经没有消化器官的管状蠕虫。管状蠕虫是东太平洋热液生物群里的基本成分，但是巨型的*Riftia*分布并不普遍，个体较小的管状蠕虫*Ridgeia piscesae*分布就广得多，属于东太平洋热液生物群的基本成分，同样也是依靠体内的共生细菌进行化学合成作用为生（图3.4B）。不过管状蠕虫和细菌的共生不一定都在体内，值得特别介绍的是和细菌结成外共生关系，不怕“赴汤蹈火”，竟然长到黑烟囱上面去的蠕虫，它就叫作“庞贝虫”（*Alvinella pompejana*）。

庞贝虫其貌不扬（图3.6A），个头也小，只有10cm长、1cm直径，却是个敢于以黑烟囱外壁为“家”、最不怕“烫”的动物。在热液系统里，庞贝虫是第一个贴上黑烟囱，让虫管和烟囱一道生长的动物，所以烟囱表面可以布满这种虫管(图3.6B)。这种虫管长在烟囱壁上，而热液口喷出的矿屑像火山灰一般降落，它们就犹如生活在庞贝古城的末日一般，于是取名叫“庞贝虫”。起初以为它们能忍耐上百度的高温热液，后来实验证明它们至少能适应50℃的高温，那也很不简单，在多细胞海洋动物里位居冠军，要知道鸡蛋白烧到六七十度就熟了。有意思的是庞贝虫背上长满细菌，虫管内壁上也长满棒状或者纤维状的细菌，这些就是进行化学合成作用、与庞贝虫进行外共生的微生物。从人类的角度看，深海环境过于奇妙，那里的生物世界留下太多不可思议的奇迹，等待

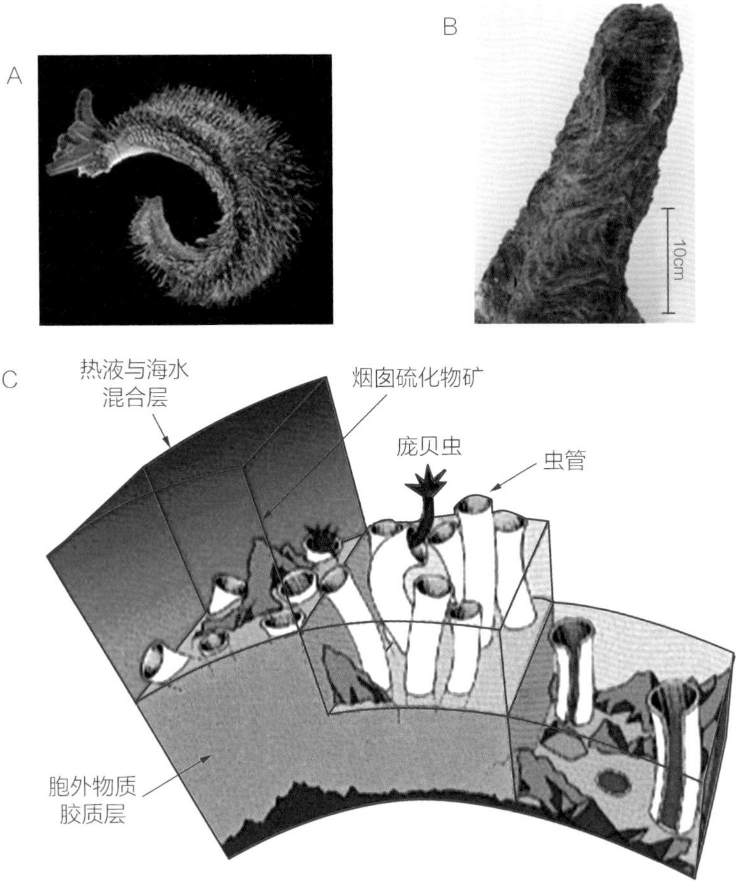

图3.6　庞贝虫(*Alvinella pompejana*)。A.在虫管外的庞贝虫；B.表壁密布虫管的黑烟囱；C.烟囱表面庞贝虫与热液的微环境。

着科学家去研究。

2. 没有阳光也生长

以上讨论只说了管状蠕虫，其实热液生物群是一个食物链：管状蠕虫依靠和细菌共生制造有机物，在食物链的底层；上面有以它们为食的软体动物，相当于陆上的食草动物；还有吃软体动物的鱼和螃蟹，相当于陆上的老虎、狮子。这种不靠阳光靠热液、不靠氧靠硫的生物群，在深海海底，构成了一个"黑暗食物链"，与依靠太阳、以光合作用为基础的"有光食物链"相互对应（图3.7）。所以说，深海探索发现了地球上有两大生物圈：一类是我们习惯的生物圈，靠外源能量也就是太阳能，通过光合作用在氧化环境下制造有机物：

$$CO_2+H_2O \xrightarrow{\text{光能}} [CH_2O]+O_2$$

另一个是在黑暗深海海底的生物圈，依靠地球内部的地热能，通过微生物的化学合成作用，在还原环境下制造有机物：

$$CO_2+H_2O+H_2S+O_2 \longrightarrow [CH_2O]+H_2SO_4$$

宏观地说，在化学元素表里有光食物链靠的是氧，黑暗食物链靠的是硫；在能源产生的物理机制上，有光食物链靠的是太阳内部的核聚变，黑暗食物链靠的是地球内部的核裂变。论原理，前者相当于氢弹，后者相当于原子弹，氢弹产生的能量虽然距离地球遥远，还是比原子弹强。

这么说吧，两个生物圈泾渭分

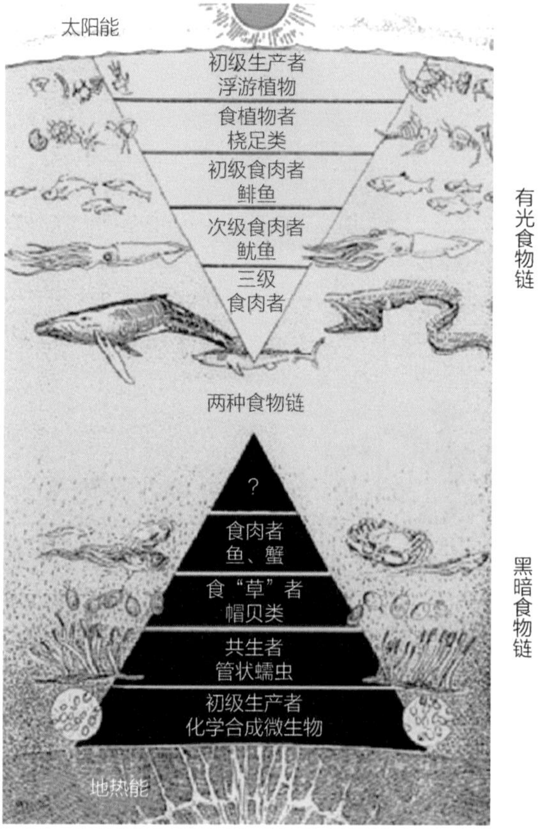

图3.7　海洋的两大食物链：有光食物链和黑暗食物链。

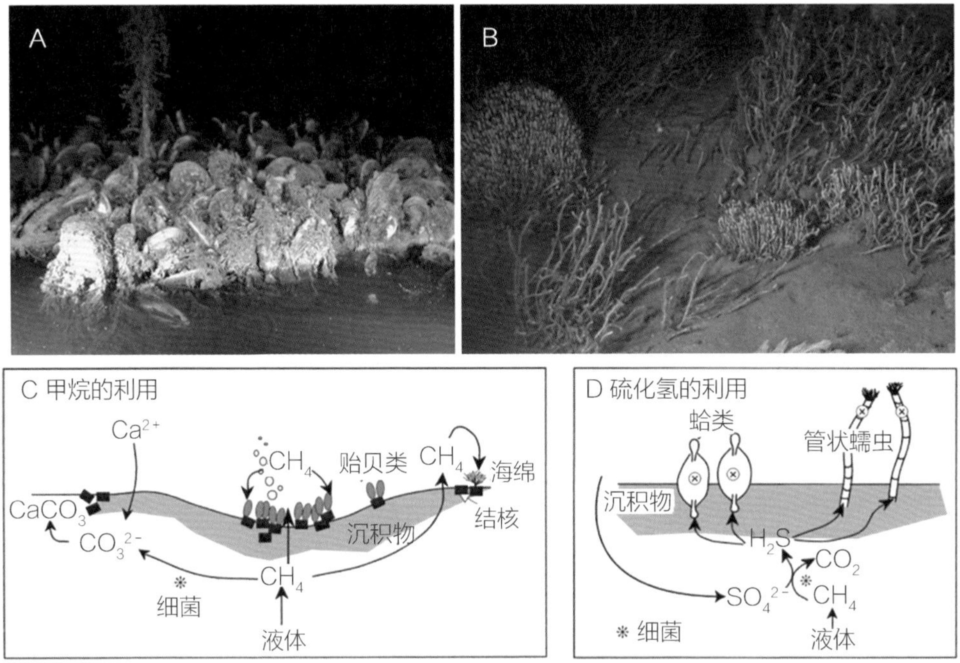

图3.8 墨西哥湾的冷泉生物群。A.贻贝 *Bathymodiolus childressi*；B.管状蠕虫 *Lamellibrachia luymesi* 与 *Seepiophila jonesi*；C、D.冷泉区沉积层顶部的化学反应，表示甲烷氧化菌和硫酸盐还原菌的作用。

明：一个光亮一个黑暗，一个氧化一个还原，一个靠光合作用一个靠化学合成，一个靠外来的太阳能一个靠地球内部能量。能不能再添上一项：一个常温一个高温？错！常温之下，也有黑暗食物链。

1983年，“阿尔文号”深潜器在墨西哥湾东边3200m的深海底，发现1m高的管状蠕虫成簇，大量的贻贝成堆，每个贻贝壳上趴着20来个小螺，还有小虾、海参、蛇尾类、单体珊瑚都挤在一块，那不就是热液生物群吗？但是水温只有四度半，哪里有什么热液的踪迹？后来回头看才知道：这是人类第一次发现深海冷泉生物群，而冷泉和热液一样，都能支持化学合成生物群。上一章里说过，全球发现的深海冷泉不下700个（图2.16），而墨西哥湾是冷泉生物群研究最多的地方，海底的油气藏和盐丘极为丰富，无论油气苗、可燃冰还是盐卤的释出口，都为冷泉生物群的发育提供了良机。墨西哥湾冷泉生物群以管状蠕虫和贻贝、蛤类双壳软体动物为基础（图3.8A、B），它们和细菌共生，通过化学合成作用固碳,而细菌起的作用主要是甲烷的氧化和硫酸盐的还原(图3.8C、D)。

冷泉生物群的发现,极大地拓展了依靠化学合成作用的黑暗生物圈的范围,因为冷泉不仅分布在上陆坡可燃冰的甲烷释出区,而且也分布在受挤压的地质背景下。所以不限于像墨西哥湾那种被动大陆边缘,在俯冲带海沟一类的活动大陆边缘同样也有分布,水深从400m直到6000m。不仅如此,冷泉生物群也可以在深海鲸的尸体上出现。远离大陆的深海海底营养稀少,相当于陆上的沙漠,一旦突然有条巨大的鲸死亡降落,就能够为微生物群提供几十年的营养。2002年,美国加州蒙特雷海底峡谷(Monterey Canyon)2900m水深处发现10m长的灰鲸尸体,通过遥控深潜器的多次观察,追踪鲸骸身上深海生物群的演替。头几个月有肉,最先上来享用鲸肉的是鱼类、章鱼和甲壳类;然后肉已经吃尽,骨头和沉积物里还有不少有机物,在两年内可供甲壳类和各种小型的无脊椎动物食用;到了第三阶段已经没有动物可吃的东西剩下,只有细菌能够分解骨头。鲸骸被菌群覆盖产生硫化物的还原环境,招来了管状蠕虫和双壳类软体动物的冷泉生物群(图3.9)。

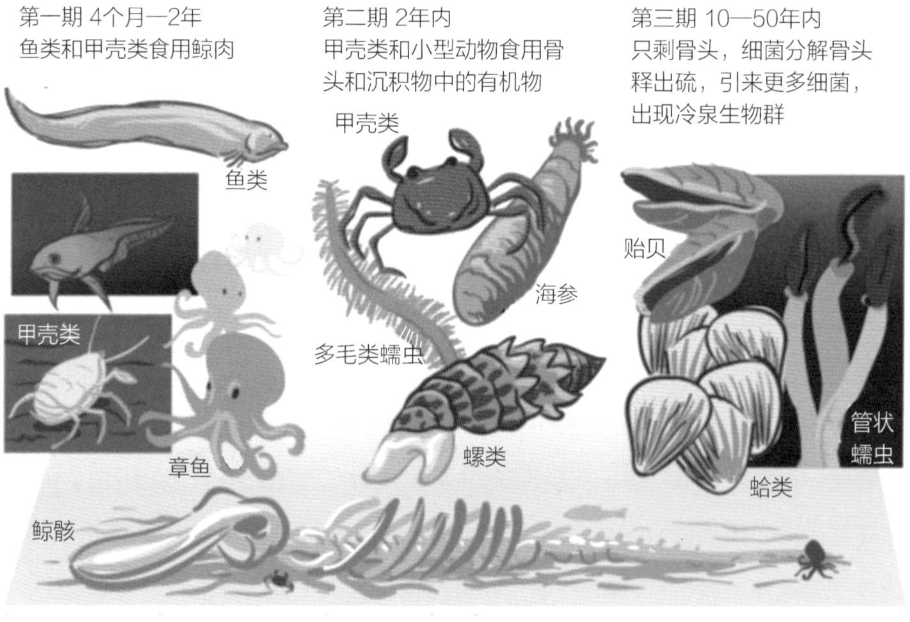

图3.9 围绕鲸尸的深海生物群演替三个阶段,其中第三阶段出现冷泉生物群。

这样看来，化学合成有机物的黑暗生物圈分布更广，只要深海底出现甲烷或硫化氢，通过甲烷氧化菌或者硫酸盐还原菌的共生，就可以在还原环境下支持冷泉生物群。不仅是鲸骸，其他如沉船之类也可以有类似的效果。深海的发现，挑战了生物圈的基本概念。"万物生长靠太阳"，长期以来认为太阳能和光合作用才是一切生命活动的根源。深海化学合成作用和黑暗食物链的发现，开拓了人类的视野，影响所及，原有的一系列理论观点有待调整。话到此处，不免要追问一句：深海对于生物圈概念的扩大，是不是已经到头，到此为止？不，深海深处，还有更多的发现——那就是海底下面的深部生物圈。

第三节　海底下的深部生物圈

海底下面有生物并不稀奇，陆地底下不也有蚯蚓吗？不错，但是深海发现的，是直到海底下面上千米，在岩石和地层里进行另一类新陈代谢过程的微生物，称为深部生物圈。

深海底下沉积物里有微生物，这早就知道，也并不意外。1950年代调查船在太平洋底取沉积柱状样，结果确实有微生物，只是向下变少，最深的一根样柱8m长，底部已经几乎没有细菌，由此推想大洋底下也就是顶上几米沉积物有细菌。1960年代晚期，“阿尔文号”深潜器有一次出事故，下沉1500m，人员都安全逃出，但是带下去的午餐却深沉海底。奇怪的是过了10个月以后返回原地，发现午餐三明治和苹果保存得都还不错，足见深海海底细菌并不活跃，因而猜想微生物在深海底下的分布是很浅的。

挑战这种观点的是大洋钻探。1970年代起，已经根据深海沉积孔隙水中CH_4与SO_4^{2-}的含量和同位素，发现至少井深一二百米还有细菌在活动，由细菌活动造成的SO_4^{2-}氧化、CH_4的生产和氧化作用，在全大洋都普遍存在。然而带来决定性转折的是1986—1992年间太平洋区的5个航次，每次都在大洋深部的沉积岩芯中发现微生物，其中最深的是在日本海，发现在海底以下518m的深处还有细菌，只是各处钻孔中微生物的丰度都从海底向下急剧减少，从近表层每立方厘米的10亿多个，减到500m深的1000多万个。大洋钻探在太平洋的发现，唤起了学术界对海底下面微生物群的注意：在海底以下的深处，居然还有巨大数量的微生物生活着，甚至深海玄武岩里还有细菌生活，构成现在我们所说的“深部生物圈”。为此，英国《自然》(*Nature*)杂志发表点评文章时，还配了幅漫画，把海底孔隙里微生物的“生活”，比作边打扑克边抽烟的“底层生涯”(图3.10)。

确实，深部生物圈是地球上位于最“底层”的生物，但是它们的生活绝没有漫画里画的那样逍遥。无论是海底下面深部生物圈里的微生物，还是热液口的微生物，都属于黑暗食物链，但是热液口的微生物能够通过化学合成作用自己制造有机物，属于“自养”生物；而深部生物圈的微生物被封存在地层孔隙微小的空间里，只能依靠地层里已有的有机物实行“异养”。它们的新陈代谢极其缓慢，但“寿命”极长，以多少万年计算。读者也许会羡慕它们的长寿，可是在这种环境下的微生物，基本上处于休眠状态，“生活质量”无从谈起。尽管如此，微生物也总得有最低限度的能量和修补细胞的物质；此外，这些微生物也总得进行繁殖。它们的繁殖速度如何？有人推测细胞分裂的周期起码得上千年，但这也只是猜想，所有这些都是学术上的未解之谜。

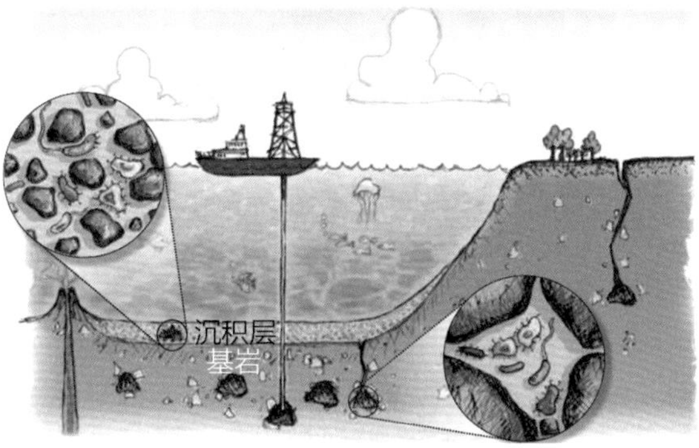

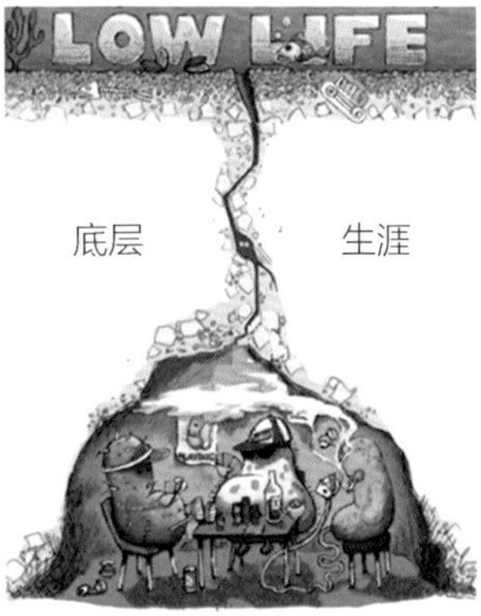

图3.10 探索深部生物圈的示意图。上：大洋钻探探索沉积层和基岩里的微生物群；右：微生物在深部孔隙里的“底层生涯”。

也许格外令人费解的是玄武岩里的微生物。大洋地壳泡在海水里是要风化的，长期以来都认为这是化学反应。现在发现，微生物也能进行“风化”作用。图3.11所示，是大洋底下枕状熔岩的玄武岩玻璃被微生物“风化”的实例。大洋钻探从深海底取上了玄武岩（图3.11A），从所做的切片中可以看出微生物沿着岩石的缝隙，在火山玻璃里形成1μm左右的细管道（图3.11C），管道里面还可以分节（图3.11D），这就是微生物“风化”作用的证据。尽管玄武岩里微生物的密度不高，分布范围也主要在上部的300m，但由于大洋地壳分布实在太广，这类微生物群的作用不容小觑。

深部生物圈的规模多大，至今并不清楚。这里包括两个问题：一个是深度，一个是

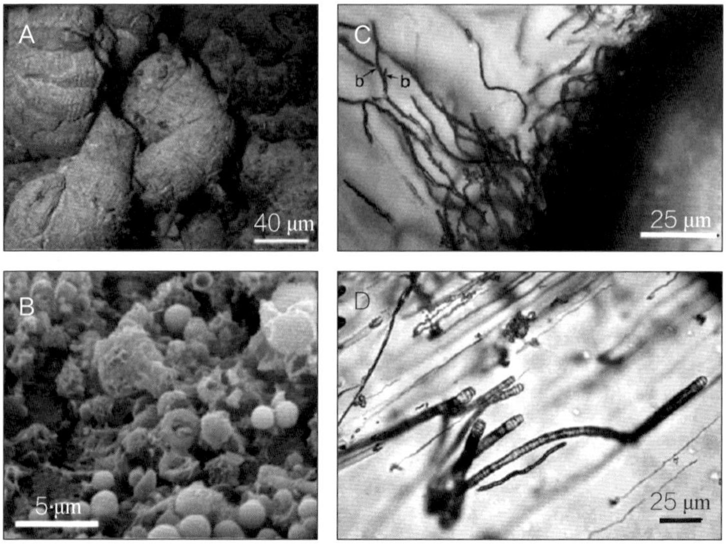

图3.11 大洋基底玄武岩里微生物活动的电镜照片。A.洋底枕状玄武岩；B.面上的细菌；C、D.玄武岩玻璃切片显示微生物造成的蚀变及其细节。

数量。近十年的大洋钻探，极大地拓展了对深部生物圈的了解。2010年在贫养的南太平洋环流区钻探，发现一亿年来所有深海沉积层里，都可以有微生物生存。2012年"地球号"(Chikyu)船在日本南边水深1200m的深海，发现洋底以下2500m、2000万年前形成的含煤层里还有大量微生物生存。钻探大洋基底的岩浆岩，在上地壳的玄武岩、下地壳的辉长岩，甚至由地幔岩风化形成的蛇纹岩里，都发现了微生物。看来与其说深度，不如说温度才是限制微生物分布的下界。现在已经知道深海热液口发现微生物的最高温度是120℃，而海底下面的深部生物圈至少能适应40—60℃的高温，至于更加确切的温度界限，有待进一步的钻探检测。

关于深部生物圈微生物数量的估计，相差极为悬殊。20年前最初的估算最为惊人：有人推算出全大洋海底下面有35×10^{29}个微生物，合计生物量3000亿吨，因此说地球上的微生物有70%生活在海底和陆地的地下，地下的深部生物圈占据地球上活生物量的30%。然而这种估计有点过头，后来的推算认为海底下面深部生物圈的微生物有2.9×10^{29}个，或者可以到5.39×10^{29}个，不过都少了一个数量级。估算结果如此悬殊，原因在于数据来源不一，而根本上讲还是数据太少。尽管结果相差巨大，却显示出一种共同的分布趋势：从海底表层向下，细胞密度的对数值都是随着埋深的对数下降（图3.12），说明深部生物圈向下减少的总趋势是普遍现象。关于深部生物圈数量规模的争论，一时不可能有结论，因为实测的样本实在太小，并不足以作全球性的定量推论。

深部生物圈发现的意义已经超越了现有生命科学和地球科学的范围。如果说太阳能并不是生命活动的必要条件，如果说有氧环境下的光合作用不是合成有机物的唯一途径，那么，生命活动在时间与空间里的分布就可以大为拓展。“深部生物圈”这个名词是美国的戈尔德（Thomas Gold）提出的，他在那篇名为《深而热的生物圈》的文章里指出，地球表面生物圈要有阳光和光合作用的环境要求太高，而具备深部生物圈条件的天体要多出不知多少倍，从而为地外生命的寻找方向指点了迷津。另一项启发是深部生物圈里生命活动的节奏。如果深海底下的微生物生殖周期以千年计，寿命以万

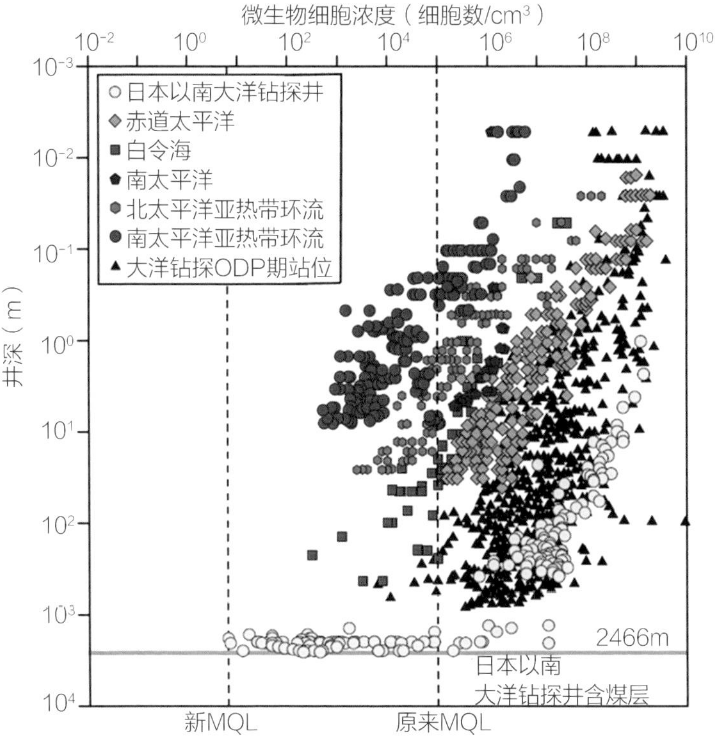

图3.12　深海沉积层中微生物浓度随深度下降呈对数关系。MQL指微生物定量检测的数量下限，更低的含量检测不出。

年甚至百万年计，那么这种新陈代谢的慢节奏、黑暗世界里的“慢生活”，揭示出生命活动可以采用与我们以往所知的根本不同的方式进行，极其值得寿命有限的人类去做认真的研究。如果还考虑到文献中的报道，在上亿年古老地层中的琥珀或者盐晶里的微生物，也曾经培育成活，那么微生物世界里“生”和“死”的定义就值得重新推敲。深部生物圈提出了涉及自然哲学和科学世界观的深层次理论问题，应当引起理论学术界的重视。

第四节　深海由动物造林

热液冷泉生物群的发现，改变了我们对深海底栖生物的认识。但是它们的分布范围有限，并不是全大洋海底生物的主体。深海的海底分两类：泥质的和石质的。长期以来只知道泥质海底上的底栖生物，近年来随着深潜技术的发展，发现了深海石质海底上的珊瑚林，为深海底栖生态系研究开辟了新时期。

1. 深海珊瑚林

说起来，深水珊瑚早在18世纪就已经发现。大西洋最主要的两种深水珊瑚，都是生物分类法的创始人、瑞典的林奈(Carl von Linné)在1758年命名的。至于深水珊瑚的海上研究，也可以上溯到19世纪英国“挑战者号”的环球航行。科学家曾经对从深水海底采回来的大量珊瑚标本进行描述分类，可惜对它们的产状一无所知。海洋底栖生物的研究受采样手段限制，直到20世纪还是局限在软基底上，也就是有沉积覆盖的海底，因为无论箱式取样器还是海底拖网都只适用于软质海底。要等到出现深潜技术，载人或者不载人的深潜器下到岩石基底的深海底面，方才开拓了深海珊瑚的研究领域。因此，研究深海珊瑚是21世纪海洋科学的新事物，南海就是例证。

2018年春，国产载人深潜器“深海勇士号”和加拿大ROPOS遥控深潜器，分别下南海对西沙的深水区和北部的海山进行探索，都在1000—3000m的深海底发现了成片分布的珊瑚林(图3.13)。大家熟悉的是热带珊瑚礁，也知道深水里有单体珊瑚，然而生长在深海岩石基底上的“珊瑚林”，在南海还是首次发现。虽然个别的深水珊瑚标本早就采到过，但成林分布的深水珊瑚的发现不但在南海，甚至在整个热带西太平洋还是第一次，因为珊瑚林只有通过深潜才能看到。在西沙最为突出的是鞭子状的竹节珊瑚(图

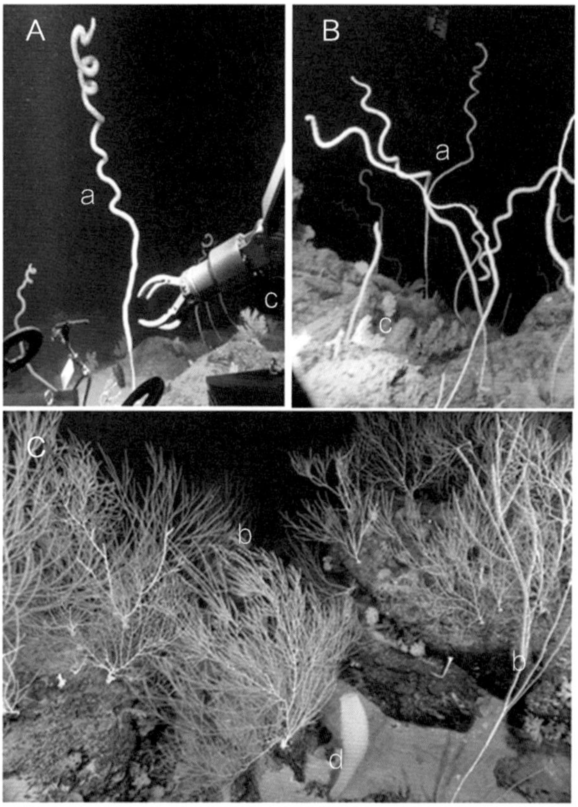

图3.13　南海北部的深海珊瑚林。A、B.西沙海域的鞭状竹节珊瑚林；C.海山上生有分枝的竹节珊瑚林。a.鞭状竹节珊瑚；b.生有分枝的竹节珊瑚；c.扇珊瑚；d.玻璃海绵。

3.13a)，下部的主干可以高逾2m，柔软蜷曲的上段生长着活珊瑚并且随着水流游动，两段相加总长可以有4—5m。比较矮的是扇珊瑚(图3.13c)，更矮的还有玻璃海绵(图3.13d)等等，配在一起，宛如陆地上的一片园林。陆地上的园林由植物组成，深海没有光合作用，在黑暗海底造林的任务就落在动物的身上，珊瑚就成为深海造林的主角。

南海的深水珊瑚主要是软珊瑚。热带造礁的是“石珊瑚”，体外有碳酸钙质的外骨骼，体内有虫黄藻共生，虫黄藻的光合作用为珊瑚提供营养来源。可惜生活在黑暗里的深海珊瑚不可能有虫黄藻，要靠珊瑚虫自己去捕获营养，谋生的效率差得多，生长速率也就慢得多。它们也没有外骨骼，只能在体内产生细小的骨针，所以叫作“软珊瑚”。但是有些属种也能形成碳酸盐的中轴骨，最为著名的就是红珊瑚，骨骼最为致密，加上鲜艳的红色，自古以来就是珍宝，清朝二品官顶戴上的红珠就是它。

软珊瑚有3000多种，形态十分多样，被赋予各种俗名，像海扇(sea fan)、海鞭(sea whip)、海竿(sea rob)、海刀(sea blade)等等，最大的软珊瑚可以有10m高，俨然海底巨树。软珊瑚作为群体的形态极其繁多(图3.14)，但是软体的组织相似。活的珊瑚虫生长在群体的上端，迎着水流捕食为生(图3.14C)。这些珊瑚能在深海生活，但是都叫作

“深海珊瑚”也不够公道，因为它们在浅水里也可以分布，关键在于水温。它们生活在4℃到12℃的低温海水里，并不在乎水深，因此从赤道到极地、从浅水到深海都有分布，确切地讲应该叫“冷水珊瑚”。比如竹珊瑚在南极洲出现在水深10—45m的潮下带，在南海就分布在1000—3000m的深海。

深水珊瑚林已经在全大洋普遍发现，是比热液、冷泉分布更为普遍的海底生态系

图3.14 深海冷水软珊瑚的多种形态。A.*Iridogorgia magnispiralis*；B.*Isidella tentaculum*；C.柳珊瑚枝上的珊瑚虫，可见伸展的8个触手；D.*Acabaria splendens*；E.*Plumarella pellucida*。

统。个别的深水珊瑚在各个海洋都可以出现，但是只有密集分布才能够成“珊瑚林”。深水珊瑚林的出现主要受三个条件限制：硬质的基底、适宜的海水和足够的食物。基底只要硬，岩石的种类不限，从深海玄武岩到冰砾都可以。所以深水海山和深沟断崖都是有利条件，因为强烈起伏的地形有利于激发活跃的海流，可以带来更多的食物。深水珊瑚靠羽状触须捕食，它们的触须顺着海里水流的方向生长，这样才可以捉到海水流动带来的食物，主要是小型浮游动物、粪粒和有机物碎屑。因此从海面降下的海

雪，是珊瑚食物的主要源头，但是对于深水珊瑚来说，悬浮的细颗粒也是重要的食物来源。所以冷水珊瑚群体可以像竹节珊瑚那样呈杆状或者鞭状，以一维几何形态在流水中游转，或者像扇珊瑚那样呈二维几何形态迎流招展，很少会像陆地树木那样呈三维形态，因为不利于在流水中立足。

深潜技术发现的“深水珊瑚林”，与陆上的树林有许多相似之处。像竹节珊瑚那样高达数米的珊瑚群体，有时还分支分叉，相当于树林里的乔木；高度不过几十厘米的扇珊瑚之类，相当于陆上的灌木；而更矮的珊瑚和苔藓虫、玻璃海绵等，类似于陆上的草本植物。此外还有一类不属于软珊瑚的八放珊瑚，叫作海鳃（*Pennatula*），在羽状群体的下端还有个短柄，可以插在泥沙中固定，因此往往在软基底上密集分布，犹如陆地上的秧田。深水珊瑚群在海底构筑了三维的生态空间，为众多活动的动物提供了深海生境。珊瑚林既为鱼类提供了孵育生长的海底，又为游泳和爬行的海洋动物提供了栖居地，章鱼、海星、蛇尾类和节肢动物等等，就如陆地上鸟兽归林一样，把珊瑚林当作自己的家园（图3.15）。

图3.15 艺术家笔下的深水珊瑚林生态系。*Paragorgia arborea*（a）等软珊瑚组成的珊瑚林，为蛇尾类（b）和鱼类（c）提供了栖居地。

2. 深海珊瑚礁

深水珊瑚不仅能成林，还有“造”礁的功能。但是与珊瑚林不同，深水珊瑚礁在海底地形上有明显的标志，因而用不着深潜就已经发现。20世纪晚期在深水捕鱼和海底采油过程中，就在北大西洋发现了深水珊瑚礁体。比如1990年代在挪威中部岸外水深二三百米处，发现点状分布的深水珊瑚礁，礁体30m高、500m长，平均每平方千米有1.2个，礁体碳酸盐测年的结果都是8000年左右。后来知道这些礁体是在末次冰期结束、北极冰盖垮塌之后形成，沿着冰山带来的冰川砾石条带，在挪威岸外堆起了几百个2—30m高的冷水珊瑚礁。这类深水珊瑚礁不仅沿着大西洋东岸发育，在西岸的加拿大和美国岸外也有分布，水深一般不超过1000m，是大西洋两侧的共同现象。最大深度的深水珊瑚礁出现在海山上，爱尔兰岸外到1600m深处还有发现。

与属种繁多的深水珊瑚林不同，深水珊瑚礁的“主角”比较分明，这就是18世纪由林奈取名字的两个种：多孔冠珊瑚（*Lophelia pertusa*）和多眼筛珊瑚（*Madrepora oculata*）（图3.16），其中前者是明显的主角。它们都是石珊瑚，而不是珊瑚林的软珊瑚。其

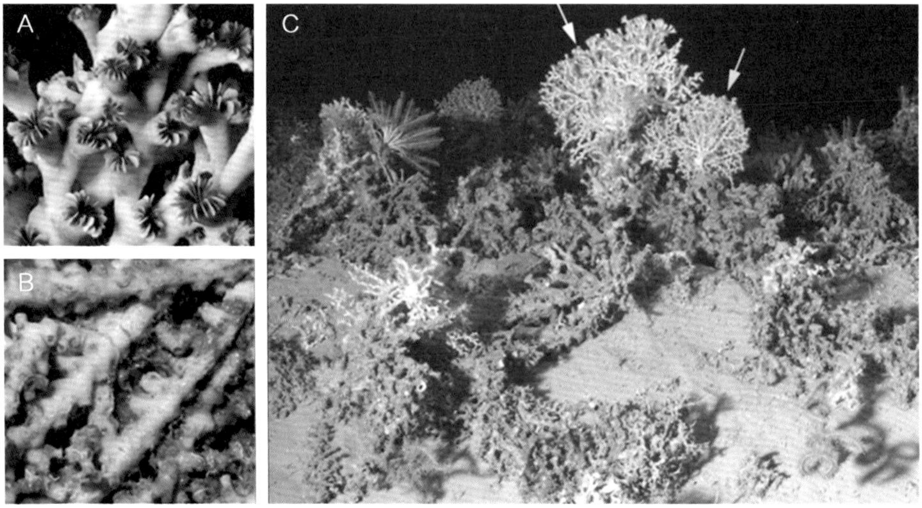

图3.16 大西洋主要的造礁深水珊瑚。A.多孔冠珊瑚（*Lophelia pertusa*）；B.多眼筛珊瑚（*Madrepora oculata*）；C.两者组成的造礁群体（白色箭头指多孔冠珊瑚，黄色箭头指多眼筛珊瑚）。

实所有的造礁珊瑚，无论是热带浅海的还是深水的，都属于石珊瑚，因为石珊瑚的外骨骼才能成礁。不过两者营生的方式不同：热带浅海的造礁珊瑚有虫黄藻共生，深水珊瑚都没有藻类共生——在没有阳光的深水里藻类是活不成的。

热带和深海的造礁珊瑚更为重要的区别，是两者的骨骼结构不同。虽然都是碳酸钙，但深水珊瑚的骨骼是网枝状的，结构松散（图3.16A、B），和致密的浅水珊瑚形成的块状礁体明显不同。如果观察一座深水珊瑚礁，活珊瑚形成网枝状的骨架分布在礁顶（图3.17d），往下是死珊瑚的分布区，其中也可以生长活的柳珊瑚之类（图3.17e），最底部是破碎珊瑚区，同时也有海绵等其他生物分布（图3.17f），这种松散的结构和热带浅海致密的珊瑚礁不同。

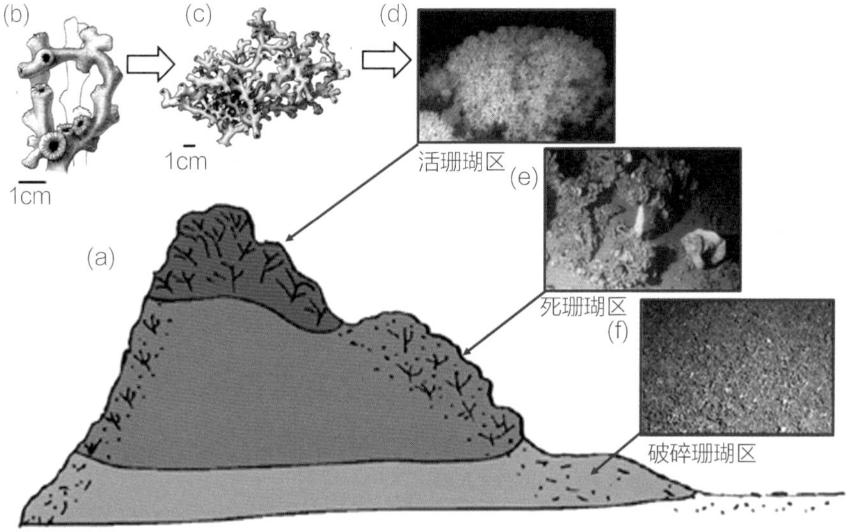

图3.17　典型深水珊瑚礁的结构。a.礁体，颜色表示上下的三部分；b—d.活珊瑚区，由多孔冠珊瑚和多眼筛珊瑚组成，b和c分别表示多孔冠珊瑚的个体(b)和群体(c)；e.死珊瑚区，生物种类最多，有活的柳珊瑚和海绵；f.破碎珊瑚区，有较多的包壳型海绵。

于是学术界出现了分歧，有人认为深水珊瑚形成的结构够不上称“礁”，只能叫珊瑚“丘”。这种分歧其实不难解决：从生物学角度看，深水与浅水珊瑚造成的骨架并没有根本区别，不妨统称“珊瑚礁”；但是从沉积学角度看却大不相同，深水珊瑚形成的是一种比较松散的堆积体，虽然产生的碳酸盐也可以堆到300m高，但这是和碳酸盐泥一起堆成的丘状隆起，与热带珊瑚礁致密的碳酸盐体明显不同。既然两方面都有道理，就可以在生物学上称“深水珊瑚礁”，而形成的地质体称为“碳酸盐泥丘”。

深水珊瑚在大洋碳酸盐沉积作用中扮演着很重要的角色。以美国东南的佛罗里达海域为例，那是个著名的热带珊瑚区，但是在陆坡上平均每3km^{2}面积就有一座深水珊瑚的丘，而浅水珊瑚礁只能在碳酸盐台地的边缘发育，算下来在美国东南部深水珊瑚礁比热带珊瑚礁分布的面积还要大。但是这类深水珊瑚礁几乎不见于太平洋海域，南海发现的也不是深水珊瑚礁。为什么大西洋有深水珊瑚礁，太平洋就没有？原因在于两个大洋的海水性质不同。在大洋里，水越深，碳酸盐骨骼越容易溶解。石珊瑚造礁的碳酸盐骨骼是文石，文石在大西洋水深超过2—3km处会全部溶解，而在太平洋只要到0.5—1.5km深处就得化掉，所以在太平洋深海形成文石质的生物礁要困难得多。

从地质角度看来，无论是珊瑚林还是珊瑚礁的遗骸，都为深海环境的变迁提供了珍贵的历史档案。尤其因为它们所分布的1000m上下的深水，相当于陆坡的上部，历来是海底沉积不稳定的水域，难以形成好的沉积记录。生活在相应深度而又能留下碳酸盐骨骼的深水珊瑚，生长慢、寿命长，是无可替代的珍贵材料，可以为千米深水提供数千年的环境历史。软珊瑚主干的钙质骨骼近圆柱形，生长缓慢，在切面上留有环轮，和树木年轮一样适用于古气候分析。一些深水珊瑚生长极慢，一年只长4—35μm，而寿命可以上千年。已经测得最老的冷水珊瑚将近5000岁，是当今世界上最老的动物。至于深水珊瑚礁作为碳酸盐堆积体，地质记录可以更长，2005年大洋钻探在爱尔兰岸外钻探冷水珊瑚礁，就取得了将近200万年的记录。

深海海底占据着地球表面一半以上的面积，深海生物群也是地球上面积最大的生态系。随着观测和采样手段的发展，人类对深海生物群的了解迅猛发展。但是世界海洋太大，我们采到的只不过沧海一粟，我们见到的只能算管窥蠡测。本章的介绍，集中在近年来进展最大的热液、冷泉和深水珊瑚生物群，以及海底下面深部生物圈的微生物世界，并没有讨论沉积层表面上和从表面钻进沉积里面生活的深海生物群。其实那是个极为丰富的生物世界，尤其是不到1μm的小型无脊椎动物，有人曾经统计出每

0.25m^{2}海底就有100个种，或者说点100枚个体就有56个种，因而得出结论说深海生物的多样性极高，只有热带雨林才能与之相比。学术界从550m以下“深海无动物论”，发展到深海生物多样性相当于热带雨林，真称得上“矫枉过正”。后来，通过更多的调查研究否定了这种过高的估计，但是深海底栖生物的多样性究竟如何，至今并没有公认的答案。

如果我们再进一步放开时空的视野，就有另外一个重要问题：这许多深海生物从哪里来？我们在深海看到的珊瑚、蠕虫、贻贝、蛤类、螺类、螃蟹、藤壶等等，都和浅海、甚至潮间带见到的类型相近，并不是深海特有的门类。由此推想，现在生活在热液、冷泉、深海海底的生物，是从海洋上层迁移进入深海，然后适应深海环境而繁荣的。进一步推论，它们可能是显生宙五六亿年来五次生命大灭绝中从上层浅海逃到深水避难，形成了现在的深海生物群，犹如中国历史上北方游牧民族南侵，中原官民“衣冠南渡”，形成了“客家”和“客家话”之类的新族群、新方言。这种假设，当然只有地质记录可以检验。事实上地质学家已经发现了4亿年前、1亿年前可疑的热液生物化石，但是真的要找到海洋动物向深处下迁的证据，又谈何容易！深海生物的研究只能算在起步阶段，想要揭示其现在的规模和过去的历史，都还有很长的路要走。

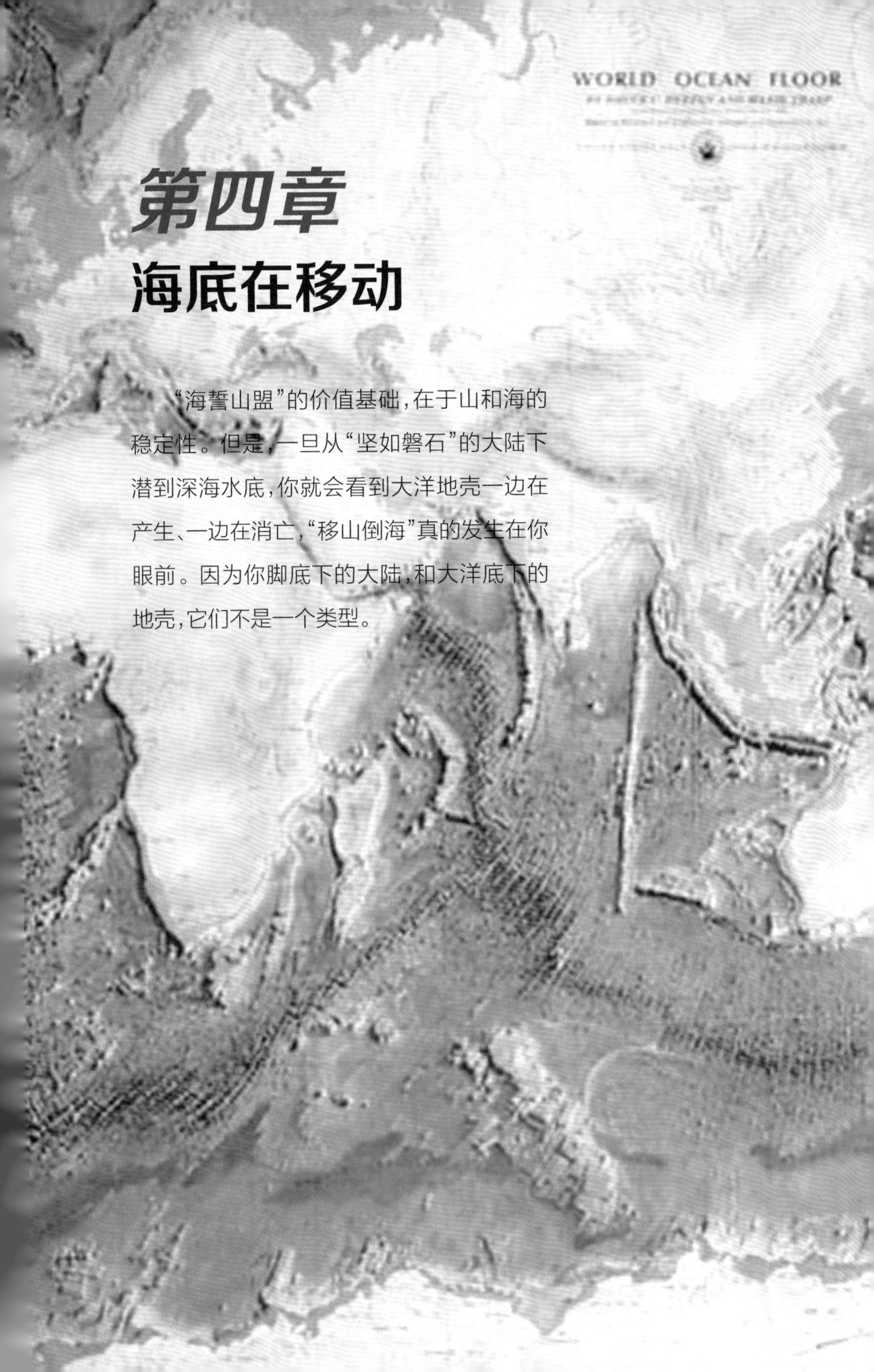

第四章
海底在移动

“海誓山盟”的价值基础，在于山和海的稳定性。但是，一旦从“坚如磐石”的大陆下潜到深海水底，你就会看到大洋地壳一边在产生、一边在消亡，“移山倒海”真的发生在你眼前。因为你脚底下的大陆，和大洋底下的地壳，它们不是一个类型。

第一节　海洋为什么深?

深海探索包含两个概念:一是探索深海的水圈,包括水体及其生物;二是探索深海底下的岩石圈,指的是石头。前面三章讲的都是水和水里的生物,现在开始讲石头,所以第四、五两章的口气就不一样了,因为两者的时间、空间尺度都大不相同。水圈的变化过程快,讲的大多是现在的事情;岩石圈变化过程慢,讨论的往往是超过人类寿命的时间尺度,动不动讲万年、亿年。现代科学300年的发展,拓展了人类活动的空间范围,能够摆脱地心引力进入太空;但是在时间域里还是寸步难行,既进不到未来,也回不到过去。好在空间上的拓展也能弥补时间上的不足,深海的发现为你提供了一把时间的新标尺,犹如进入立体影院戴上了3D眼镜。

古人吟诗作对时喜欢讲花卉月亮,赌咒发誓时通常用山岳海洋,其实山和海也是会变的,只是"海枯石烂"容易,"翻江倒海"难,时间尺度并不相同。两万年前大冰期时海面下降,东海、黄海变成一片平原,从上海可以步行到东京;到一万年前海面回升,再由河流的泥沙堆积出今天的长江三角洲。有人考证,《春江花月夜》里"春江潮水连海平",描写的就是作者张若虚的家乡扬州,唐朝时候长江三角洲的沉积冲填还没有到位,扬州还是观潮的好地方。至于"翻江倒海",时间尺度就长了,2000多万年前中国西部隆升、地形倒转,长江大河流向翻转,方才有了"一江春水向东流";南美洲也是1000多万年前安第斯山脉快速隆升,造就了东流的亚马孙河。

两者的尺度为什么不同呢?"海枯石烂"是气候变化,变的是海水;"翻江倒海"是构造运动,变的是地壳。在板块学说建立之前,习惯上把构造变化全都叫作"地壳运动",现在知道这并不确切,因为板块运动不光是地壳,而是整个岩石圈在运动。弄清楚岩石圈和地壳的关系非常重要。100年前魏格纳提出"大陆漂移说",碰到的第一个钉子就在这里:地壳长在地幔上,都是硬碰硬的岩石,怎么"漂移"法?魏格纳确实错了,

"漂"的不是大陆的地壳,而是大洋的岩石圈。岩石圈由两部分组成:上部是地壳,下部是地幔的顶层。按照现在的"板块学说",是岩石圈在软流圈上"漂",上地幔的顶部和地壳都是刚性的石头,合在一起组成60—120km厚的岩石圈(图4.1)。所谓板块就是浮在软流圈上的岩石圈,软流圈因为高温高压的作用,能够以半黏性的状态缓慢流动,这就解决了"漂移"的难题。当然,板块学说的关键其实还是在地壳,在于大洋地壳的新生和隐没。

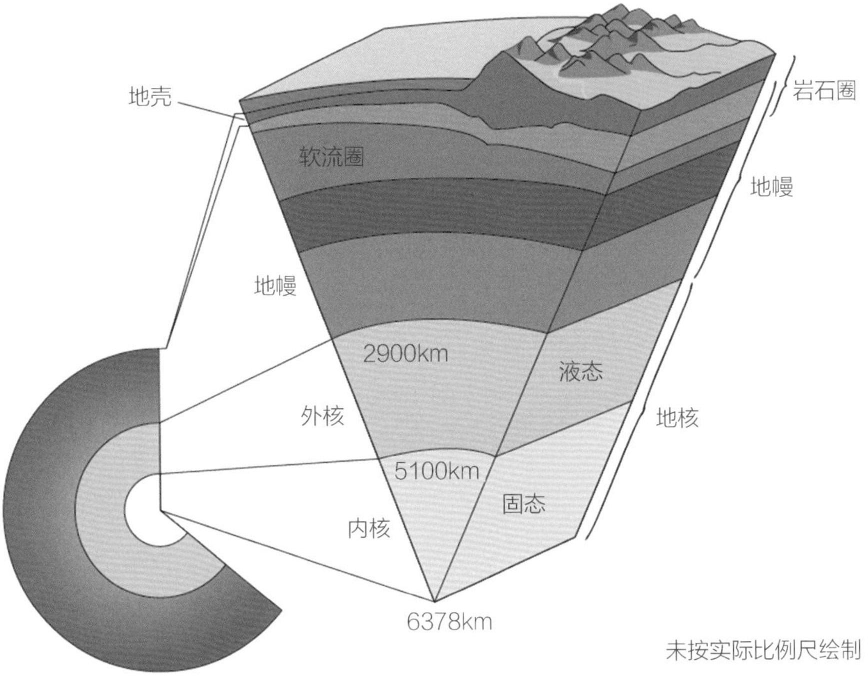

图4.1 地球的固态圈层图,解释岩石圈和地壳的关系。地幔分层在这里用4种颜色表达:岩石圈地幔、软流圈、上地幔的其他部分和下地幔。

板块学说成功的关键,是在深海海底发现了大洋地壳如何形成,具体说是从大西洋的洋中脊入手,发现新的大洋地壳在这里形成,洋壳的年龄向东西两边都变得越来越老(图4.2),这就证明了海底在扩张。扩张中的海底使大洋岩石圈向东西两侧拓展,把大陆岩石圈推开,这就是板块运动。大陆地壳跟着岩石圈漂移,而不是魏格纳说的"大陆漂移"。图4.2中彩色的是大洋地壳,灰色的是大陆地壳,请注意有大片的海洋底下是大陆地壳,而不是大洋地壳,也就是说陆壳的范围大于陆地。岩石圈的时间尺度

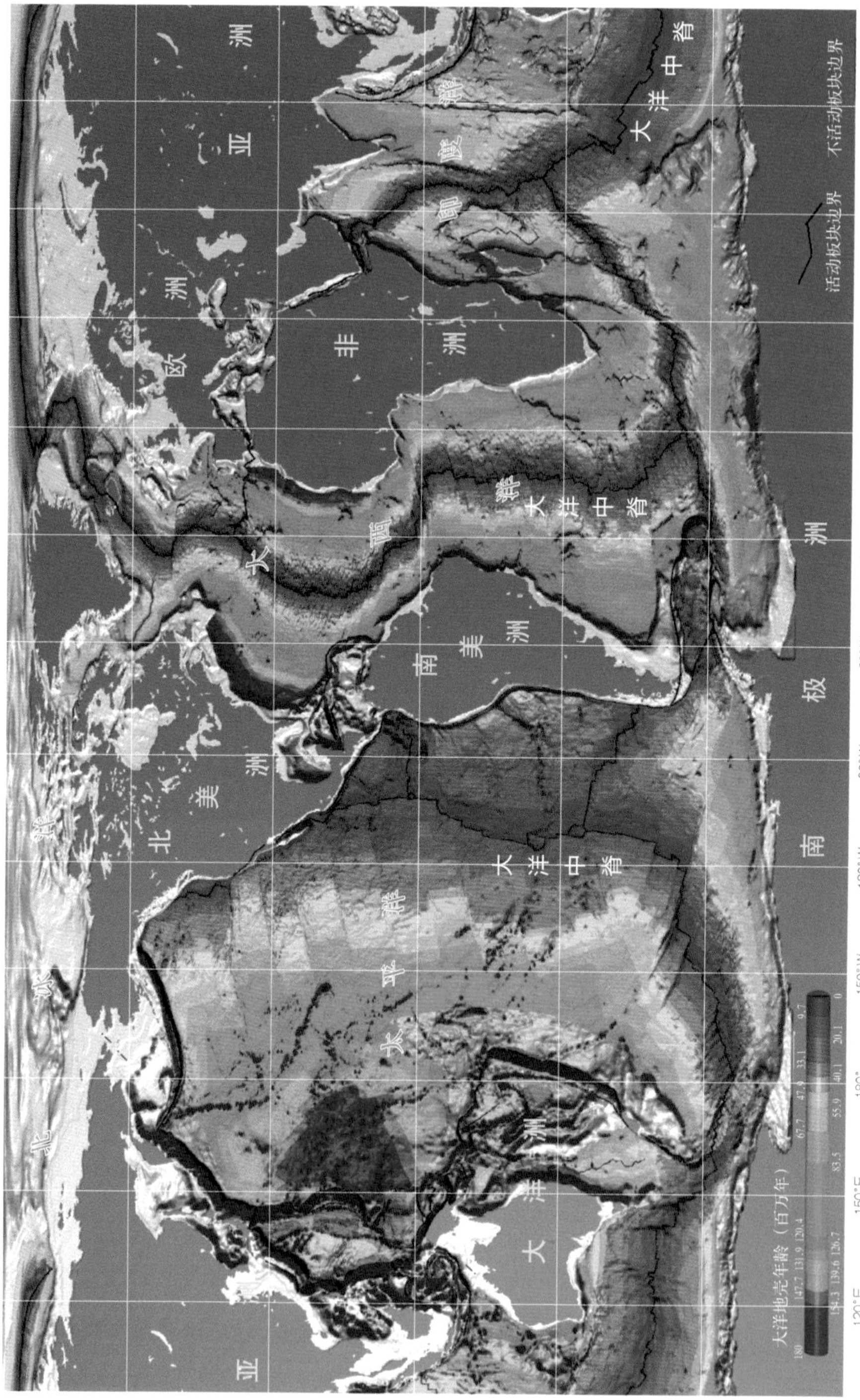

图4.2 世界主要板块和大洋地壳的年龄，灰色指大陆地壳。

比水圈长，海岸线只是水圈分布的海陆界限。海岸线会随着潮汐周期或者冰期旋回中海平面变化而移动；而大洋和大陆岩石圈的界限不同，是两类地壳相当稳定的界限。通常所说地球表面大陆占29%、海洋占71%是按水圈分的；按照岩石圈的分布，地球上大洋岩石圈的面积只是略大于大陆岩石圈。

有了深海探索的结果，现在洋壳的形成过程和岩石成分都比较清楚，而陆壳的形成却要复杂得多。原因在于这两类地壳十分不同：陆壳主要是花岗岩类基底，比重2.7kg/m³；而洋壳是玄武岩类基底，比重2.9kg/m³。正因为玄武岩比重大，大洋岩石圈比大陆岩石圈重，在软流圈上往下沉，这才形成了深海盆（图4.3B）。厚度也不一样，大洋岩石圈厚50—140km，大陆岩石圈厚40—280km，其中大洋地壳厚度不到10km，大陆地壳厚度有25—70km。现在地球上大陆的平均高度约在海平面以上840m，大洋的平均深度将近3700m，地形分布出现这种"双峰"的现象只有地球才有。太阳系固态星球的表面，往往像月球那样布满撞击坑，满目疮痍，只有金星的表面和地球最为相近，同样也有强烈的地形起伏，但是因为没有板块运动，金星上产生不了陆壳，地形分布就只有一个"峰"（图4.3A）。所以说陆壳是地球的"专利"。陆壳的化学成分也非常特殊，比如说单单硅一个元素就占去质量的60.6%，这种情况在太阳系里独一无二。

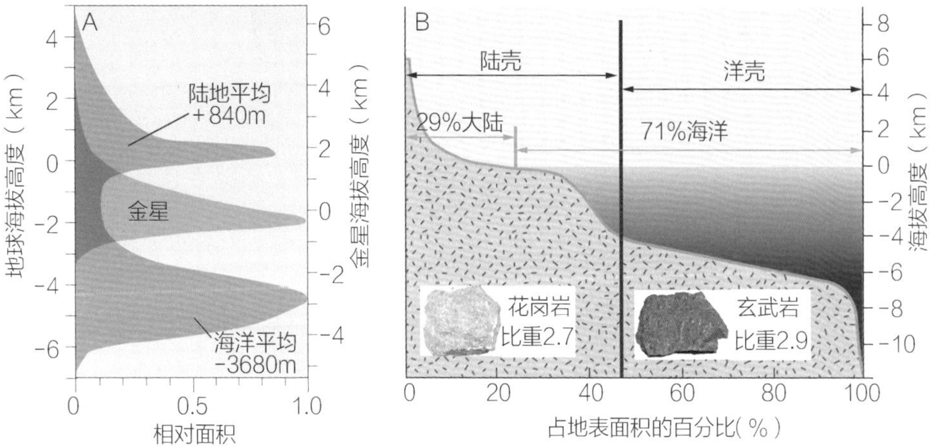

图4.3　陆壳与洋壳。A.地球表面的高度分布，与金星比较；B.陆壳与洋壳剖面示意图。

两类岩石圈之间更加本质的区别，在于它们形成的年龄。陆壳的年龄比洋壳老得多，原因在于两者的产生机制根本不同。洋壳的产生是个简单的连续过程，新洋壳在洋中脊产生的同时，老洋壳在俯冲带消失，所以洋盆不断地在“换底”，世界上最老的洋壳也不过2亿年。陆壳的形成过程复杂，新陆壳在俯冲带和地幔柱形成，而形成的机制与时间分布至今还在争论，只知道陆壳的平均年龄就高达22亿年。大陆地壳并没有大洋地壳那种“推陈出新”的机制，地质历史上大陆的形成和破坏虽已几经反复，原有的大陆经过了多次分解与拼接，但是核心部分的“元老”仍然地位稳定，被称为克拉通（craton）。

正因为大陆地壳年代的古老性和成因的复杂性，使得地质学家经过200多年的努力，始终没能理解其运动机制。相反，大洋深处的岩石圈比较活跃也比较简单，半个多世纪深海地质的新发现，就解答了大陆地质中令人长期困惑的百年难题。

第二节　大洋中脊

1. 大西洋张裂

上面说过，板块学说的立足点在海底扩张，海底扩张的立足点在大洋中脊，那么大洋中脊又是怎样发现的呢？如果真要追溯板块学说的历史，那就说来话长，得从500年前说起，因为大西洋两边岸线的相似性，英国的培根（Francis Bacon）早在1620年就提出过。其实还有更早的，美洲发现后不久，荷兰的地图学家奥特利乌斯（Abraham Ortelius）在16世纪就注意到这两条岸线的相似性。然而他们都只是顺便说说。几百年之后魏格纳提出大陆漂移说就认真得多，还举出两边古生代化石和地层的相似性作为证明。但是这两种理由都遭到反对：岸线相似那是凑巧，属于偶然现象；化石相似那是有"陆桥"，曾经有过陆地将大西洋两边连接起来，虽然也说不出来这"桥"又在哪里。

学术界重提"大陆漂移说"，转折发生在1950年代，就在于大西洋中脊的发现。两条相似的岸线，中间还有一条有沟谷的脊，那不就是张裂的证据吗？美国希曾教授在1960年发表了大西洋海底地形图，提出大洋中央有条海脊（图4.4A），海脊中央有条沟谷，形状和东非裂谷的坦噶尼喀湖一样，可见大洋地壳就是从这条大洋中脊的裂谷里产生（图4.4B）。下一年，学术界提出了"海底扩张"的概念，为"板块学说"的确立打下了地基。

发现大西洋中脊的希曾，是建立板块学说的几位科学伟人之一。不过最先发现大西洋中脊的其实并不是他，而是他的合作者撒普，一位女科学家。撒普是位地质学硕士，1940年代的规矩不允许女性登船，所以她只能做室内工作。第二次世界大战之后，海底声呐测深技术已经成熟，她将轮船带回的大量数据绘制在大西洋底图上，在多年积累的基础上绘出了立体的地形图，一条大洋中脊跃然纸上。1950年代初，她把这张图给希曾看，希曾并不热心，他第一个反应就是"不可能""妇人之见"（girl talk）。又

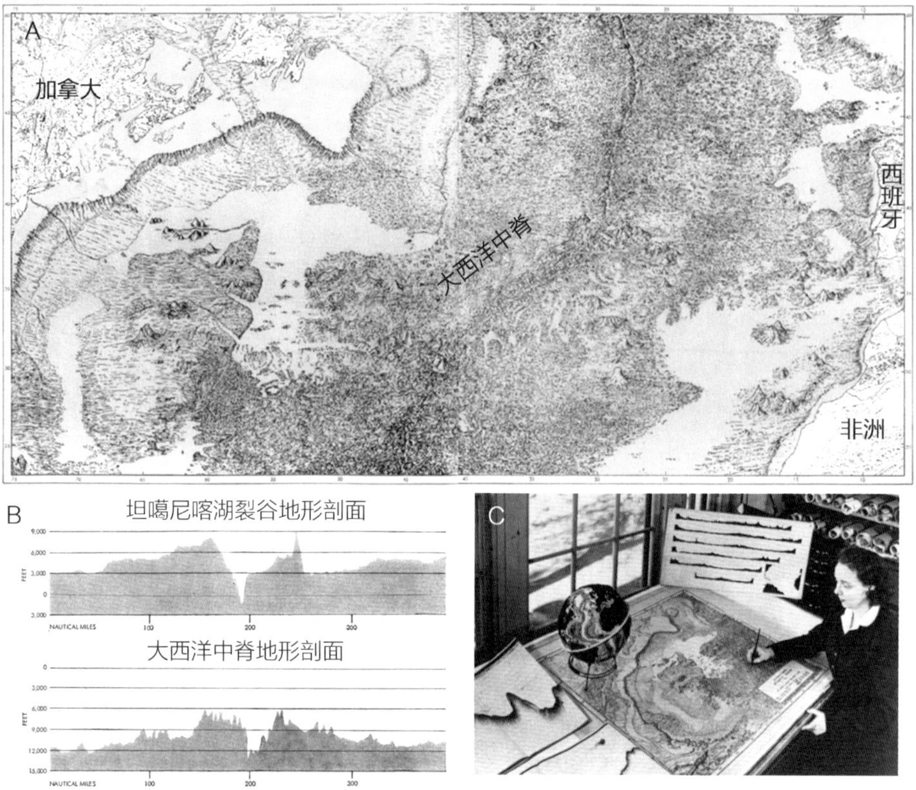

图4.4 大西洋中脊的发现。A.第一张洋中脊地形图；B.将洋中脊剖面与坦噶尼喀湖进行对比；C.第一张洋中脊地形图的作者撒普。

过了几年，到了1950年代后期，汇集地震台站的资料时，发现震中的位置就是沿着这条中脊分布。这时候希曾豁然晓悟，转为热烈支持洋中脊的看法，并且引用撒普的地图提出了大洋中脊的新发现。1961年，“海底扩张”的主张随之产生，他们两位合作的结晶，就是后来在1977年发表的世界海底地形图，大洋中脊是其最为突出的特征（图1.5）。

这两位科学家的合作，曾经一度是学术界的热门佳话。其实希曾比撒普还小几岁，但是当撒普伏案作图的时候，希曾已经以首席科学家的身份活跃在海上。他们前后合作了30年，被写进板块学说发展历史的当然是希曾，但是学术界也没有忘记撒普的贡献。1978年，美国国家地理学会授予她哈伯德（Hubbard）奖章；1997年，美国国会图书馆又将撒普列为20世纪最伟大的四位地图学家之一。

现在，全大洋的洋中脊分布已经查明，总长度超过60 000km的中脊相互连接，构成地球上最大的山系（图4.5），是海底扩张、洋壳产生的地方（图4.5D）。有趣的是大西洋中脊，当时就发现它还向北延伸，进入北冰洋（图4.5C）。确实有个海底山脊横贯北冰洋的中央，叫作罗蒙诺索夫海岭（Lomonosov Ridge），但是已经不再活动，正在扩张的是与之平行的哈克尔海岭（Gakkel Ridge），虽然规模不如罗蒙诺索夫海岭，却是现代大西洋中脊向北的延伸（图4.5A、B）。尽管这是全大洋扩张速率最慢的洋中脊，一年才张开0.6—1.3cm，但是有着显著的火山活动和地震。美国用核潜艇测得两个新火山，面积720km^2。第二章里说过，深海热液喷口沿着大洋中脊分布，扩张速率越高的

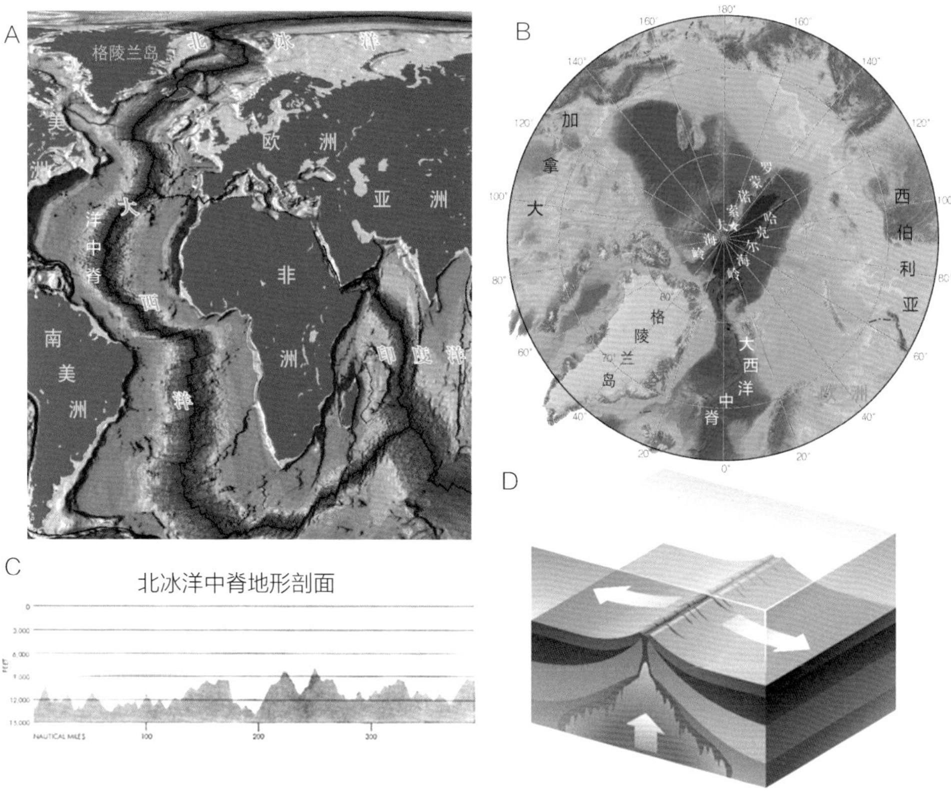

图4.5 北冰洋的海底扩张。A.北冰洋中脊是大西洋中脊的延伸；B.北冰洋图，展示平行排列的洋中脊：哈克尔海岭正在扩张，罗蒙诺索夫海岭已经停止活动；C.北冰洋中脊地形剖面图；D.大洋中脊海底扩张示意图。

洋中脊，热液活动也越活跃（图2.13）。北冰洋哈克尔海岭的扩张速率全球最慢，但是前些年发现同样有新的火山出现，并且根据水柱观测判断，热液活动也相当普遍，只是受条件限制，进行的观测至今还过于零星。

总之，大西洋张裂是深海岩石圈几十年研究最亮的成果。地球历史上大陆的联合和分解，是几亿年一轮的周期性变化，大西洋张裂就是大陆分解的一部分。两三亿年前，全球大陆合成一个超级大陆，一亿多年前超级大陆崩解，大陆分开就产生大洋。今天地球上的七大洲五大洋，就是这场变化的结果。不仅如此，超级大陆的分裂也在很大程度上决定了地球表层矿产资源的分布。比如说大西洋的张裂过程，有的先有强烈的岩浆活动，有的经过长期拉张方才开始岩浆活动，于是大西洋两侧有火山型（图4.6红色）和非火山型（图4.6黄色）两类边缘，非火山型边缘在长期拉张过程中形成巨大的沉积体，尤其是和大河的发育相结合，是油气资源聚集的理想地区，也正是今天大西洋两岸深海油气区的所在（图4.6绿色）。

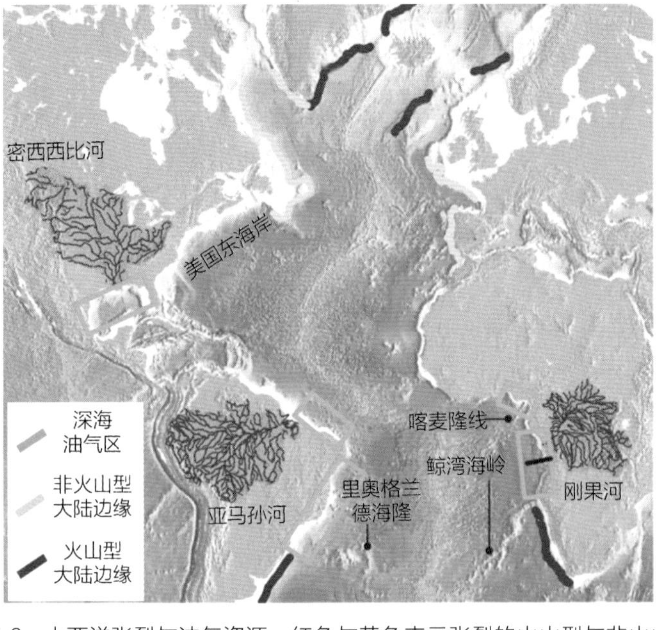

图4.6　大西洋张裂与油气资源。红色与黄色表示张裂的火山型与非火山型边缘，绿色方框表示深海油气区。

2. 太平洋换底

二战之后测深技术的发展，掀起了深海地形新发现的浪潮，大西洋聚焦在洋中脊，而太平洋的焦点在于海山。还在1940年代，美国军舰就在太平洋西部发现5000m深海底上有海山，从夏威夷到关岛之间就有20座。战后在1950年代又到太平洋对海山做专门调查，结果发现了大批类似的海山。这些海山有一个共同特点，就是顶部都被削平成为平顶山（图4.7B），在山顶上还抓到了珊瑚礁的石灰岩，化石年龄是白垩纪中期，距今一亿来年。

和大西洋的洋中脊一样，在太平洋发现平顶山也是意想不到的深海奇闻。然而发现的珊瑚化石，却使人想起了达尔文。达尔文在研究东太平洋珊瑚礁之后提出了“环礁假说”，认为源于海底的火山爆发，火山岛周围形成珊瑚礁，并随着岛屿下沉或海平面上升而继续增长，珊瑚礁生长到一定阶段被海水淹没，原岛屿所在的中心部分变为潟湖，周边就变为环礁（图4.7A）。1952年，在中太平洋马绍尔群岛一个环礁上钻探的结果，揭示出1300m厚的礁灰岩，证实了达尔文的观点。更加精彩的是2016年的深潜航次，在马里亚纳海沟区一个平顶山的侧面，直接观察到了白垩纪珊瑚礁的剖面，至今保存完好。

现在已经清楚，太平洋这些深海平顶山确实是来自火山（图4.7C、D），火山周围在海平面附近有利于珊瑚礁发育（图4.7E），但是在低海面时期出露的部分被剥蚀削平，随着海底的沉降淹没于海水深处（图4.7F）。因为热带珊瑚只在二三十米的浅水生长，现在太平洋平顶山水深一般为1000—2000m，而顶面又有距今一亿年左右的珊瑚化石，由此可以推论太平洋海底从那时以来下降了一两千米。不过，为什么太平洋会有如此大幅度的沉降？至今这还是个不解之谜。应该说这是一笔拖了180多年的老账，因为当时达尔文提出环礁假说遇到的反对意见就是“凭什么说太平洋沉降”？既没有证据也没有理由。现在证据有了，大批的平顶山都能站出来作证，但是理由仍然说不清。有一点是清楚的：太平洋深海盆也在活动。

全世界各大洋相比，太平洋是特殊的。大西洋、印度洋都是超级大陆分裂的产物，

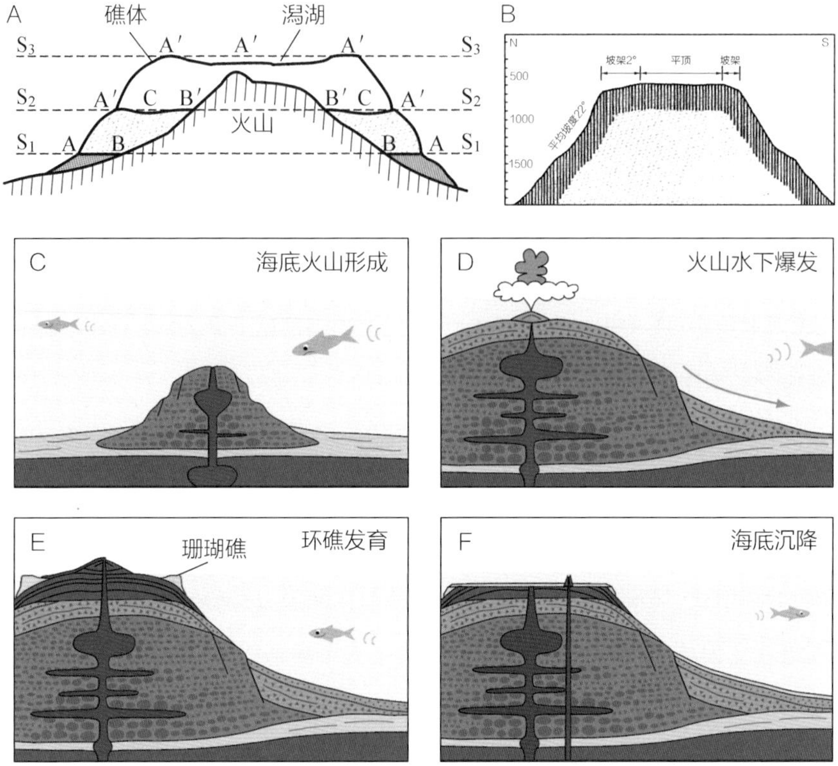

图4.7 太平洋平顶山及其成因。A.达尔文的环礁假说；B.1940—1950年代发现的平顶山；C—F.平顶山的成因：C.海底火山的形成与增长；D.水底火山爆发堆积火山碎屑；E.海平面下降使火山出露并发育珊瑚礁；F.遭受剥蚀后洋底沉降形成平顶山。

而太平洋是当年的超级大洋，因此“资历”“出身”大不相同。不仅太平洋的面积最大，深度也大得多：大西洋、印度洋平均水深3000多米，太平洋平均4000m，世界上的深海沟几乎都在太平洋。太平洋最明显的特色在于东西向的不对称性：其他大洋的洋中脊都在中央，唯独太平洋的洋中脊在东边（图4.8A），而老洋壳都分布在西太平洋（图4.8B）。东太平洋的边缘是南北美洲的高山科迪勒拉山系，跨越了南北两半球70个纬度，绵延1.5万km，是全世界陆地上最长的山体；而西太平洋边缘却是一大批的边缘海，全世界70%的边缘海盆地都在这里（图4.8）。

太平洋不对称的原因在于板块运动。太平洋海盆并不等于太平洋板块，作为原来的超级大洋，太平洋资格比大西洋老得多，不过太平洋已经“换底”，“老资格”的板块已经俯冲隐没，分别消失在南北美洲和欧亚大陆的地幔深处，今天海底的太平洋板块（图4.8C）已经是老板块的“接班人”。推想早先的太平洋底下有3个板块（图4.9A），当大西洋一亿多年前开始张裂的时候，现在的太平洋板块也开始生长（图4.9B），并且以辐射的方式将原来的3个板块推开，来扩大自己的地盘（图4.9C），演化至今已经占领了几乎整个太平洋底（图4.9D）。

看清了深海的变化，大陆的变化也就变得条理清晰。大西洋张裂的结果，将南、北美洲大陆向西推，太平洋原来的板块向东俯冲，两者相向挤压产生出了美洲西岸的科迪勒拉山系。太平洋板块的辐射扩张，也对西边的欧亚大陆施加压力。沿着太平洋西岸，估计1.5亿年来俯冲板块有3万km的岩“墓地”，将大量水分带进地球深处。水分增多有利于岩浆活动，推测正是“墓地”的“阴湿”造就了西太平洋大量的“小板块”和边缘海。这么一看就十分明白，为什么大西洋东西两侧相互平行，太平洋不但中脊偏东，而且东西两边的地形、性质也都大不相同。

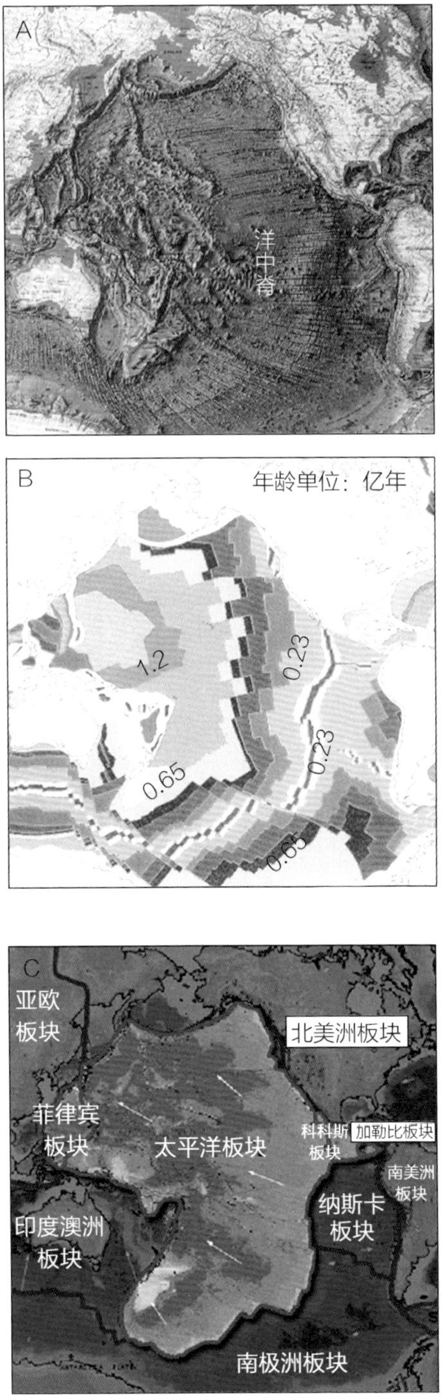

图4.8 太平洋的海底与板块。A.海底地形；B.大洋地壳年龄；C.太平洋板块的范围（红线）与移动方向。

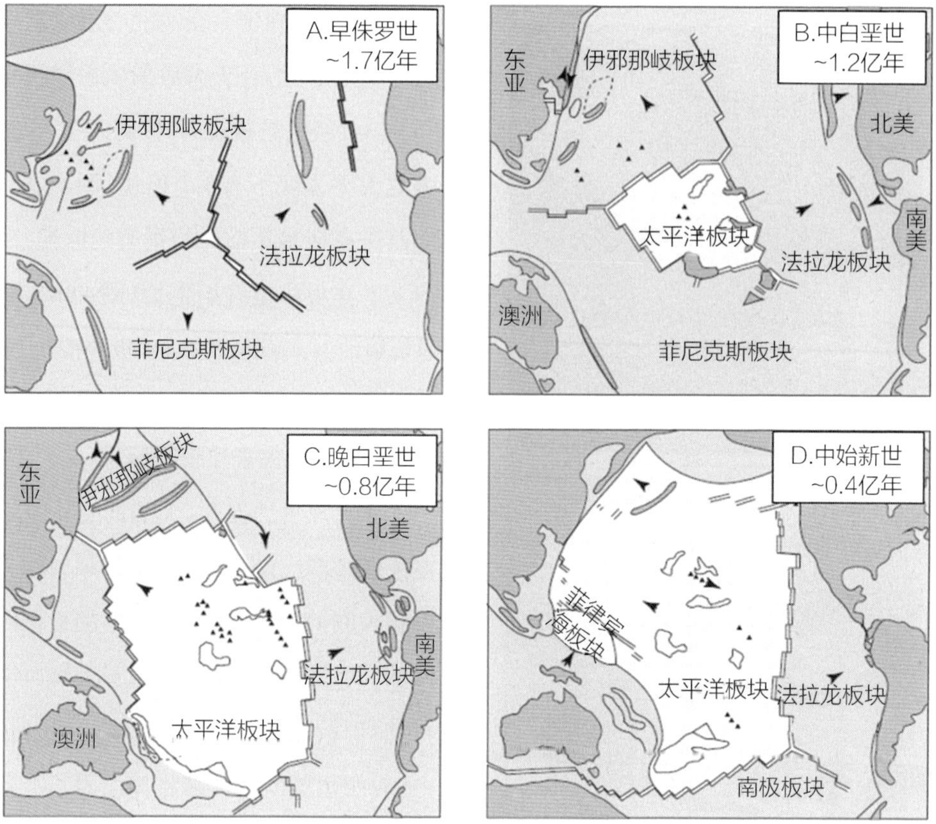

图4.9 太平洋板块的发育。

大西洋张裂和太平洋换底，正是这些深海事件主宰着一亿多年来地球表层地理格局的改组，世界各大洋和大陆无不受到影响。有趣的是影响最少的居然是非洲。如果将当今地球上的各大板块相比，非洲板块是最稳定的。随着一亿两千万年前大西洋的张裂，非洲板块逐步扩大，既有古老的大陆岩石圈，又有新添的大洋岩石圈，只是两者的年龄相差至少一个量级（图4.10A）。回顾板块运动历史，两三亿年前的联合大陆早已分崩离析，唯有非洲大陆岿然不动、坚守“岗位”，显示出其联合大陆“核心”的身份。近年来对地球深处的探测揭示了其中奥秘：地幔底部和地核相交的界面上，有着两个高温区，一个在东半球太平洋的下方，一个在西半球非洲下方，被比喻为地球深处的东西两极（图4.10B），分别是地质历史上超级大洋和超级大陆的核心所在。可见非洲之所以能始终高举“超级大陆”的旗帜不倒，有着根深蒂固的深部原因。

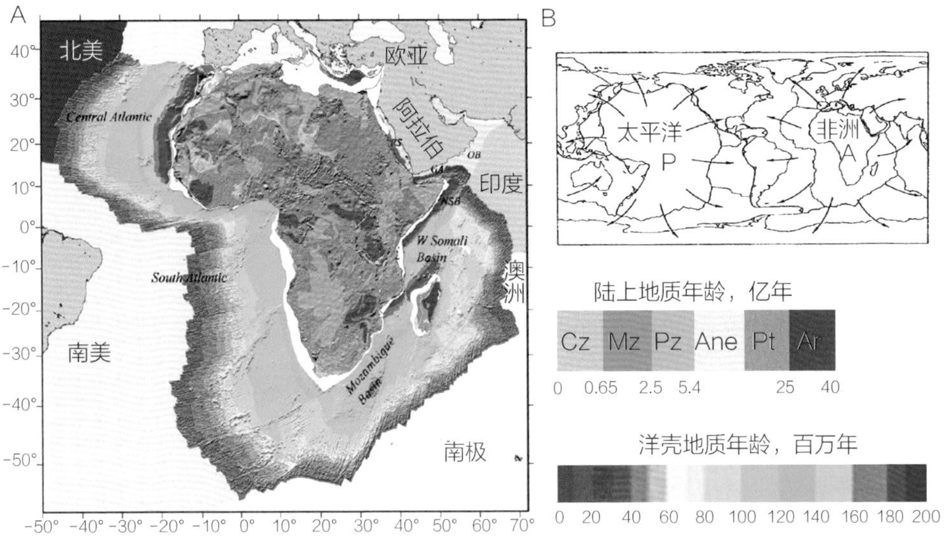

图4.10 非洲的稳定性。A.现在的非洲板块，彩色表示大陆与大洋地壳的年龄，周围各板块的陆地部分均用灰色；B.地幔底部高温区的东西两极，西极在非洲下方(A)，东极在太平洋下方(P)。

第三节 大洋深海沟

1. 地球表面最深处

板块在大洋中脊产生，在俯冲带隐没，构成了深海地形的主线，但是俯冲带的观察研究，比洋中脊困难得多。洋中脊是海底隆升的部分，不过2000多米深；俯冲带是深切海底的沟槽，可以到上万米深，探测的技术要求高得多。但是水深还不是最大的困难，更为严重的问题在于研究对象：海底扩张的产物是新的大洋地壳，就在现在的海底；而板块俯冲之后，进入地球内部至少几百千米的地幔深处，已经从地球表层消失，只能通过地震波速变化等间接的办法推算这些隐没板块的去向。因此，科学界对于俯冲作用的认识，明显落后于海底扩张的过程。

尽管如此，海底俯冲带的地貌表现极为清楚，那就是海沟。全世界俯冲带大小30多条，连接起来5万km长，大洋的深海沟就沿着俯冲带分布，现在地球上的深海沟几乎都在太平洋周围。所谓板块俯冲，就是比重大的板块斜插到另一个板块之下，海沟也就在这里形成（图4.11小图）。海沟一般要比周围的海底深两三千米，如果洋、陆相遇，当然是大洋板块在下；如果洋壳和洋壳相遇，形成的海沟就会更深。当今世界上超过10 000m的最深的海沟，都在西太平洋，都是洋壳相遇的俯冲带（图4.11）。

俯冲带不容易研究，但是吸引力比洋中脊大得多，因为这是地球表面最深的地方，吸引着有条件的探险家深潜。吸引力最大的当然是马里亚纳海沟，其南端的“挑战者深渊”水深11 000m，是地球表面的最深点（图4.12）。自从60年前“迪里亚斯特号”深潜舟（图2.7B）首探以来，已经有多次非载人的深潜探测，取得了宝贵的水文、生物与地质资料，同时也成了深海探险的热点。万米深潜是很大的考验，“迪里亚斯特号”深潜上下的路程总共花了8个小时，在水底做观察只有20分钟，很难评价其科学发现。2012年，电影名导演卡梅隆在澳大利亚打造了单人深潜器，当年3月只身下潜到挑战

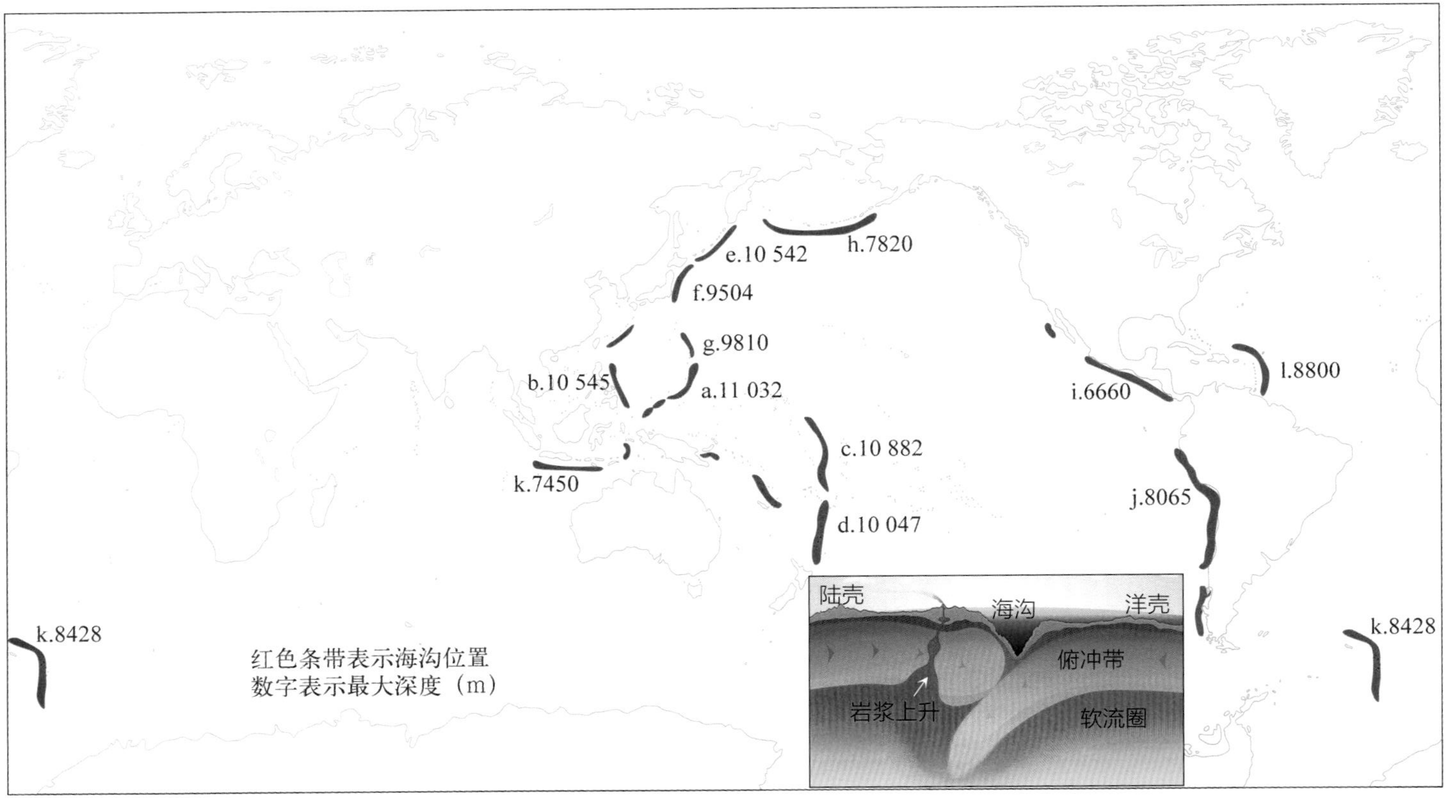

图4.11　世界大洋海沟分布图，小图解释海沟与俯冲带的关系。海沟名称：a. 马里亚纳；b. 菲律宾；c. 汤加；d. 克马德克；e. 千岛-堪察加；f. 日本；g. 伊豆-小笠原；h. 阿留申；i. 中美洲；j. 秘鲁-智利；k. 南桑威奇；l. 波多黎各。图面数字为海沟最大深度（m）。

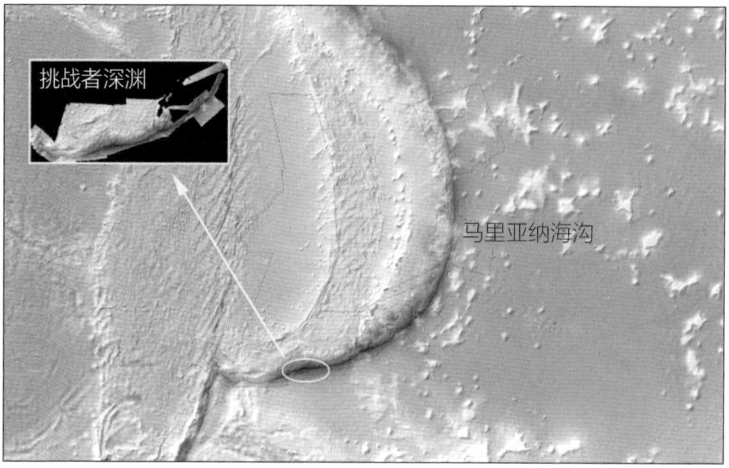

图4.12 太平洋马里亚纳海沟地形，以及挑战者深渊的实测地形拼接图。

者深渊的海底，在海底摄影、考察两个半小时，采回的样品里有几十个生物新种。当然，更多的深海探险家还在后头。最近美国一家私人投资公司的老板维斯科沃，决定到世界每个大洋最深的海沟都去深潜一番。此君原先已经到过七大洲（含大洋洲和南极洲）的最高峰和南北两极，地球上剩下的也就是深渊了。为此他斥资打造了深潜器、出钱组织了“五大深渊”（Five Deeps）深潜航次，邀请英国的生物学家主持科学观测，从2018年底到2019年，先后下潜到了波多黎各、南桑威奇、爪哇、马里亚纳以及北冰洋的莫洛伊（Molloy）海沟。

统观全球地形，海沟的深度确实是最亮的标志，只不过隐身水底，“笑不争春”。陆地上最高的珠穆朗玛峰8844m，放到最深的深渊还差2000多米；挑战者深渊的深度也超过了大气对流层顶，也就是客机飞行的高度（图4.13右）。最深的海沟前五名都超过万米：马里亚纳海沟11 032m，汤加海沟10 882m，菲律宾海沟10 545m，千岛-堪察加海沟10 542m，以及新西兰北边的克马德克海沟10 047m，都出在西太平洋（图4.11）。如果放下海洋看大陆，陆地上最深的沟就是细长的裂谷湖，贝加尔湖1600m、坦噶尼喀湖1450m，论深度都比海沟低一个量级。其实大陆最深的裂缝是在南极洲，只是埋在冰盖底下看不见。最近发现也是在南极冰盖面向太平洋的一边，有个登曼（Denman）冰川流经的深沟，谷底在海平面以下3500m，比我们看见的深湖深得多。

对深渊最为强烈的学术兴趣来自两个方面：生态学和地质学。海洋界将深度超过

6000m的海沟列为"深渊带"(Hadal zone)(图4.13左)。虽然所有深渊加起来也只占世界大洋总面积的1%—2%,却占了大洋总深度的45%,因此成为海洋生态学研究的新热点。美国设立了研究深渊生态的HADES(Hadal Ecosystem Studies)计划,2014年实施的第一个航次就选在西南太平洋的克马德克海沟(图4.11d)。至于在地质学家的眼里,海沟首先就是俯冲带,因此当前的热门话题就是:板块俯冲是如何开始的?无非有被动和主动的两种可能:被动的开始是指板块受远方外力推动而下沉,主动的开始是指俯冲板块因为自身比重大而下沉。为此,"大洋钻探计划"在2014年和2017年先后钻探了伊豆-小笠原海沟和汤加-克马德克海沟,结果发现两种假设都有道理:伊豆-小笠原海沟属于主动型,汤加-克马德克海沟属于被动型。可见单是讲板块俯冲的开始,就存在着两种类型。当然,地质学研究海沟还有更多的目标需要探索。

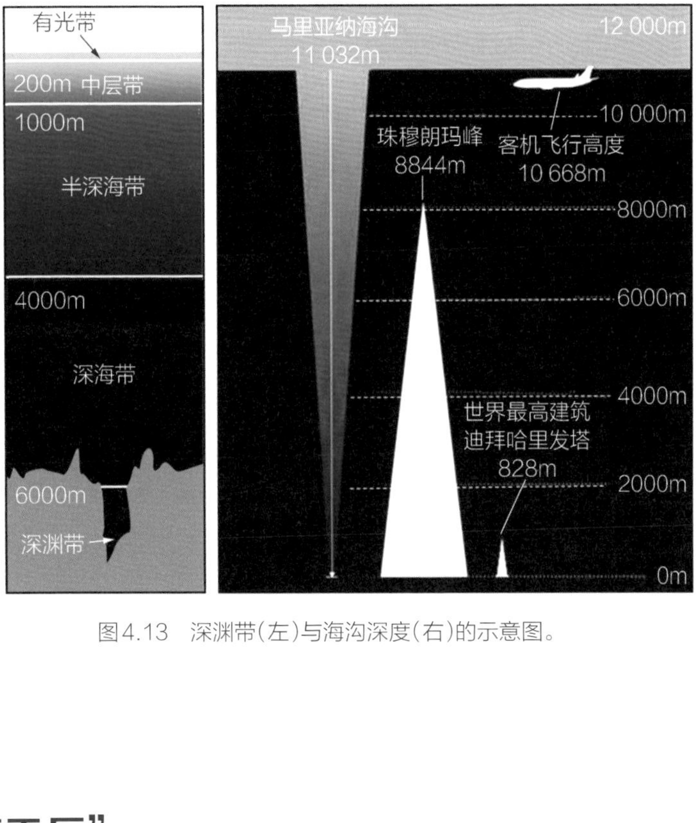

图4.13 深渊带(左)与海沟深度(右)的示意图。

2. "俯冲带工厂"

板块运动从海底扩张到洋壳的俯冲,构成一个完整的系统,因此海沟研究的另一个重要方面在于物质循环,在于俯冲物质的去向。与此相关的一个重大课题就是大陆地壳如何形成。大陆地壳的形成机制至今并不清楚,但是无论如何只能由地球表面和地球内部物质共同组成，而在今天的地球上，这两种物质汇合的地方正好就是板块俯冲带。大洋板块俯冲的时候，不但将玄武岩等岩浆岩，还将沉积岩和海水一道带进地幔深处。随着俯冲深度的增加，俯冲板片不断发生变质、脱水，最终到了地幔深处，一部分物质又会通过火山爆发和岩浆活动返回上来，沿着俯冲带形成火山弧。火山弧的物质与洋壳不同，有可能就是大陆地壳的雏形。由此推测，大陆地壳形成的一种途径是在大洋俯冲带，由洋壳和沉积物等物质通过岩浆作用改造而成。对此学术界提出了一种聪明的表达方法，把俯冲带比喻为一个工厂：原料是俯冲的洋壳和大洋沉积，产品是岩浆和新形成的陆壳，而生产过程里的“废品”，就是经过脱水和熔融过程之后俯冲到地幔深处去的板片（图4.14）。当然，比喻也就是个比喻，“俯冲带工厂”的比喻不见得回答了陆壳成因的难题，但确实是现代海洋地质观测给予的一种启发。这里说的是

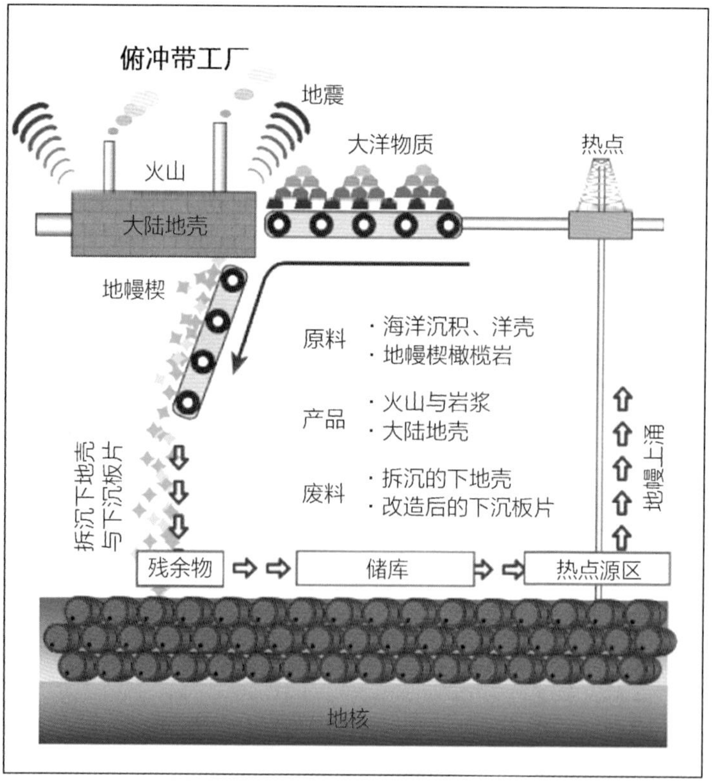

图4.14　生产大陆地壳的“俯冲带工厂”：板块俯冲进入海底深处之后的物质去向。

俯冲到了地幔深处发生的物质交换过程，实际上有些交换过程用不着进地幔，在深水海沟里就可以发生，产生出低温热液和冷泉的现象，著名的就是马里亚纳海沟的蛇纹石泥火山。

泥火山是泥浆与气体一道喷出，有泥没有火，“火”字放在这里只是一种比喻。我国台湾和新疆旅游景点里就有不少泥火山，其实南海海底也有，只是旅游不方便。这里要说的是马里亚纳海沟的蛇纹石泥火山，由板块俯冲带下去的海水使得上地幔的橄榄岩在150—250℃的温度下发生风化，变为水分丰富、性质软弱的蛇纹石，形成的蛇纹石泥（图4.15B）在压力下向上喷出海底，在海沟旁边形成泥火山。马里亚纳海沟的蛇

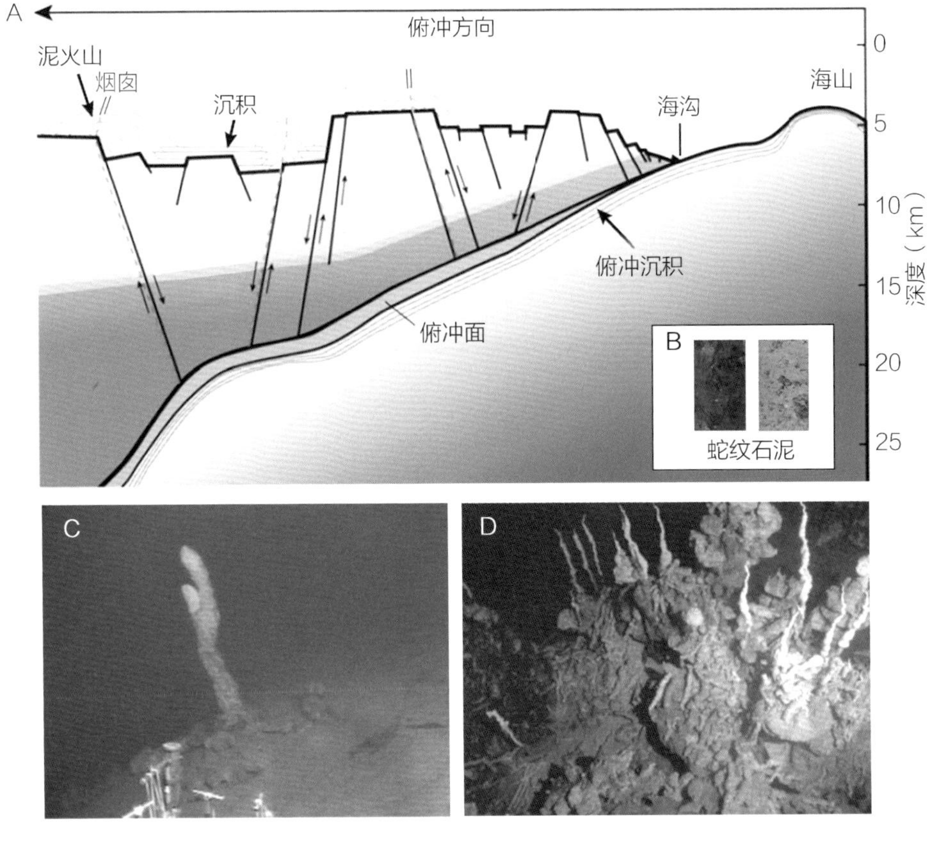

图4.15　马里亚纳海沟区的蛇纹石泥火山。A.泥火山分布示意图（不按比例尺）；B.大洋钻探所采蛇纹石泥的岩芯；C、D.泥火山上的碳酸盐烟囱，大的（C）有10m高，小的（D）才几厘米。

纹石泥火山大小不一，小的直径2—4km，大的直径15—25km，坡度很小但是面积大，可以达到2400m的高度（图4.15A）。由于马里亚纳海沟有白垩纪珊瑚礁的平顶山，这些海山的碳酸盐也随着板块俯冲进入地幔，因此泥火山喷出的蛇纹石泥里含有大量的碳酸盐，会在泥火山上形成文石质的烟囱，大的有10m高（图4.15C），小的不过几厘米（图4.15D）。读者记得在第二章里，我们讨论过北大西洋"失落之城"的低温热液白烟囱（图2.14），大洋中脊附近的白烟囱和马里亚纳海沟的地质背景当然大不相同，但是形成深海烟囱的道理具有相似性。

马里亚纳海沟的探索告诉我们：俯冲带海沟底下的流体运动非常活跃。上面说的泥火山一般沿着断层分布，流体就是顺着断层移动，其实没有蛇纹石泥也会有流体从海底溢出。最近我国科学家在马里亚纳海沟进行深海探索时，在水深5—6km的深处发现了泥火山和麻坑，这是迄今所知最深的泥火山，但是与上述蛇纹石泥火山不同，它是由大洋地壳上部的玄武岩变化造成，随着俯冲板块的弯折遭受挤压而产生的流体喷发（图4.16）。有趣的是就在深海流体溢出的麻坑附近，也有冷泉生物群的螃蟹之类出现，从而为深海的冷泉增添了一种新的类型。

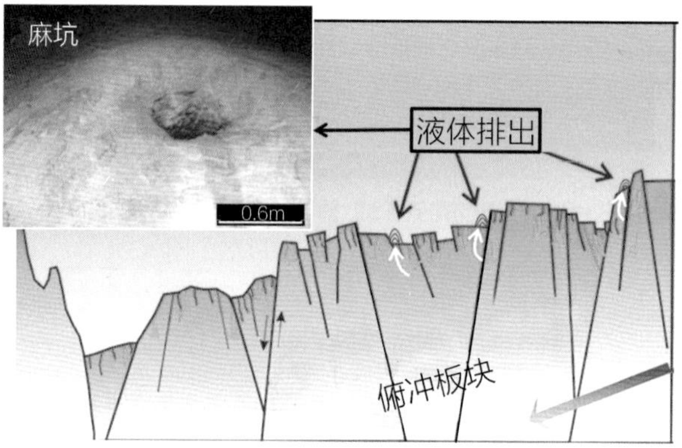

图4.16　马里亚纳海沟深处的泥火山与麻坑。

第四节　海底大地形

无论是大西洋的张裂，还是太平洋的换底，主要的过程都发生在板块边界上。那么板块内部有没有变化？板块内部地形有什么样的起伏？我们现在就来讨论板块内部的海底大地形。

1. “第八大陆”？

深海大洋底下，有没有沉没的大陆？这是个几千年的老话题。最为著名的当然是大西洋的“大西洲”(Atlantis)，或者干脆音译“亚特兰蒂斯”(图4.17A)。自从公元前4世纪柏拉图《对话录》里的书面记载开始，不知道有多少版本的作品讲述那个沉没大陆的故事，光是近年来以此为题材的电影、电视剧就多达两位数。据说这是个王国，从欧洲出了直布罗陀海峡就可以到达，

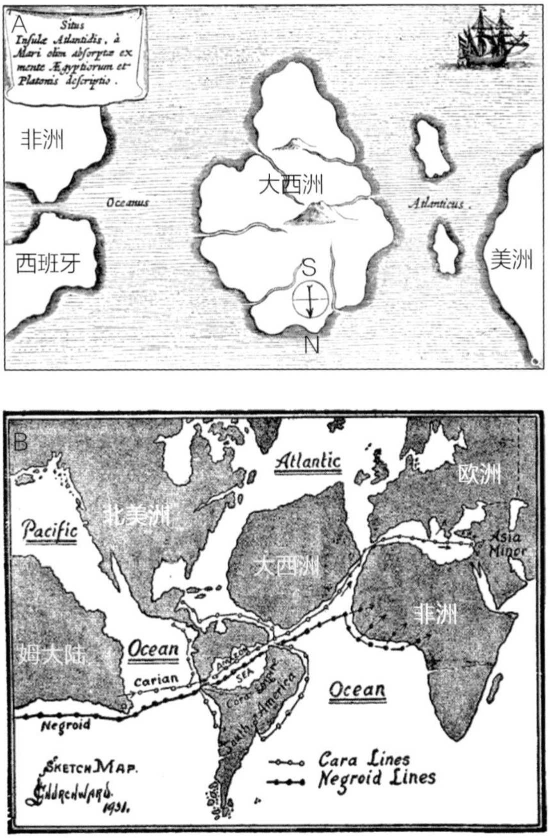

图4.17　神话传说中已经消失的大陆。A.大西洲(1664年木刻图，注意北方朝下)；B.大西洲和太平洋的姆大陆。

忽然在一天一夜间就神秘消失。也不知道有过多少“科学家”试图证明这个神话，牵强附会地把古老地质历史上的现象和宗教传说里人类史前的故事“拉关系”。不单是在大西洋，在太平洋、印度洋都有过传说中的大陆，比较晚近的是太平洋中央所谓的“姆大陆”(Mu continent)，而且被绘声绘色地和大西洲拉关系，张冠李戴地把人类早期文明的传播活动连接起来，编织故事(图4.17B)。这种陆地沉降的故事很富有戏剧性，离我们最近的一例是琉球大学一位教授，发表了书籍论证史前冲绳陆桥的沉没，自认为是20世纪最大的发现。

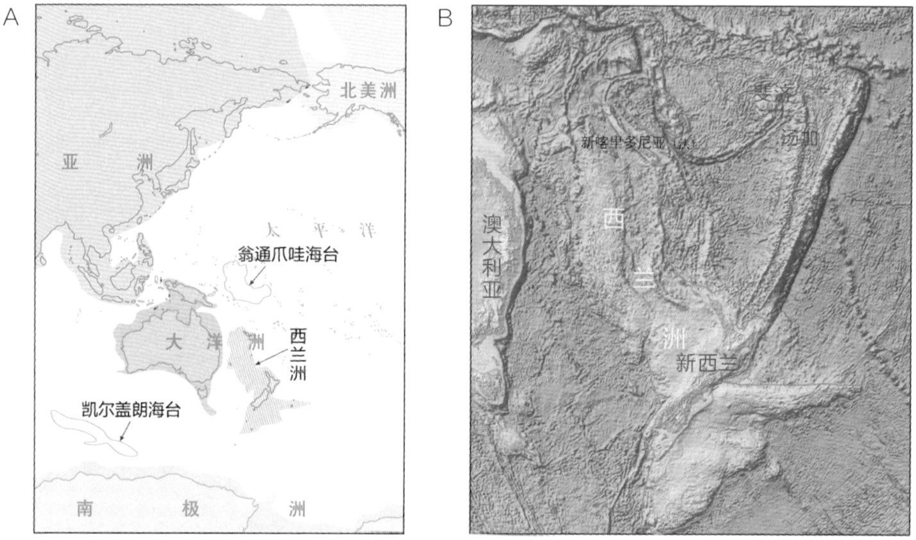

图4.18 “沉没的大陆”——西兰洲。A.西兰洲的位置；B.西兰洲现在的地形(蓝色浓度指示海水深度)。

应该说，大洋里陆地沉降并非空穴来风，海底确实存在着复杂的地质现象，支持地质历史上有过大幅度沉降的假设。最近的一大进展是在西南太平洋，通过深海地质观测和遥感的重力测量，发现从新西兰到新喀里多尼亚群岛的海底并不是大洋地壳，说明这里在一亿年前还是超级大陆的一部分，后来方才分裂沉降的。2017年这项成果发表后引起轰动，媒体报道说这是地球上新发现的“第八大陆”。这个沉没古大陆被称作“西兰洲”(Zelandia)，总面积将近500万km^2，但现在94%已经淹没在太平洋海水之下，露出海面的只有新西兰和新喀里多尼亚的两群岛屿(图4.18)。有关西兰洲的研究正在开始，2017年大洋钻探计划在西兰洲的北部钻探了7个站位，发现是在4000万—5000万年前沉降了1—3km，变成了现在的深海区。

当然，与7个现有的大陆相比，西兰大陆的"资历"比较浅、地壳比较薄，只有10—20km厚（其他大陆有30—40km厚），面积也只有中国的一半，所以"第八大陆"之类的提法值得商榷，不过西兰大陆确实和其他大陆一样具有大陆地壳。其实深海大洋底里地壳加厚的，不仅有沉没的古代大陆，还有隆起的洋底高原。

2. 洋底高原

大陆和海底，都有由玄武岩堆起来的巨大高原，陆地上最大的是印度德干高原。6000多万年前大量的玄武岩从地下溢出，层层叠加到2km厚，在印度西南形成玄武岩高原，现在面积在40万km^2以上，当时应该更大。这类由玄武岩叠起来的高原在各大洲都有，我国最著名的是峨眉山玄武岩，在西南三省广泛分布，也有上千米厚，面积3000多万km^2，不过形成更早，是2.6亿—2.7亿年前的产物。后来发现这类玄武岩的高原大洋底下也有，这就是洋底高原。

在讲"洋底高原"之前，先要介绍一下地球上"热点"的概念。上面我们讨论板块运动，说板块运动引起了岩浆活动。但是逆定律不一定真，岩浆活动不一定要由板块运动引起。板块内部也有火山活动，最明显的是夏威夷，既不是大洋中脊也不是板块俯冲带，但是长期以来就有地幔物质上升到地球表面，表现为持久的火山活动，这就是"热点"。如果这股上涌流来自地幔深部、规模特别巨大，就会在地表产生由火成岩构成的高原，在陆地上形成的如德干高原和峨眉山玄武岩，在海底形成的玄武岩高原被称为"大火成岩省"（LIP，large igneous province）。这种洋底高原规模巨大，玄武岩的厚度惊人。一般的洋壳才几千米厚，而洋底高原的洋壳可以厚达4万m，光是喷发来源的上地壳就可以有上万米厚（图4.19右）。洋底高原形成于不同时代，迄今为止，至少有10个大洋钻探航次探索过这类洋底高原（图4.19）。

深海为什么出现洋底高原，至今并没有统一的答案。前些年流行一种观点，说这

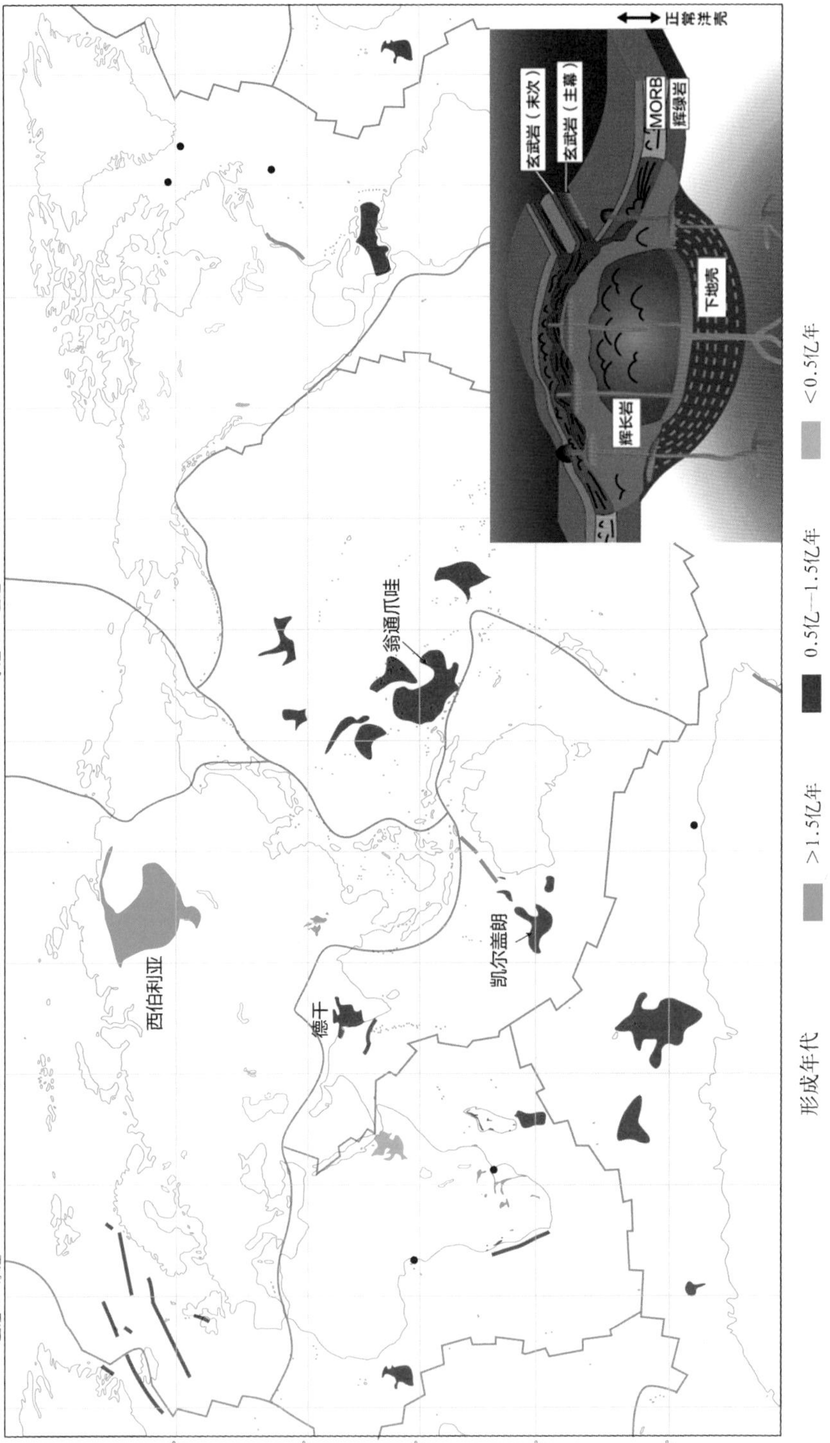

图4.19 洋底高原（大火成岩省）的分布和构造（右下方）示意图。

“大火成岩省”如此多的岩浆，是直接从地幔底部升上来，形成一股“超级地幔柱”升到地面，但是这种假设证据不足，引起学术界的争论，其中“地幔柱” 的“柱”字也容易引起误解。英文“mantle plume”译为“地幔柱”，给人的印象是个边界清晰、直上直下的柱状体，不符合地球内部物质运动的规律。但是这些议论已经超越了本书的范围，我们这里只是想强调其学术价值。前面讨论的板块运动是地球特有的现象，地幔柱却不然，“大火成岩省”有可能是月球和其他星球岩浆活动的主要形式，是太阳系类地星球释放内部热量的常见途径。在地球上，陆地上可以有很老的高原玄武岩，但是洋底的大火成岩省，集中出现在距今1.5亿—0.5亿年的一段时间里（图4.19的红色），也就是“白垩纪”（1.45亿—0.66亿年）前后。这一方面是由于陆壳的年龄（平均22亿年）比洋壳（最多2亿来年）老得多，洋底在迅速更新，2亿年前的洋底早已潜没在地幔深处；而另一方面，通过具体的分析，可以看出白垩纪确实出现过地幔柱活动的高峰。

西南太平洋的翁通爪哇大火成岩省是当今世界上最大的洋底高原，形成的时间就是白垩纪。翁通爪哇洋底高原面积200万km^2，可以与青藏高原（250万km^2）相比；体积大约5000万km^3，相当于两个南极冰盖（2450万km^3）。这还不够，调查发现，大火成岩省在白垩纪形成时还要更大，远远超过现在看到的翁通爪哇洋底高原，不但当初高原的一部分已经沿着所罗门群岛俯冲消失，而且现在被板块运动拆散了的另外两个洋底高原，马尼希基（Manihiki）和希库朗伊（Hikurangi）高原，在白垩纪形成时也曾是翁通爪哇的一部分。如果回到1.25亿年前，洋底高原的面积可能还要翻番（图4.20）。

这样巨大的火成岩体的形成，必然会改变地球表层系统的环境，但是这种规模的岩浆溢出、火山喷发，超出了人类的感性认识。不仅如此，白垩纪也是大西洋和印度洋张裂形成的时期。长达2200km的凯尔盖朗洋底高原（Kerguelen Plateau）是印度洋最大的人火成岩省，也是形成于白垩纪中期。而正好在这段期间，大洋沉积记录里出现了黑色页岩。黑色页岩只能在缺氧环境里形成，比如今天的黑海。一个封闭盆地里海水分层，海底没有氧气，有机物沉到海底不能氧化就出现还原环境，形成黑色页岩。白垩纪的黑色页岩是在大洋里，世界大洋的底部堆积了富含有机物的黑色页岩，说明大洋底部出现还原环境，称作“大洋缺氧事件”。

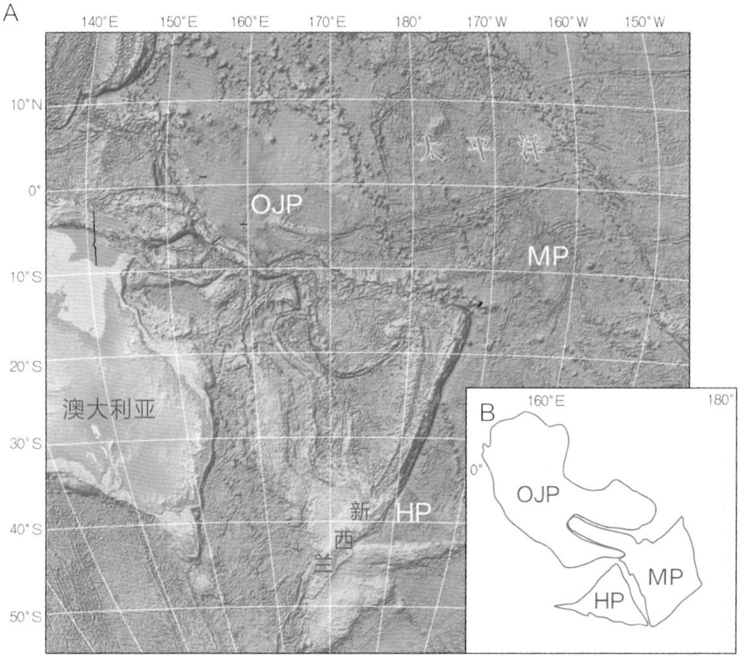

图4.20 世界最大的大火成岩省：翁通爪哇洋底高原。A.西南太平洋地形图，示OJP翁通爪哇（Ontong Java）、MP马尼希基（Manihiki）和HP希库朗伊（Hikurangi）洋底高原；B.洋底高原在1.25亿年前的位置复原。

大洋缺氧事件的出现和洋底高原形成的高潮，都是在白垩纪，很容易想到两者的联系。学术界很快就提出了假设：白垩纪地幔对流加强，洋底的岩浆和热液活动特别活跃，从地球深部释放大量的温室气体，造成全球气候变暖和大洋水体分层，加上风化作用输送的丰富营养物质，使得海洋生产率急剧增高，导致海底的缺氧或低氧环境，堆积远洋的黑色页岩（图4.21）。

这里所说的两者关联还只是一种假说，尤其是图4.21中"超级地幔柱"的设想颇有争议。值得注意的是白垩纪中期CO_2大增、全球温暖的环境，和今天的地球表面属于两种类型。与今天地球上南北两极都有冰盖的情况相反，白垩纪中期地球上没有大型冰盖，出现的是全球变暖的气候格局。没有冰盖的地球高低纬度的温差小、对流弱，大洋水层的上下对流迟缓，与今天大不相同。然而全球变暖、高CO_2的气候条件，为植物

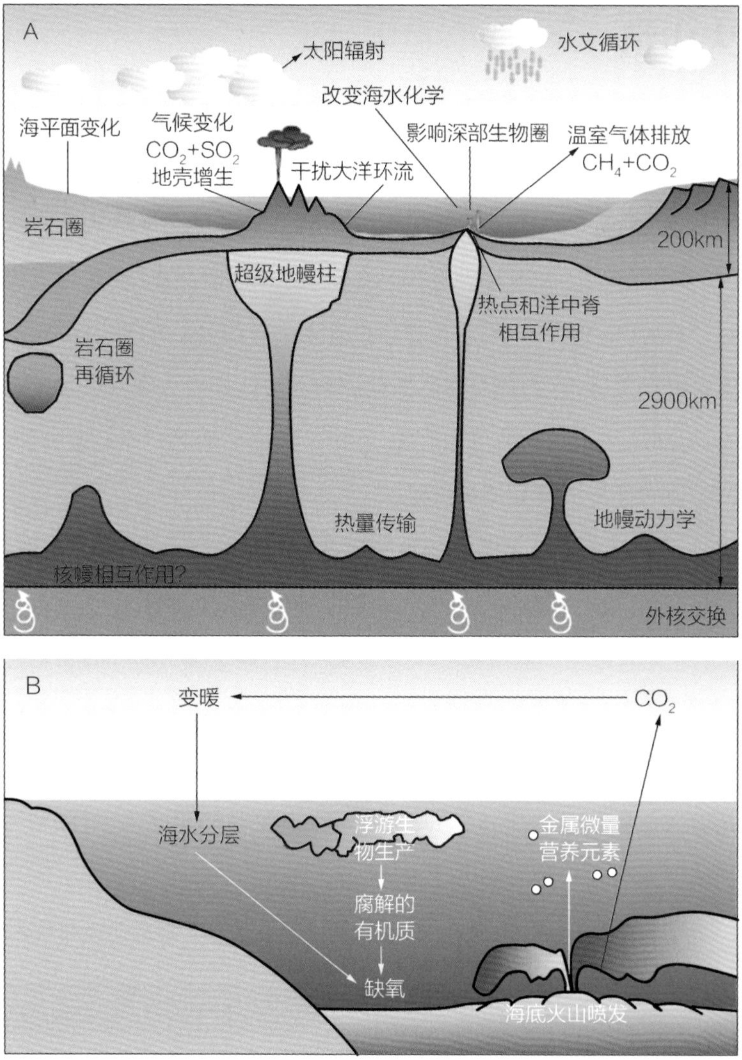

图4.21　洋底高原形成和大洋缺氧事件的关系。A.洋底高原的形成及其环境影响;B.大洋缺氧事件的成因推测。

界提供了演化发育的良机。白垩纪中期正是被子植物的大发展时期,到白垩纪末被子植物已经取代裸子植物,在全球占据优势至今。

3. 火山链

深海地形另一个特色，就是热点和热点形成的火山链。上面说过，地幔物质上涌到地球表面，就成为热点；如果是在大洋深处就会形成火山，高的就会出露水面。热点的位置相对稳定，但是热点上方的板块可以移动。如果热点保持活动而板块定向移动，那就会出现一串火山岛，组成火山链（图4.22）。这类"热点"在地球表面有四五十个，有的也可以和洋中脊相关，最活跃的热点有大西洋的冰岛、印度洋的留尼汪和太平洋的加拉巴哥群岛等等，它们都是世界级的旅游胜地。深海大洋中的岛屿本来就有足够的吸引力，再加上火山活动就更加有趣，其中最负盛名的当然是夏威夷，因为不但有火山、有珊瑚，还有世界上最长的火山链。

夏威夷火山链是太平洋上最大的地形特色，全长6000km，横穿太平洋北半部，夏威夷群岛只是这条巨链头部的一小段。岛链的中间有个大拐弯，南半部分叫夏威夷海岭，北半部分叫天皇海岭。最南部的大夏威夷岛[也叫大岛（Big Island）]火山活动最为活跃，会不时喷发，而大岛上的顶峰冒纳凯阿火山（Mauna Kea）应该是世界上最高的山峰：虽然其海拔不过4100m高，但是别忘了还有近6000m高的山体处在海平面以下。如果从海底量到山顶的话，它比珠穆朗玛峰还高出1000多米，可以和马里亚纳海沟的深度相媲美。

关于夏威夷火山链的成因，早在60年前就已经提出，认为是在太平洋板块向西北

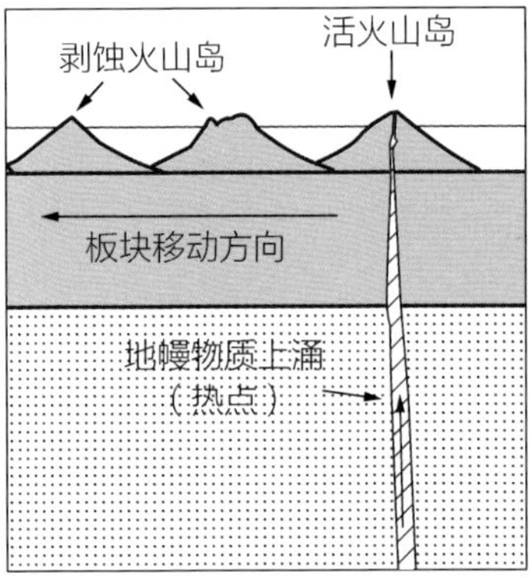

图4.22 热点形成火山链。左：形成的机制；右：火山链。

方向漂移时，由一个静止不动的火山活动热点顺次形成的，现在最活跃的火山在头部、在夏威夷，而越是接近尾部的火山岛越老，所受的侵蚀也越多。后来的地质工作证实了当初的假说，从大岛向西向北，火山的年龄确实越来越老（图4.23）。这项假设也成功地解释了岛链中的拐点，因为拐点标志着太平洋板块的运动在大约4700万年前曾经发生过改变，其方向从偏北转为更接近西北。

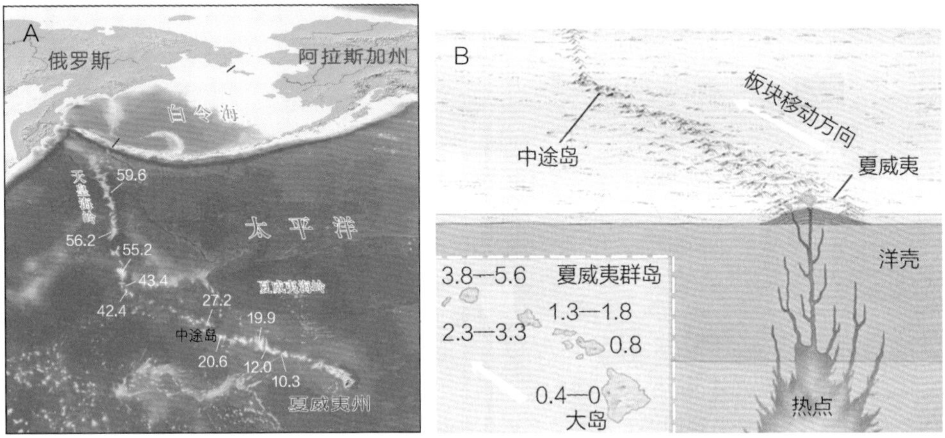

图4.23 夏威夷火山链的年龄与成因。A.海岭位置与海山的年龄（单位：百万年）；B.夏威夷火山链形成假说的示意图。

板块在热点上移动在深海留下地形特征，不光有太平洋的夏威夷，另外一条相似的海岭，就是印度洋的东经九十度海岭（Ninety-East Ridge）。东经九十度海岭也是1960年代初发现的，从孟加拉湾东南沿着东经九十度线直到布罗肯海岭（Broken Ridge），南北跨越44个纬度，绵延5000km长，宽185—450km，高出洋底1000—3500m，山脊距洋面2000—2500m深。海岭由玄武岩组成，年龄从海岭北边的8200万年向南变新，直到南端的4000万年左右（图4.24）。东经九十度海岭的成因和夏威夷海岭相似，是印度板块北上时热点活动留下的踪迹。热点在现在的凯尔盖朗大火成岩省，从白垩纪末期起，印度板块快速北移经过热点，在热点上生成了这条海岭，但是其与凯尔盖朗洋底高原的联系已经被印度洋板块的洋中脊所切断。可见无论太平洋还是印度洋，都有热点活动为当年的板块漂移留下了运动轨迹。

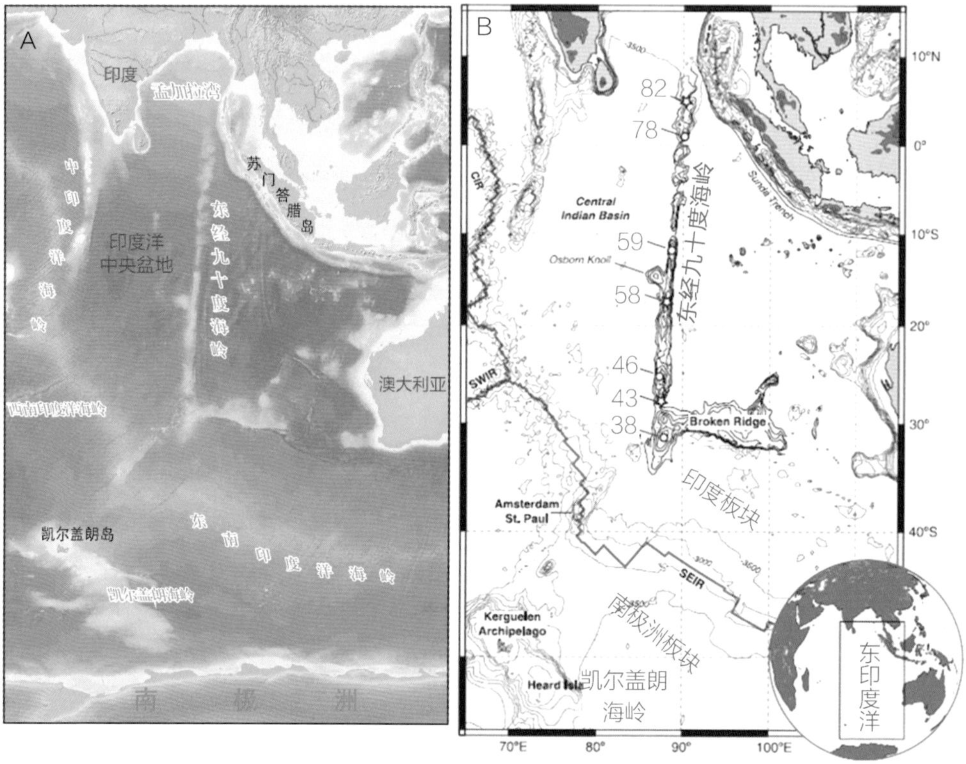

图4.24　印度洋东经九十度海岭。A. 地理位置与海底地形；B. 构造背景与海岭年龄（单位：百万年）。

大洋地壳年龄比大陆地壳小一个数量级，因此深海底下的地形特征与陆地地形非常不同。相对年轻的洋壳，往往还保留着形成时候的形态特征，为我们解读地球表面的历史提供了线索和证据。板块移动的许多经历，在大陆上已经被抹掉或者掩盖，但是深海海底却为我们提供了线索。见到了深海，才懂得了陆地，“移山倒海”也就出现在我们的眼前。

第五章

解读深海档案

50 年大洋钻探，是国际深海探索的奥林匹克。钻探的结果一方面揭示了洋盆的结构和演变，另一方面又为大洋乃至地球取上了历史档案。解读深海沉积记录得出的故事，往往会超出人们的想象。

第一节　大洋钻探50年

人类社会发展，需要拓展视野与活动空间。我国学界前辈60年前提出了“上天，入地，下海”三大方向，现在回顾起来，“上天”的成绩最为显著，“入地”的进展严重滞后。迄今为止，人类“入地”最深只有四五千米，那是在南非的金矿。“上天有术，入地无门”的人类，只能退而求其次，那就是打钻。现在“入地”最深的是科拉半岛上12km的超深钻，1970年由苏联开始打钻，到1994年收场的已经变成了俄罗斯，足见入地工程之艰巨。凡尔纳的科幻小说中，《地心游记》应该是最不靠谱的一部。话虽然这么说，入地却是直接了解地球内部的唯一途径。入地最大的目标是地幔，地幔占地球体积的84%，构成了地球的主体，然而至今人类没有在地壳下面见到过地幔的真相，只能根据地震波传播速度的变化，间接推测地壳和地幔的分界。由于界面是1909年由克罗地亚科学家莫霍洛维奇（Andrija Mohorovicic）发现的，因此被后人称为“莫霍面”（Moho）。如果钻井能打穿地壳，莫霍面的下面就是地幔。相比之下，大陆地壳超过30km，太厚；大洋地壳只有7—8km，打穿“莫霍面”比较现实。于是学术界从1950年代起就开始酝酿“莫霍计划”，想到深海底下钻穿地壳，一睹地幔的真面目。虽然这项宏大目标至今“壮志未酬”，却顺便引出了地球科学最大的研究计划：50年的国际大洋钻探。

大洋钻探始于1968年，是200年来地球科学历史上影响最大、成果也最亮的基础研究国际合作计划。20世纪的60—70年代，以板块学说为标志的地学革命横扫长期以来的陈旧观点，开创了地球科学的新纪元，而大洋钻探就是这场革命的一支主力军。世界各国将科技的精华集中到一条钻探船上，半个世纪来在世界各大洋深水底下钻井4000多口（图5.1），取芯49万m，从根本上改变了人类对地球的认识，扭转了地球科学发展的轨迹。从组织的角度看，大洋钻探也是国际科学史上的奇迹：一项基础研究的国际合作计划，居然能历经50年而不衰。目前也正在研讨2050年前的科学计划，

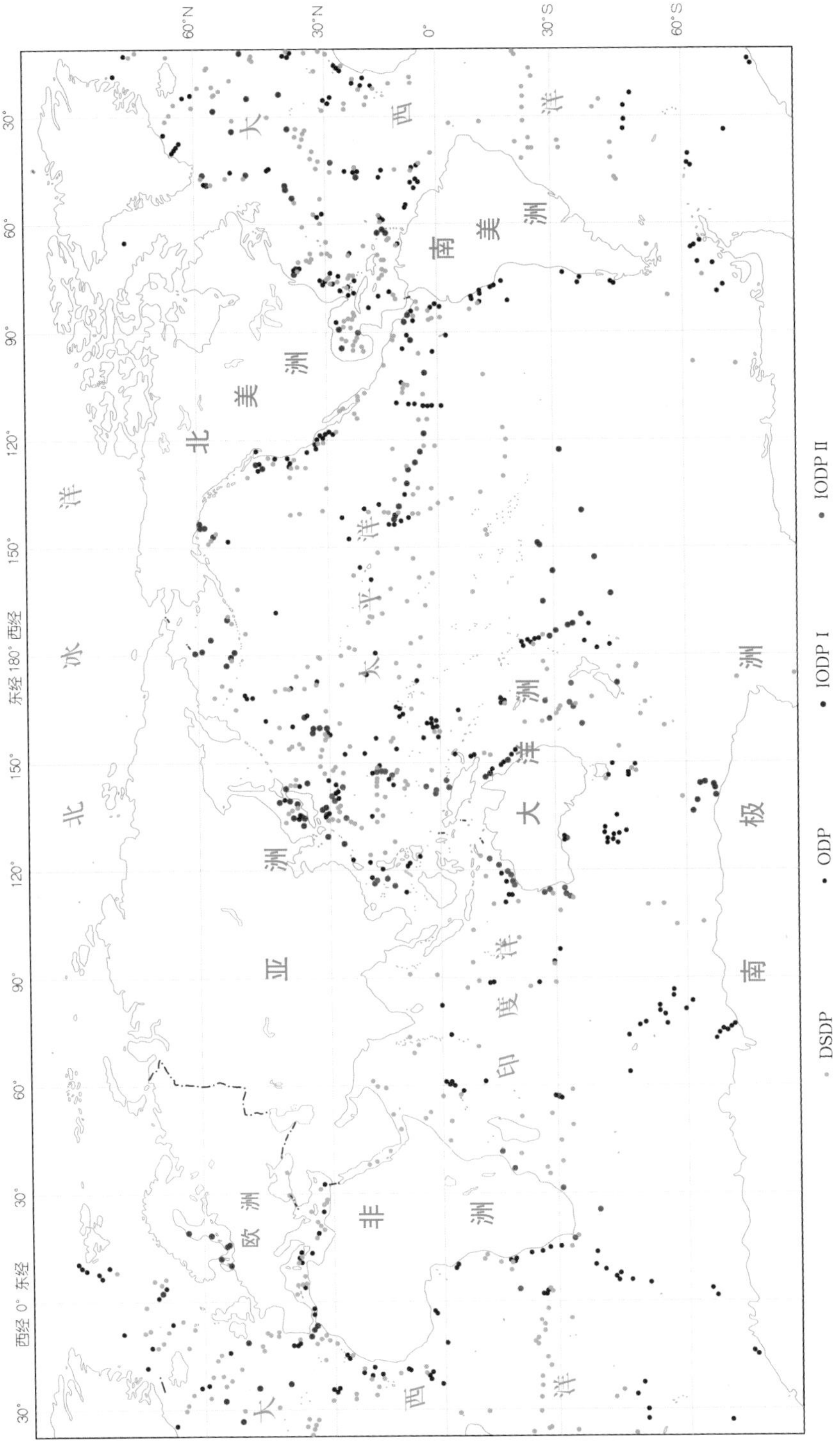

图5.1　国际大洋钻探计划50年（1968—2018）在世界各大洋钻探的井位。颜色表示不同阶段的钻井，阶段标志参看图5.2。

总共吸引了5000位各国科学家参与,可称为“深海研究的奥林匹克”。

不过科学道上无坦途,大洋钻探也不是个顺产儿,其前身就是流产了的“莫霍计划”。莫霍计划于1957年提出,提议人是不久前以102岁高龄去世的海洋学泰斗芒克(Walter Munk,1917—2019)。他认为美国基金委设立那么多的研究计划,却没有一个能真正解决地球科学的根本问题。他建议到深海海底去打超深钻,穿过地壳底部的“莫霍面”进入地幔,采取地幔岩石样品,这项建议立刻得到了几位学术带头人的强烈支持。1961年,美国试打“莫霍钻”,在东太平洋穿过3558m深的海水,从洋底往下钻进183m,取得了3m的洋壳玄武岩,人心大振。当时的美国总统肯尼迪(John Kennedy)致电祝贺,称此举是科学史上划时代的里程碑。但是这项“莫霍钻”计划的拨款预算,在1966年被美国国会投票否决而撤销,夭折的直接原因是经济上不胜负担,因为预算经费从1500万美元逐步上升到了1亿多。其实更重要的是技术上尚未成熟,莫霍钻的技术难点直到今天都还没有解决。

大洋钻探摆脱僵局的出路是改换思路:深海打钻的科学题目很广,用不着“吊死”在莫霍钻一棵树上。不用深入到地幔,只要是地壳的基岩就可以告诉我们深海大洋的构造和成因;再说深海海底的沉积地层记录了大洋亿万年的演变历史,何不避难趋易,转过来打深海的基岩和沉积层?于是,1968年钻探船“格罗玛·挑战者号”(Glomar Challenger)首航墨西哥湾,揭开了大洋钻探的序幕。头15年称为“深海钻探计划”(DSDP,Deep Sea Drilling Program,1968—1983),完成的96个航次成绩辉煌,接连爆出重大发现。1985年开始的第二阶段称为“大洋钻探计划”(ODP,Ocean Drilling Program,1985—2003),改用美国更为先进的“乔迪斯·决心号”(Joides Resolution),设备更加先进,效果也格外显著,参加的国家和地区达到22个。1990年代晚期,日本决定建造比美国大几倍的新船,问鼎新世纪国际深海科学的领导权。2003年开始的“综合大洋钻探计划”(IODP I,Integrated Ocean Drilling Program,2003—2013),和2013年起运行至今的“国际大洋发现计划”(IODP II,International Ocean Discovery Program,2013—2023),都是由美国、日本和欧盟三家提供钻探平台的宏伟计划(图5.2),犹如科学的“航母”,引领着国际地球科学和海洋科学的发展。50年来,大洋钻

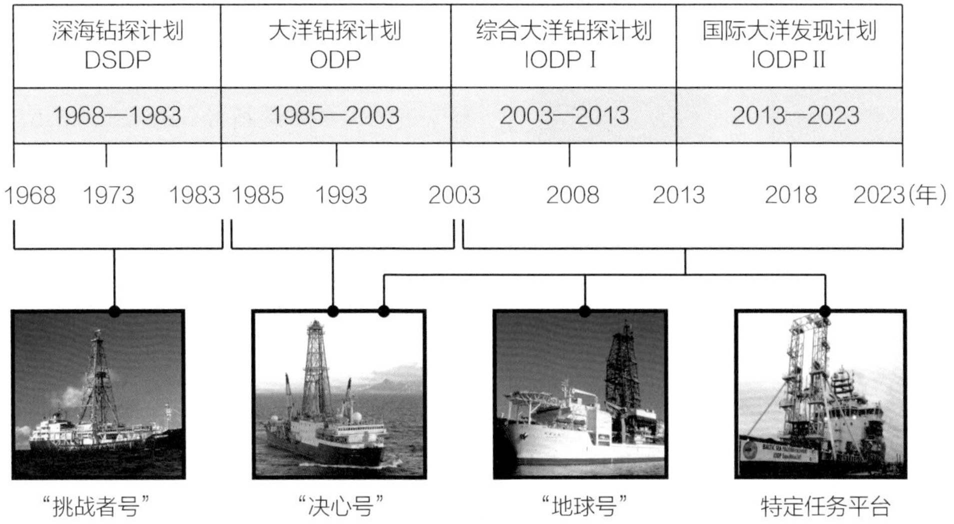

图5.2 大洋钻探50年的四大阶段及其三大运行平台。

探的钻孔遍及世界大洋(图5.1),取得的岩芯为科学研究提供了最佳材料。仅美国“决心号”一条船,就打了2500个钻孔,取回岩芯34万m,连接起来比上海到南京的铁路长度还多40km。

大洋钻探的经费由参加国的政府提供,钻探位置和主题选择由国际科学家投票决定,无论在科学还是技术上都面对着极大的挑战和竞争。在技术层面,大洋钻探拥有的“绝招”就是在深海底下的深处取芯。现在海洋石油工业飞速发展,对国际石油大公司来讲在深海底下打深井并不在话下,而取芯技术才是大洋钻探独有的强项。大洋钻探面临软、硬岩石的两大挑战:硬的是要在高温度、高压力下的地壳深处,钻开坚硬的结晶岩取芯;软的是要从深海底下巨厚的泥质纹层,取上没有搅动的原状样品。无论钻头的质量和钻进的方法,都大有讲究。拿沉积岩来讲,早期沿用回旋钻进的办法,钻头在地层里高速转动,取上的岩芯里原来的微细层理全部搅拌成团(图5.3A),不可能再用于高分辨率的分析研究;现在采用改进的活塞取芯方法,能取上连续几百米不经搅动的岩芯(图5.3B),从而可为高分辨率分析提供理想的材料。

50年来,大洋钻探基本上是在两条战线上作战:钻探洋盆的基底和洋底的沉积。前者是探索洋盆岩石圈的构造和演变,第四章讲的大西洋张裂、太平洋换底,以及洋底

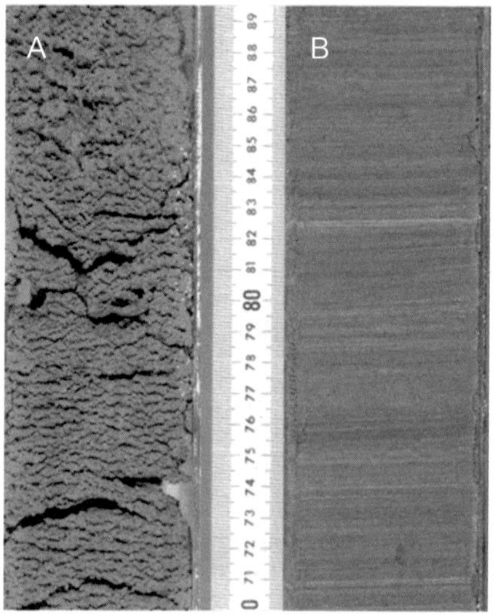

图5.3 大洋钻探的岩芯：两种技术取得的两种岩芯。A.回旋钻进；B.活塞取芯。

高原等等，大洋钻探是主要的信息来源。后者是钻探沉积层，目的是从深海提取“档案”，追溯大洋水圈和岩石圈的变化历史。这种历史记录只有深海海底才能保存，经过分析解读，犹如是找到了地球的《资治通鉴》。当然，整个地球史有40多亿年，现在的洋底只有两亿多年历史，只相当于人类社会的“近代史”，但正是近代史才更加吸引人。我们从中选择三个故事略加整理，以飨读者，先后是：小行星撞地球、北冰洋漂绿萍和地中海变干涸。

第二节　小行星撞击地球

中生代地球上横行一时的恐龙，在距今6500万年前消失。恐龙灭绝，谁是罪魁祸首？学术界早就注意到这次事件，因为正值白垩纪(K)和第三纪(T)的分界，被称为"K/T分界事件"，并且提出过各种各样的假说。先是说火山活动，归因于白垩纪的大火成岩省事件(第四章图4.19)，但是时间不符；1970年代又把注意力转向地球以外，提出了"新星爆发说"，说是一颗新星爆发产生的宇宙射线引起了地球上的大灭绝，听起来也蛮有道理，但是拿不出证据。

转机出现在1980年，美国阿尔瓦雷茨(Alvarez)父子从意大利深水灰岩露头上，从K/T事件的地层界面上发现了铱(Ir)异常。铱是在陨石里富集，而在地壳里极为罕见的痕量元素，这就为灭绝事件成因提供了新线索，因为这是撞击事件无可争辩的证据。他们推断是一颗直径10km大小的小行星撞击地面造成的灭绝事件。这段父子合作的佳话说明了跨学科的力量：儿子瓦尔特·阿尔瓦雷茨(Walter Alvarez)是优秀的地质学家，父亲路易斯·阿尔瓦雷茨(Luis Alvarez)是得过诺贝尔奖的物理学家，正是两者的交叉抓住了案件的线索，指出了"破案"的方向。不过这只是开了个头，验证这项假设还需要从沉积地层里取得这次撞击事件的系统证据，而提供这项证据的正是大洋钻探。

也是在1980年，南大西洋南非岸外深海钻井的地层里，同样见到了清晰的铱异常，不过系统证据的取得还得靠后来的专题研究，那就是1997年的ODP 171B航次。那次在美国东海岸外水深2670m的ODP 1049站，一共钻了三口井，每口井都取到了几厘米厚的球粒层，里面充满了直径几毫米的球粒，这些球粒是撞击事件产生的玻璃陨石变化后的产物。球粒层具有特殊的颜色，属于撞击时产生的微陨石层。微陨石层下面才是正常的软泥，其中含有白垩纪的微体化石。球粒层顶面就是K/T事件的地层

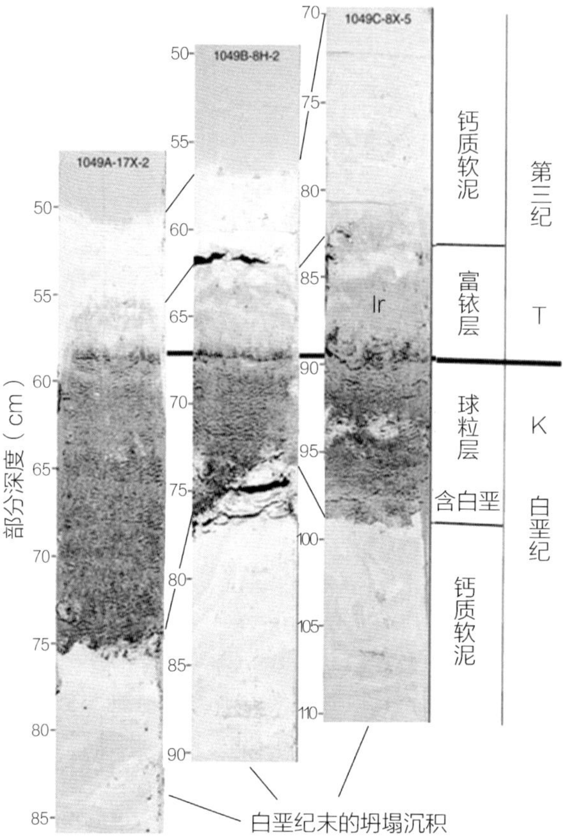

图5.4 北大西洋ODP 1049站三口井的K/T事件地层界线。

界线，是具有铱异常的粉砂质软泥，然后才是正常的有孔虫-超微化石软泥（图5.4）。大洋钻探的岩芯，为撞击事件提供了系统而确凿的沉积记录。

撞击的证据有了，但是撞击坑又在哪里？线索首先来自地形，撞击坑应当是圆环状，而墨西哥尤卡坦半岛上，靠近希克苏鲁伯城（Chicxulub）的一个圆环形构造直径180km，有可能就是那次撞击造成的坑。1991年，一位美国研究生在地球物理资料和石油钻井的基础上，提出希克苏鲁伯就是白垩纪末小行星撞击坑的假设，后来又通过进一步研究找到了证据。非常清晰的证据是上述球粒层的厚度分布——大洋钻探和陆地的资料，都表明撞击所产生的球粒层分布广泛，但是球粒层的厚度不一：与希克苏鲁伯相距2500km的站位厚度大，最多有9m厚；相距4000km范围内，厚度减少到厘米级；到7000km的范围内，只有毫米级（图5.5）。走到这一步，K/T事件撞击坑的位置已经锁定。

研究陨星坑（即陨石坑），在很大程度上要借鉴探月的经验。月球上的陨石坑普遍显示出撞击形成的多环状结构。墨西哥希克苏鲁伯陨石坑也保留着这种多环的形态，是地球历史的“国宝级文物”。地球上因为有板块运动“换底”，只留下大约160个陨石坑，其中三个最大的分别在南非、加拿大和墨西哥，但是前两个都是元古代的，只有希

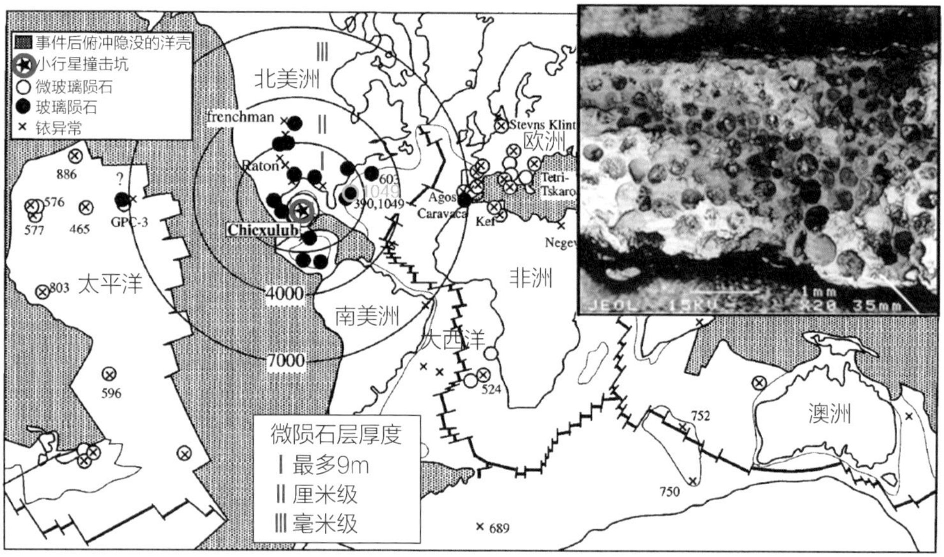

图5.5　6500万年前小行星撞击事件产生微陨石层的厚度分布。圆环表示距离撞击坑2500、4000和7000km的范围，右上角为陨石层中富铱的球粒。

克苏鲁伯的坑最新、保留最好，是在地球上研究撞击坑的最佳对象。希克苏鲁伯陨石坑半个在陆上、半个在水下，海岸线上的港口普罗格雷索(Progreso)就在其中心。这是全世界迄今所知保存得最好的巨型陨石坑，不光是撞击事件的环境生态效应极其重要，陨石坑本身对地壳结构的改造同样具有重大学术价值。

墨西哥希克苏鲁伯陨石坑陆上的一半已经有过钻探，水下的一半在2016年4至5月，由大洋钻探IODP 364航次在17m左右的浅海上打井(图5.6)。大洋钻探提高了希克苏鲁伯的知名度，对于当地来说是种福音，因为尤卡坦半岛本来就因为有玛雅文化遗迹而出名，现在再加上撞击坑，旅游价值倍增。希克苏鲁伯的多环撞击坑的中峰已经不见，现有的是峰环，是撞击引起热液作用的产物。大洋钻探的钻井打在峰环的西北部，井深1300多米，从500m以下取芯。岩芯表明花岗岩基底被熔融上升，部分遭受了冲击变质作用，大量的分析研究工作尚在进行中。

白垩纪末撞击事件最严重的后果是生物大灭绝，有人估计有75%的生物消失，其中以恐龙灭绝名气最大。但是不同门类的灭绝时间并不一致，恐龙其实在好几百万年

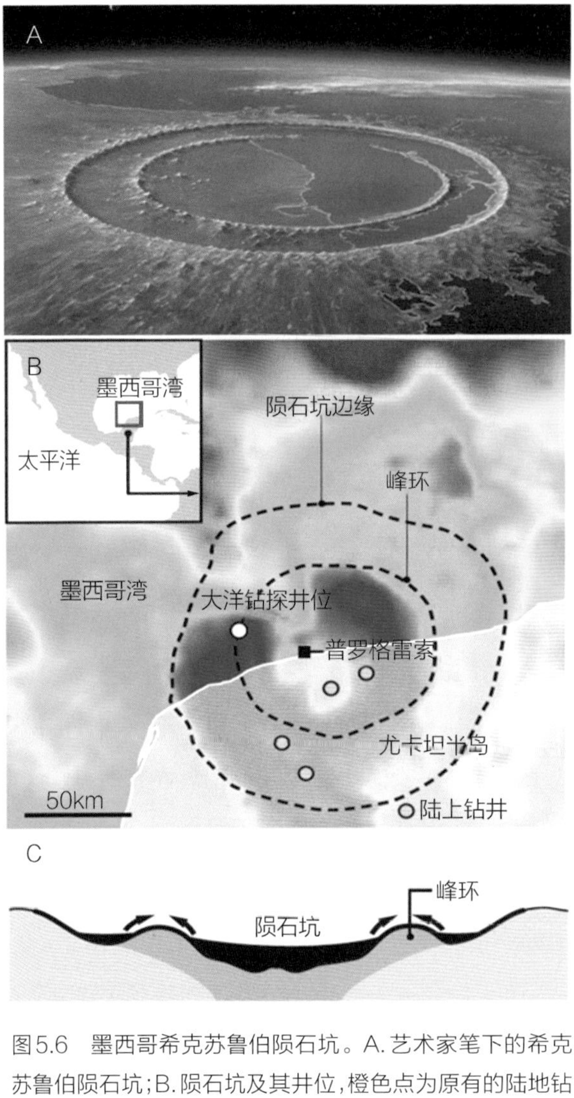

图5.6 墨西哥希克苏鲁伯陨石坑。A.艺术家笔下的希克苏鲁伯陨石坑；B.陨石坑及其井位，橙色点为原有的陆地钻井，白色点为IODP 364航次大洋钻探钻井；C.陨石坑剖面图，大洋钻探井打在峰环上。

前已经开始没落，只不过最后的灭绝发生在白垩纪末。而海洋浮游生物像钙质超微化石和浮游有孔虫之类，临近白垩纪末期时还在繁荣昌盛，真到了白垩纪末才突然灭绝。因此，这次生物大灭绝应当是个长时间的过程，很难全都算在一次撞击事件身上。另外一种因素就是火山活动，第四章里讨论过白垩纪时地幔柱活动出现高潮，印度德干高原的玄武岩大量喷发，正是恐龙等门类衰落的时候。大约在100万年时间里玄武岩浆多次溢出，气体直喷平流层下部，其中有上百亿吨的SO_2毒化了生存环境，应当是生物大灭绝的重要原因，但是在时间上比较分散，不符合白垩纪末突然大灭绝的要求。相反，小行星撞击事件和大灭绝在时间上吻合。由此推想，很可能德干高原的火山活动开始了白垩纪生物圈的衰败，而希克苏鲁伯的小行星撞击才是直接的元凶。然而对这两大原因的重要性估价不一，有人坚持认为，撞击事件只不过是压断骆驼背脊骨的最后一根稻草。

第三节　绿萍漂浮北冰洋

1. “满江红事件”

地球上南极是大陆、北极是海洋，所以南极出现冰盖比北极早3000万年。但是，北极什么时候出现了北冰洋，北冰洋又在什么时候出现冰盖，都并不知道。北冰洋的历史记录在洋底的地层里，只有大洋钻探有能力取得北冰洋的历史档案，说不定给学术界带来个惊喜。

果然，北冰洋大洋钻探一鸣惊人！2004年夏，三艘欧洲破冰船开进北冰洋执行大洋钻探第302航次，到达距离北极点250km的1300m深海钻井4口，最深一口钻入海底428m。这是海洋科技史上的一次创举，因为北极周围的海面有2—4m厚的海冰，以2—4km/h的速度流动着，要顶住海冰的推力、保持钻探船位置固定，才能打钻。实现北极钻探的欧洲联合体，用三条破冰船协同作战：先由俄罗斯的核动力破冰船“苏联

图5.7　破冰大战：北冰洋大洋钻探302航次。由左向右：挪威破冰钻探船“维京号”，瑞典破冰船“奥登号”，俄罗斯核动力破冰船“苏联号”。

号”(Советский Союз)把大片的海冰压破开路,再由瑞典破冰船“奥登号”(Oden)把破开的大冰块进一步破碎,然后才能保证挪威破冰钻探船“维京号”(Vidar Viking)保持原位、进行钻探(图5.7)。

大洋钻探的钻井位置是罗蒙诺索夫海岭,打穿了沉积层进入了陆壳的基岩。取上来的岩芯分上下两部分:上部是1820万年到现代,下部是5600万到4450万年的沉积,两段中间缺了2600多万年的地层,这是因为罗蒙诺索夫海岭当时的海水浅,太近海平面就容易遭受剥蚀,在地质学上叫作间断面。在这间断面以上的地层,记录了北冰洋1800万年来的历史。精彩的是在间断面之下4500万年以前的地层,因为那时北冰洋还没有形成,这段古老的历史成了北极大洋钻探最大的亮点。

这亮点就在井深300m左右的地层里:在显微镜下观察,地层里发现有孢子化石,

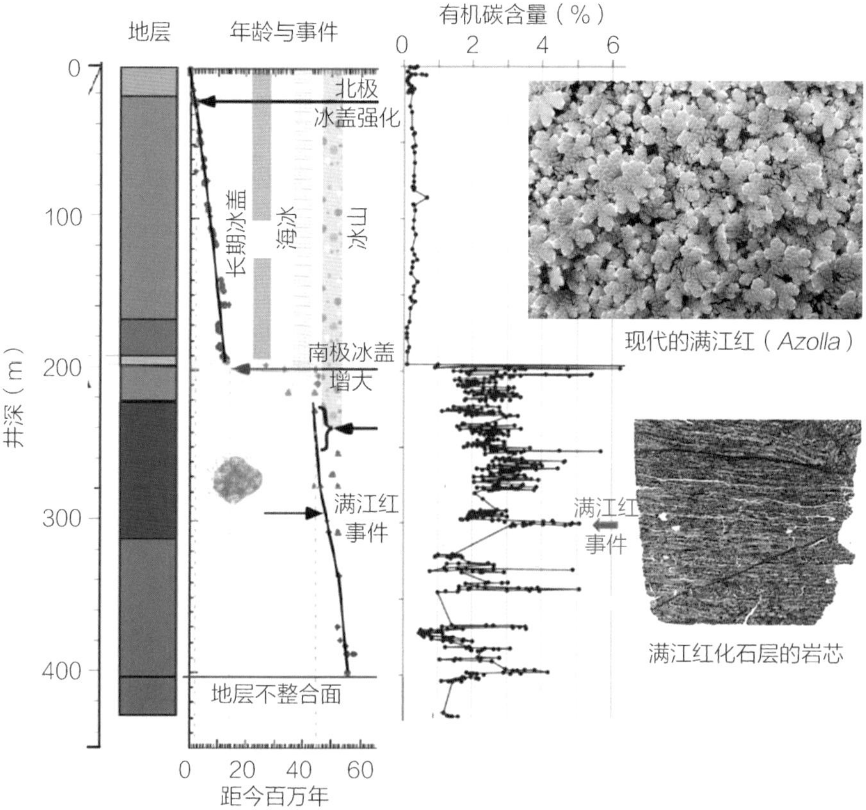

图5.8　北冰洋的大洋钻探井和岩芯记录的“满江红事件”。

属于淡水真蕨植物满江红(*Azolla*),而且数量极多,每克沉积物里有5万到30万个。满江红是热带、亚热带的淡水植物,居然出现在北冰洋,出乎全船科学家的意料。这段地层形成在距今4900万年前,延续了大约80万年之久,反映了当时气候环境发生重大变化,后来被叫作"满江红事件"(图5.8)。

满江红是一种小型的浮水植物,幼小时候是绿色的,所以也叫绿萍,漂在水面上长成一大片(图5.8),到了秋冬季,变成了一片红色,所以叫作满江红,现在江南的水池和稻田里满江红广泛分布,属于优质的农家肥料和饲料。但是近5000万年前,它怎么会漂到了北极的海面上去,岂不是怪事?现在的满江红是和蓝细菌共生的,能够适应各种静水环境,生物量只要两天就可以翻一番,属于生长最快的生物之一。因此"满江红事件"时的北冰洋生产力极高,沉积物里有机碳含量在5%以上(图5.8)。再说满江红是淡水植物,一般只能容忍1‰—1.6‰的盐度,说明水体应该是又淡又暖。这么一说,当时的北冰洋岂不是成了"北极湖"?

2. 北冰洋形成

事情还没有那么简单。就在"满江红事件"的地层里,也有一些海相的硅藻出现;同时,当时北冰洋周围一些海区的相应地层里,也有满江红化石出现。由此推想,"满江红事件"时的北极,地质背景应当和现在不同。确实如此,5000多万年之前的地球比现在暖,连南极也还没有冰盖,热带地区有个特提斯海(Tethys),而沿着现在西伯利亚的西缘有个图尔盖海峡(Turgay Strait),当时的北冰洋就是通过这南北向的图尔盖海峡联通特提斯海(图5.9A)。到了4900万年前,构造运动的变化使得图尔盖海峡变窄变浅,阻断了北冰洋与热带特提斯海的联系,相反接受了众多河流的淡水注入(图5.9B)。于是半封闭的北冰洋发生了水体分层,上层分布淡水,下层依旧是海水,这种格局最有利于有机物在地层里的保存,因此有人推想世界上剩余的石油资源有1/4在北冰洋。当时北冰洋的满江红很可能季节性勃发,勃发的结果是扩散到相邻的周边海洋,使得"满江红事件"的记录超出了北冰洋的范围。所以说,四五千万年前还没有北

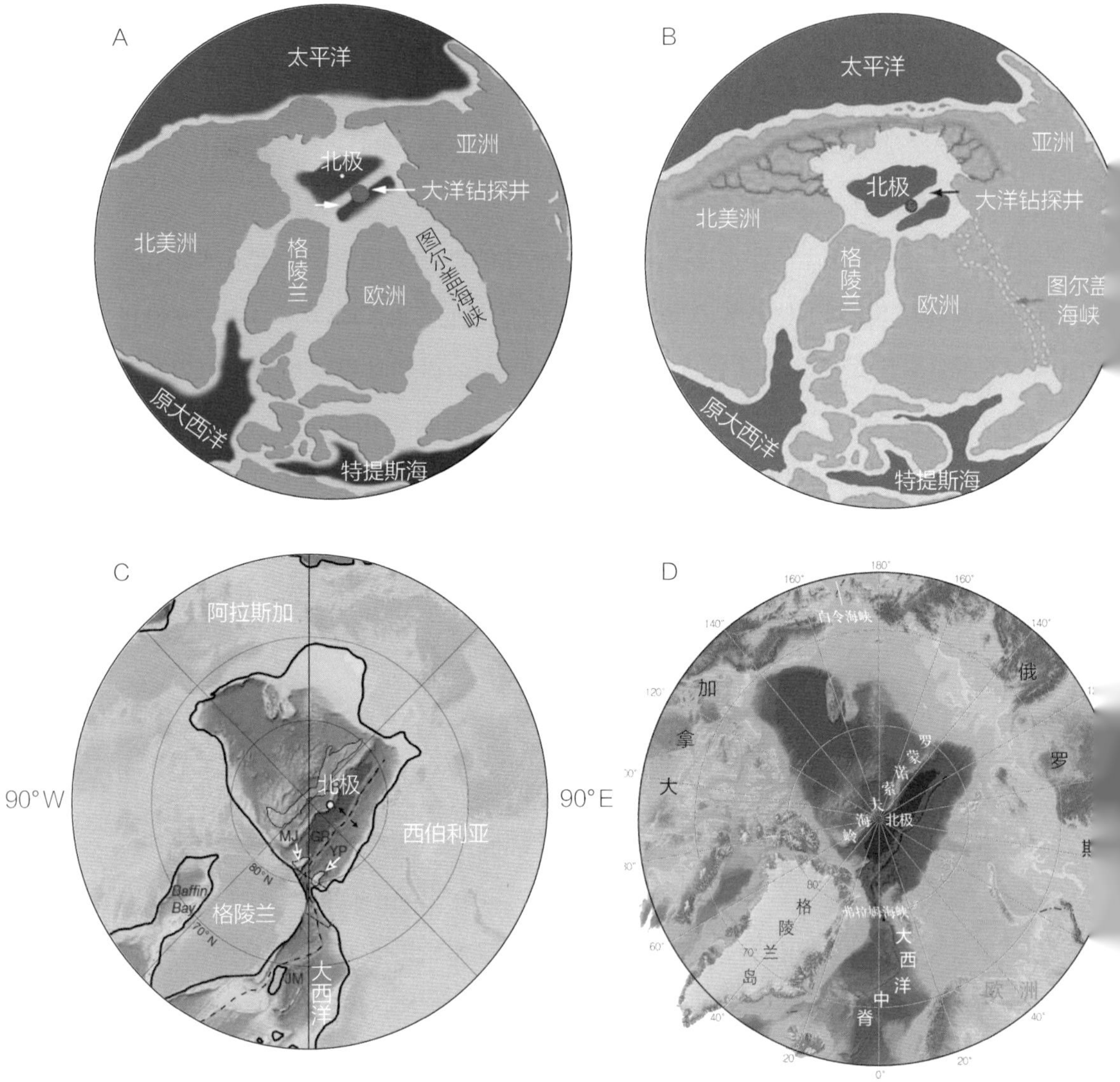

图5.9 北冰洋的地质演变。A.5000万年前的北冰洋,以图尔盖海峡与特提斯海联通;B.4900万年前"满江红事件",图尔盖海峡受阻,北冰洋变湖泊;C.1700万年前,北冰洋与北大西洋打通;D.现代的北冰洋。

冰洋,既没有"冰"也不是"洋",起码"满江红事件"的那80万年该叫"北极湖"。那么什么时候才变成"北冰洋"的呢?这回大洋钻探的岩芯表明,变化发生在1750万年前(图5.9C)。从今天的地图看,北冰洋的"前门"开向大西洋,"后门"开在太平洋。与大西洋的通道宽,仅弗拉姆海峡(Fram Strait)便有450km宽,海槛深达2500m;而通向太平洋的白令海峡只有85km宽、55m深(图5.9D),况且在地质历史上长期关闭。在第四章里讲过(图4.5B):从地质构造上讲,北冰洋的哈克尔海岭正在活动,它正是北大西洋中脊的北段,穿过冰岛之后向北伸入北冰洋。从水文上讲,格陵兰与斯瓦尔巴群岛之间的弗拉姆海峡是北大西洋与北冰洋的深水通道,也是北冰洋的咽喉(图5.9D)。距今1750万年前的构造运动导致弗拉姆海峡开放,使得北冰洋深层水终于摆脱了封闭盆地特有的低氧条件,变为大洋型的富氧环境,这时候北冰洋才能晋级而跻身于世界大洋之列。

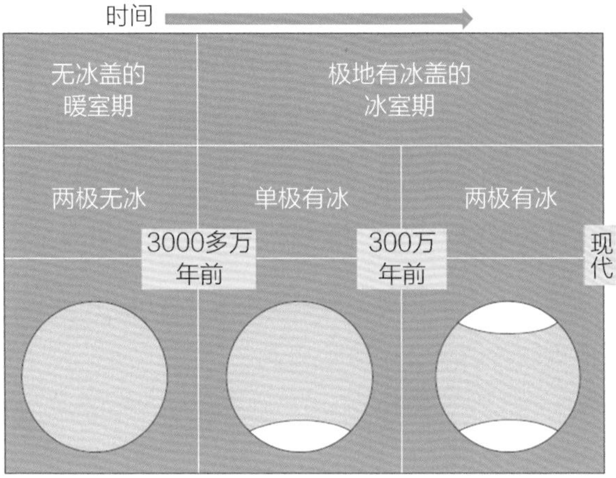

图5.10　地球上极地大冰盖发育史。

说了“洋”再说“冰”,北冰洋的冰盖又是什么时候出现的呢?今天的地球,两极都有冰盖。虽然北极现在只剩下一个格陵兰冰盖,拿来去和南极的大陆冰盖相比显得过于寒酸,但是两万年前大冰期时,大半个北美和西欧都压在几千米厚的大陆冰盖底下,北极与南极的冰盖难分伯仲。回顾地球历史,大部分时间里并没有极地的大冰盖,现在这种两极都顶着个大冰盖的状态绝无仅有,总共不过二三百万年,五六亿年来只有一次。恐怕人类之所以能够演化产生,也正是“得益”于这种特殊条件。然而长期困惑学术界的一个问题是:南、北两极冰盖的产生时间相差为什么如此悬殊?南极冰盖在三四千万年前已经出现,北极冰盖长期以来认为是300来万年前方才出现(图5.10)。真的是这样吗?

从现有的记录看,是这样;但是大洋钻探纠正了其中的误会。历来以为,南极形成冰盖的时候,北极无动于衷。大洋钻探的岩芯告诉我们:两极的冰盖其实当时是一道出现的,只是因为南极在大陆、北极在海里,基础不同、发育历史也不相同,北极的冰盖没有“保住”。大洋钻探提供了北极冰盖的早期证据,道理很简单:如果极地有冰盖发育，就会有大小不规则的冰积物随着冰盖破碎产生的“冰筏”被带到周围海里。北冰洋的“冰筏”沉积最早出现在4500万年前，与南极冰盖的出现基本上同时；到1400万年前，北冰洋钻孔中的冰积物显著增加，这又与东南极冰盖在1450万年前的迅速扩大相对应（图5.8左）。这样，北冰洋的新发现澄清了南、北极冰盖的历史真相：虽然南极与北极的“根基”不同，两者发育冰盖的条件不同，冰盖历史也不一样，但是重大的变化期相互对应，说明有共同的原因在起作用，比如说大气CO_2浓度的下降就可以使得两极同时降温。

总之，2004年钻探北冰洋的“破冰之旅”，是新世纪大洋钻探最为成功的航次，但是钻井遇到了2600多万年的地层间断，缺失的恰好是关键：正是地球从没有冰盖的“暖室期”到“冰室期”的转换期（图5.8），缺失了极地如何开始出现大冰盖的沉积记录。欧盟的学术界几年前就准备好了执行第二个北冰洋航次，来填补上次的空缺，并且一度列入大洋钻探日程，但最终还是由于经费缺乏，至今尚未实现。让我们共同祝愿欧洲同行们早日成功！

第四节　地中海干枯之争

1. 古海荒漠之谜

50年大洋钻探历史上，引起社会最大轰动，而且至今还在热议的，就是地中海底下发现的巨厚盐层。地中海因为有一部分深海沉积已经抬升到了陆上，而陆地上就有石膏层，所以很早就推测地中海底下会有蒸发岩，主要指的就是岩盐和石膏。果然，地震剖面也揭示出海底下面可能有岩盐层，就是不知道形成的年龄。年龄极重要，如果是两亿多年之前形成的盐，那就和现在的地中海没有关系；如果是地中海形成之后堆积的盐，那就是科学奇闻：盐是靠蒸发形成的，现在的地中海水深近5000m，难道也能变成盐场，晒出盐来？寻找答案的最好途径，当然还是大洋钻探。

地中海的第一个大洋钻探航次是在1970年，序号DSDP 13，不过这个航次的目标是探索地中海的构造历史，不是打盐层。地中海夹在欧洲和非洲之间，正好是二三亿年前特提斯海的位置，很容易推想地中海就是当年特提斯海的残留。其实不然。现在的地中海以意大利西西里岛为界，分成东、西两大部分，这次大洋钻探的结果，发现西地中海的海底地壳相当年轻，是最近两三千万年形成的盆地，与特提斯海无关；只是在地中海东部还有特提斯海的残留地壳。但是这项构造地质的重要成果，被沉积学上的大发现冲淡了，那就是深海的岩盐层。

DSDP 13航次钻探15个站位，其中有6个钻探岩盐层。结果发现这些岩盐和石膏的形成时间非常晚，都是500多万年前的产物，从而证明了地中海确实有广泛分布的蒸发岩层，而且是在很新的地质时期里形成的。航次领队的两位首席都是后来大有作为的科学家：著名华人地质学家许靖华和哥伦比亚大学的瑞安（William Ryan）。他们大胆提出了“地中海干涸”的假设，认为当时地中海盆曾经变为荒漠，低于海平面数千米，在收缩干涸的水池里沉淀出了石膏和岩盐（图5.11）。这项假设在船上就挑起剧烈的争论，结果只有包括这两位首席在内的三位科学家赞成，多数并不赞成。一种最简单的取代方案就是“浅水成因”假设：形成蒸发岩时地中海还没有那么深，现在几千米的深度是后来沉降造成的。

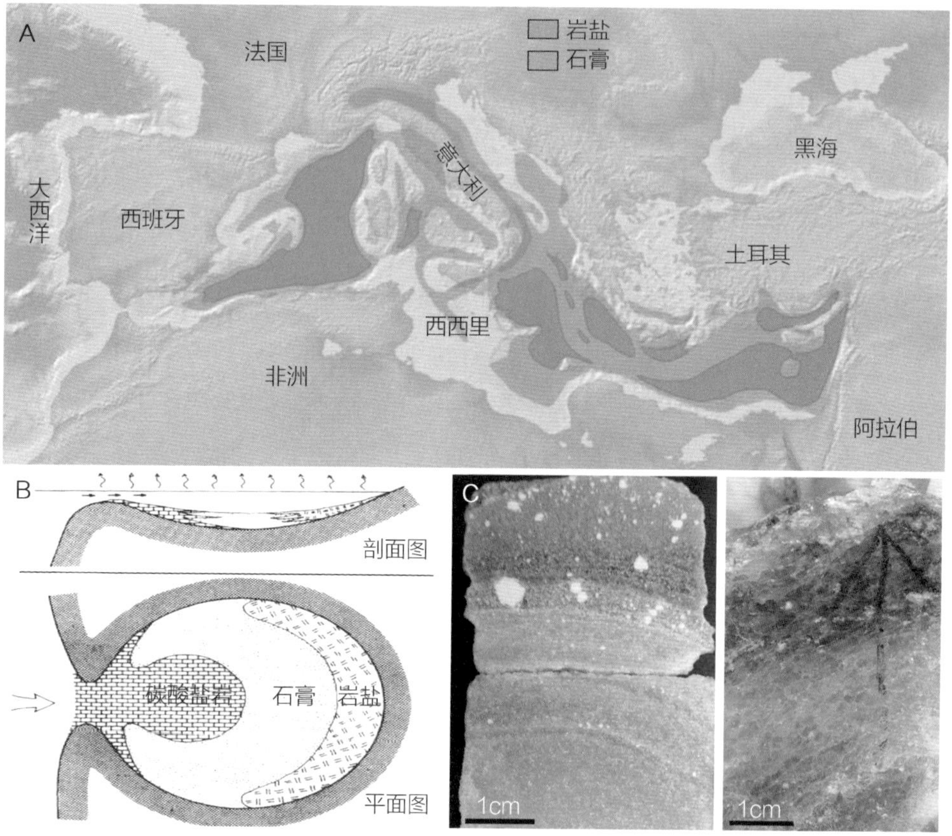

图5.11 “地中海盐度危机”。A.蒸发岩分布；B.推想的蒸发岩形成模型；C.大洋钻探取得的岩盐岩芯。

地中海的惊人发现不但在学术界不胫而走，同时也引起了社会轰动。学术界迫切希望进一步检验这项假说。1972年，大洋钻探船再进地中海，专题探索蒸发岩成因之谜。这次DSDP 42A航次仍然由许靖华加另一位首席科学家主持，结果证明蒸发岩就是在深海环境下沉淀，地中海当时就是深海，从而进一步支持了许靖华等人的深海干涸假说。因为地中海处于副热带高压带，现在的特点就是蒸发量大于降水量，表层盐度高达38‰，但是和大洋的通道只有一个375m深的直布罗陀海峡，大西洋水从表层流入、地中海高盐水从下面流出，保持平衡（图5.12）。许靖华等人的假说抓住这个特点，认为大西洋的海水注入地中海，一旦地中海和大西洋的联系切断，就会最终蒸发干涸沉淀成盐。他们认为地中海的蒸发岩盐大致呈同心带状分布，周边先沉淀碳酸盐岩，然后是石膏，最深处才是岩盐（图5.11B）。

通过两个大洋钻探航次的证实，地中海干涸的假说被广泛接受，进一步的研究厘定了确切的时间，即发生在距今597万—533万年前，地质上属于中新世末期，称为墨西拿阶（Messinian Stage），所以这次事件被称为中新世末“地中海盐度危机”，或者叫“墨西拿事件”。陆地和海上广泛的研究，又进一步为地中海干涸假说提供了低海面的地貌证据。“盐度危机”时地中海水面至少下降了1500m，必然引起周围的河床下切、边缘的陆坡剥蚀。地质调查确实发现地中海陆坡发生过大范围的剥蚀作用，同时注入地中海的河流河床下切，河谷在法国曾经上溯300km，而埃及的尼罗河甚至上溯

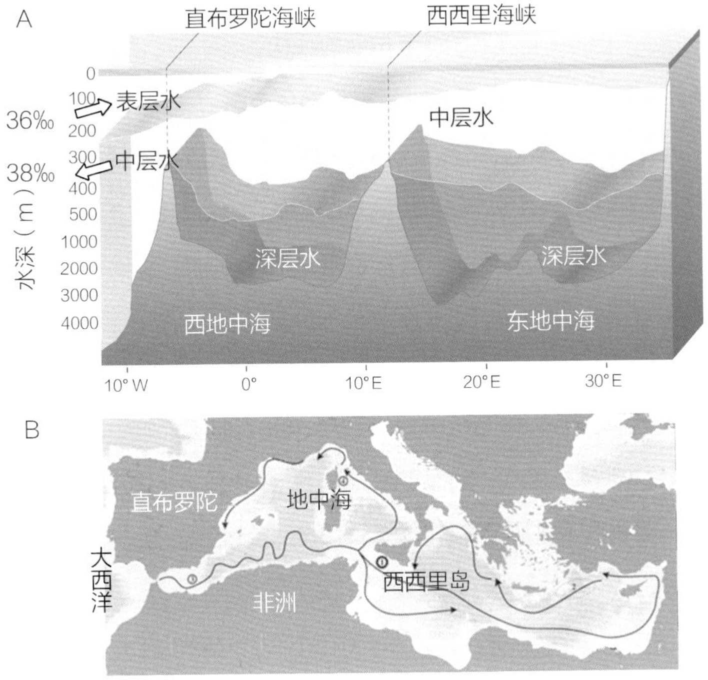

图5.12　现代地中海与大西洋水在直布罗陀海峡的海水交换。A.剖面图；B.平面图，箭头表示冬季表层流向。

1200km。“地中海干涸”事件作为地质变化超越想象的实例已经被写入教科书；“深海变沙漠”的假说，也成为20世纪晚期科普文坛最大的亮点之一。

不过，“地中海干涸”假说的争论并没有就此平息。1972年地中海第二个航次时，船上有关盐度危机的总结报告最后由10位科学家共同署名，另外2位并不赞成。当然比起第一个航次只有3位赞成的情况，已经有了重大进展，但是争论的原因是明显的。1973年在荷兰举行了“地中海墨西拿事件”研讨会，不少与会者还是接受不了这种假说，说“地中海大小的海洋居然能够干枯，留下低于海平面几千米的大窟窿，听起来真的是很荒谬的想法”。而定量计算更难想象：现在的地中海水，如果全部晒干变成盐场大约得要一万年，但是晒出来的盐只有几十米厚，而“盐度危机”里是把世界大洋5%—6%的盐分都沉淀在地中海，因此至少要有8—10次这样的事件才够。换句话说，在“盐度危机”的64万年里，地中海的海面要有8—10次几千米的上下升降，大西洋的水要有8—10次重新灌进地中海再次晒干。假若如此，那就要有8—10次低海面的剥蚀作用，但是地质记录里只发现有533万年前的一次。

然而科学的脚步不会停止。近年来地中海的研究又有了许多进步，尤其是在卤水沉入海底形成蒸发岩的机制上，出现了新的认识。新世纪的观测发现，地中海受气候影响，冬季陆架上的海水会在风场驱动下盐分浓缩，形成高密度流的瀑布，沿陆坡降落，冲刷坡上的峡谷，挟带着掀起的沉积物进入深盆海底，造成深水的卤水层（图5.13）。地中海高密度流的发现，为“盐度危机”的发生提供了新的机制：用不着海平面升降，只需要气候变化造成的高密度流瀑布，就可以在深海底形成卤水层，沉淀石膏。地质记录也证明：地中海石膏层和碳酸盐岩互层形成了十多个韵律，每个韵律两万年，正好就是低纬度地区气候变化的岁差周期。两万年一次的岁差周期，是说地球自转轴晃动引起气候季节反差的强弱变化，直接影响中低纬度地区的降水量，当然会导致地中海的高密度流瀑布。

不过高密度流瀑布只能解决石膏层的产生，并不能解释岩盐的形成。从海水沉淀出石膏和岩盐要求的卤水密度值，分别是1089kg/m^{3}和1212kg/m^3，而现在正常的地中海水密度已经达到1028kg/m^3，高密度流瀑布形成的底层卤水，达到石膏沉淀的饱和值

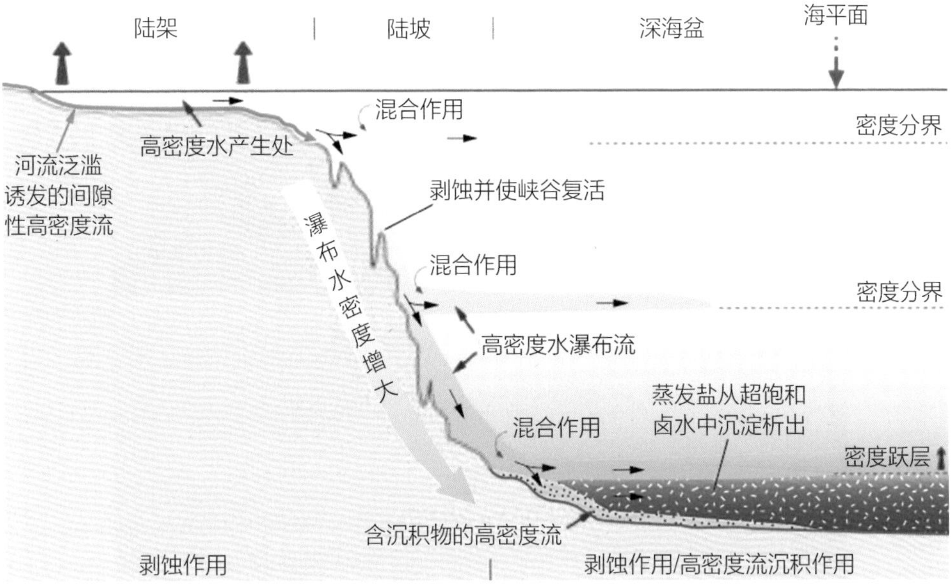

图5.13 地中海的高密度流瀑布。陆架形成的高密度水形成瀑布冲刷陆坡，并将高盐度水输入深海。

并不困难，但是要使得岩盐沉淀就要求海面下降、深海干涸。

所以新发现的机制能够解释石膏层的形成，不能回答岩盐的成因问题。而新的地质资料证明，大幅度的海面下降确曾发生过，那是联通大西洋的直布罗陀海峡关闭、地中海完全封闭之后，出现了海盆干涸、河床下切、陆坡剥蚀的景象。

因此，地中海干涸假说的修正版包含两种机制：在“盐度危机”的大部分时期里，通过海盆内部的“高密度流瀑布”形成石膏（图5.14B），只是在后期出口完全封闭时，方才发生一次性的海平面骤降，出现“深海荒漠”的景象（图5.14A）。双重机制的新解释，大幅度提高了地中海干涸假说的合理性。频繁而有节奏发生的“盐度危机”成因在气候，在于地球轨道变化驱动的气候事件；一次性发生的岩盐沉淀“盐度危机”成因在构造，构造运动导致了直布罗陀海峡关闭，从而引起海平面千米等级的下降，而不是要求海平面像电梯那样反复升降。

就这样，“古海荒漠”的假说几经周折，终于得到了新的发展。尽管如此，有关“地中海盐度危机”的研究，还远没有到曲终人散的时候。一大遗憾是至今还没有钻井钻

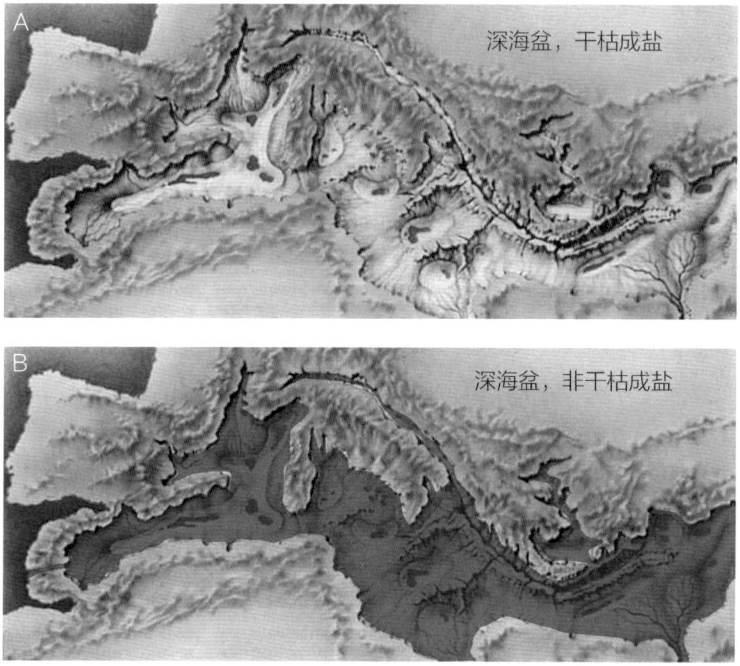

图5.14 地中海墨西拿事件的两种模式。A.深海盆，干枯成盐；B.深海盆，非干枯成盐。

穿岩盐层，而石油界提出很可能在膏盐层下埋藏着巨大的油田，学术界指望着揭开"盐度危机"之前地中海的真相。但是钻探"盐下"地层的钻井深度太大，愿望的实现只能等待更好的时机。

2. 大洪水事件

上面没有讨论的一个重要问题是：地中海盐度危机是怎样结束的？说来这又是学术界的一条大新闻：500多万年前发生过一场超级大洪水。

地中海和大洋的直接通道只有一个：西班牙和摩洛哥之间的直布罗陀海峡。这个狭长的海道最窄的地方只有13km宽（图5.15A），证据表明533万年前通道突然打开，大西洋的水回灌进已经沦为"荒漠"的地中海。那该是个多么壮观的场面！学术界有过种种的猜测和计算，可是比较可靠的办法还是对直布罗陀海峡进行实地考察。结果表明，大西洋水的突然灌入，沿着海峡底切出了250m的深谷，谷地向东延伸200km直到地中海的深海盆，而在直布罗陀海峡的一段分成南北两支，充填了从底下剥蚀而再堆积的复理石砾石（图5.15B）。

没有人看到当时大西洋水如何灌入地中海，甚至也很难想象。科学家们只能根据冲蚀的地貌遗迹和残留沉积物，通过数值模拟进行推算。他们估计，这场大洪水开始很慢，后来冲破了缺口便突然爆发，水势汹涌向东奔流，流量可达1亿m^3/s，比世界上流量最大的亚马孙河（15万m^3/s）还高出三个量级。与此同时，水流以每天0.4m的速度下切通道的谷底。如果推算灌满地中海要多长时间，从地质尺度看那就是一瞬间；拿

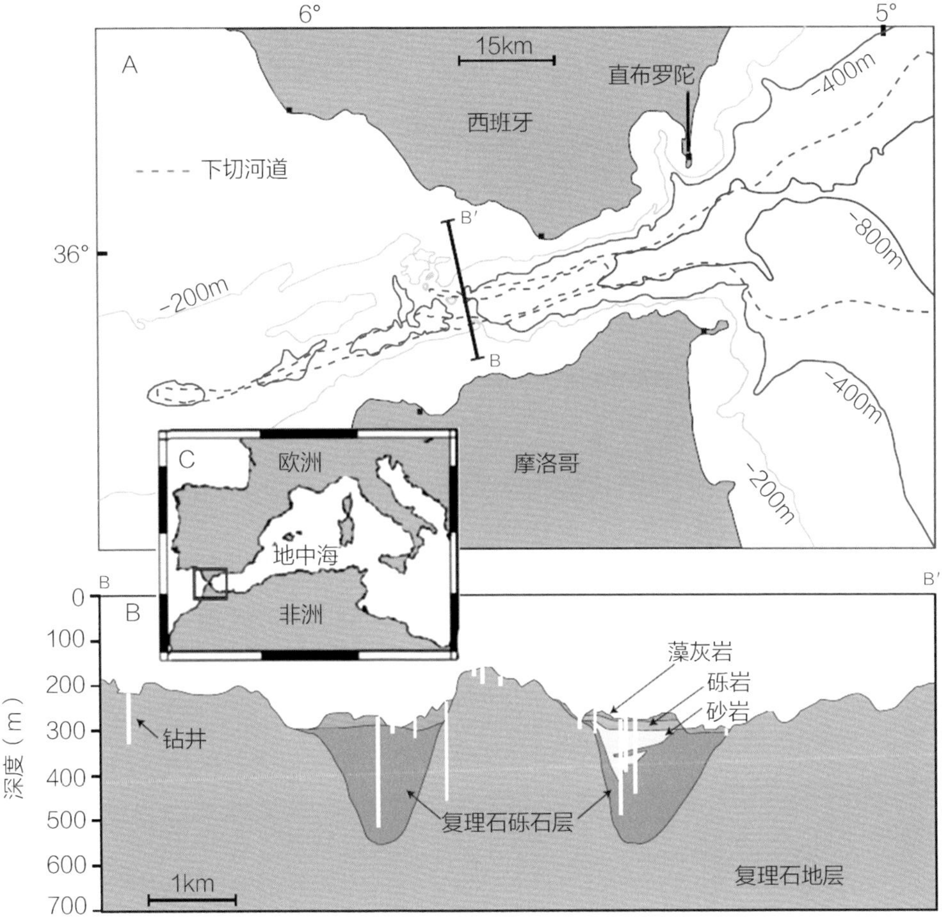

图5.15 地中海连接大西洋的直布罗陀通道。“盐度危机”结束，大西洋水冲破直布罗陀海峡，呈巨型瀑布灌入地中海造成大洪水。A.直布罗陀海峡的现代地形和大洪水的海水通道；B.横切直布罗陀通道的B-B′ 剖面（位置见图A）；C.图A在地中海的位置。

人类尺度算，大约90%的水是在4个月到两年之间流入的，相当于地中海的水面每天上涨10m以上！

直布罗陀海峡的东端，是地形转折、水流落差最大的地方，进入地中海的急流必然在这里形成瀑布。海峡北岸的直布罗陀磐石山(The Rock of Gibraltar)，相传是两大赫拉克勒斯之柱(Pillars of Hercules)中的一个，是西欧的旅游胜地。地中海大洪水的故事启发了艺术家的灵感，法国有位画家异想天开，作了幅漫画描绘当时的奇景，说是500多万年前的大瀑布引来了众多现代观光客，穿越时空前来看热闹(图5.16)。

大洪水的命题极有吸引力，其影响远远超越学术圈。近20多年来，另一次大洪水的争论正在学术界发酵，那就是黑海的大洪水。由于涉及诺亚方舟的宗教故事，其影响的力度绝不在地中海之下，而科学界的主角还是1970年代"地中海变干"的共同发现者、DSDP 13航次的另一位首席科学家——美国的瑞安。

图5.16 533万年前直布罗陀磐石山的大瀑布胜景。

黑海大洪水可以说是地中海故事的翻版，只是年代晚、规模小，但是因为有史前人类牵扯在里头，引起争论的爆发力更大。和地中海一样，黑海也是个封闭的深海盆，现在最深处2200m，只靠一个百米深、几千米宽的浅水通道，即位于土耳其的达达尼尔海峡(Dardanelles Strait)连接地中海。瑞安和同事研究了黑海北部的陆架区，提出黑海在末次冰期水面比现在低80m(图5.17)，冰期结束后世界海面回升，而黑海的海面还处在低水位，于是地中海和黑海的海面差距越来越大，最后地中海冲破达达尼尔海峡的缺口，地中海水灌入，造成黑海海面上涨50—60m的大洪水，淹没了7万km^2的平原，相当于今天中国宁夏回族自治区的面积。他们认为这次大洪水就是《圣经》故事"诺亚方舟"的原型。原先黑海边上的平原植物茂盛，是原始人的“伊甸园”，就是大洪水灾难使得他们向西迁徙，为南欧带来了早期农耕文明，同时也为后来的宗教传说提供了蓝本。两位作者还出版了科普作品《诺亚大洪水》，成为风靡一时的畅销书。

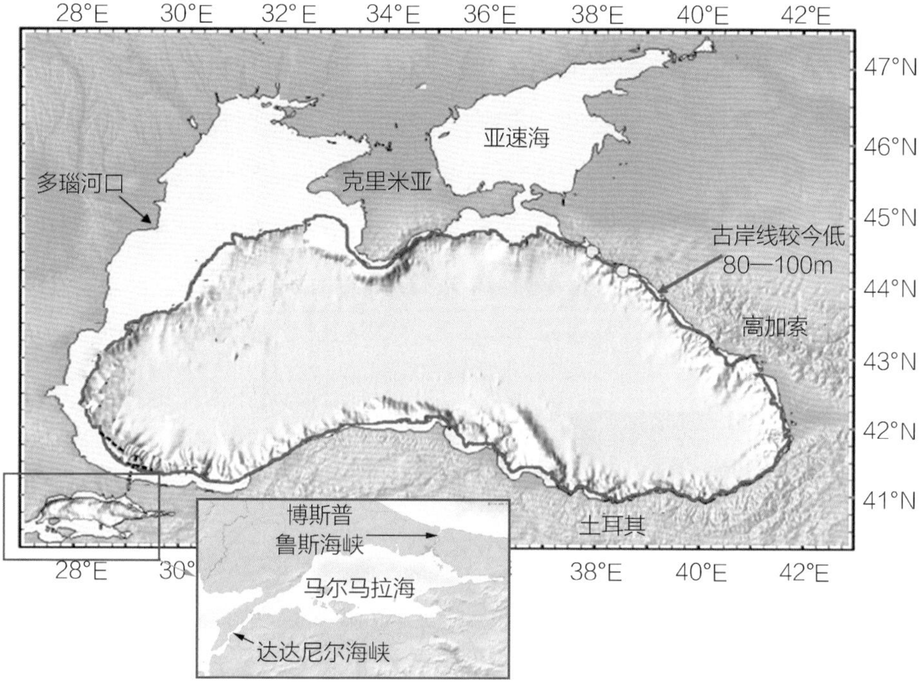

图5.17 现代的黑海及其和地中海的通道。红线表示9000年前大洪水发生时的岸线位置。

这项成果的发表，掀起了学术界的轩然大波，不同意见的争论随之而来。2003年，在美国纽约、西雅图和罗马尼亚的布加勒斯特三个地方，先后举行了讨论会，参与争论的50篇论文在2007年结集出版。后续的研究和争论至今方兴未艾，各种不同意见者众说纷纭，从中不妨专门介绍一下黑海西北角罗马尼亚岸外海区的研究。一群学者在仔细分析多瑙河口外40多米长的岩芯之后，提出了对黑海“大洪水”的质疑。他们认为黑海冰期时的水面比现在只低30m而不是80m，冰期结束后“大洪水”造成的水面上涨也只有5—10m而不是50—60m，淹没的面积也只有2000km²左右，还够不上北京密云区的面积，因此就很难称为“大洪水”。

史前大洪水是世界各个民族都有的传说，在地质学上的冰期结束后，距今9000年前也正是岁差周期里北半球降雨的高峰，因此瑞安等人的假说很有吸引力。不过黑海大洪水假说涉及宗教传说和史前人类文明的传播，招惹争议的概率更高。若说为“诺亚方舟”找证据，好像是对《圣经》的支持，其实不然。教会认为“大洪水”是对全世界的惩罚，现在说是黑海的地方性故事，那是对《圣经》的歪曲。地球科学的内容广泛，涉及《圣经》故事的研究内容不时发生。21世纪伊始，有人请海洋学泰斗芒克回顾历史，讲讲“遥感之前的海洋科学”。他说：“有啊！”就展示了一幅摩西带队出红海的油画（图5.18）。他把《圣经·旧约》里“出红海”的故事解释为一场海啸，当先知摩西带领以色列人通过荒野前往迦南地的时候，红海的水分开了，以色列人得以安然渡过；等到法老派来的追兵赶到，海水立即复合，追兵葬身鱼腹。这种解释充满了科学家的智慧与幽默，但恐怕也难以博得宗教方面的赞赏。

图5.18 用海啸解释《圣经·旧约》“出红海”故事的一幅油画。

深海底下两亿年的沉积层，记录了地球历史上无数精彩的故事。“以史为鉴，可以知兴替”，人类在地球上想要可持续发展，这部海底史书是我们的必读教材。现在我们能够读到的，还只能算是地球史书的断编残简。史书的发掘和记录的解读，是科学家们责无旁贷的天职，深海“取经”之行还正在招募有志之士。

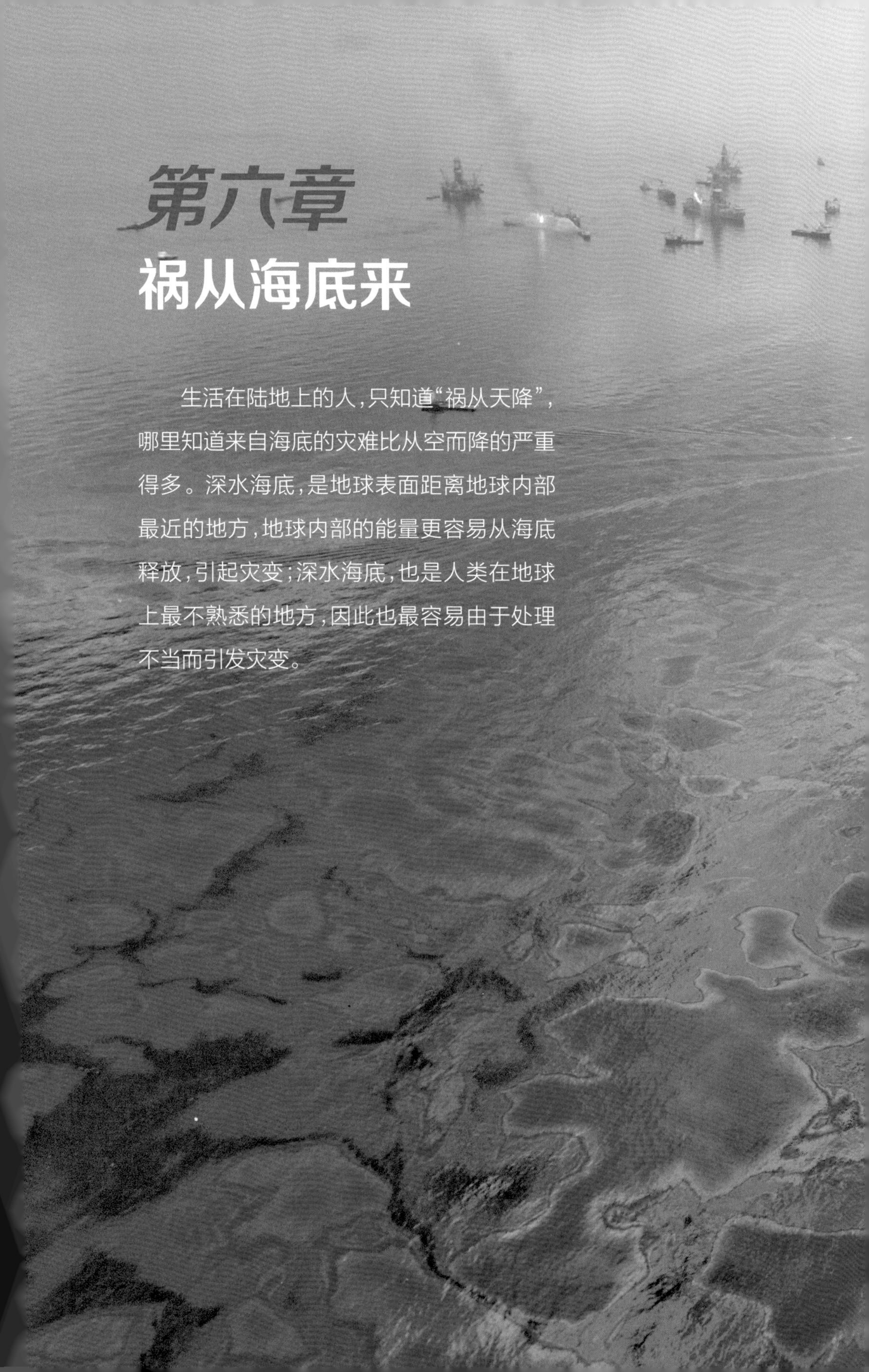

第六章

祸从海底来

生活在陆地上的人，只知道“祸从天降”，哪里知道来自海底的灾难比从空而降的严重得多。深水海底，是地球表面距离地球内部最近的地方，地球内部的能量更容易从海底释放，引起灾变；深水海底，也是人类在地球上最不熟悉的地方，因此也最容易由于处理不当而引发灾变。

第一节　地震与海啸

海洋引起的最强烈的灾祸莫过于海啸，而超级海啸的根源都出在海底下面，源自板块深处发生的大地震。进入21世纪以来，已经有两次超过9级的特大地震，两次都引发了超级海啸：一次是2004年12月26日印度尼西亚苏门答腊的9.2级地震，引起印度洋大海啸；另一次是2011年3月11日日本东北的9.2级地震和大海啸，两者都发生在大洋板块俯冲带的深海沟底下。

1. 特大地震加超级海啸

苏门答腊地震发生在印度-澳洲板块的俯冲带。在正常情况下，这里的大洋板块以每年60mm的速度沿着苏门答腊海沟向下俯冲（图6.1A）。如果俯冲受到阻力，应力

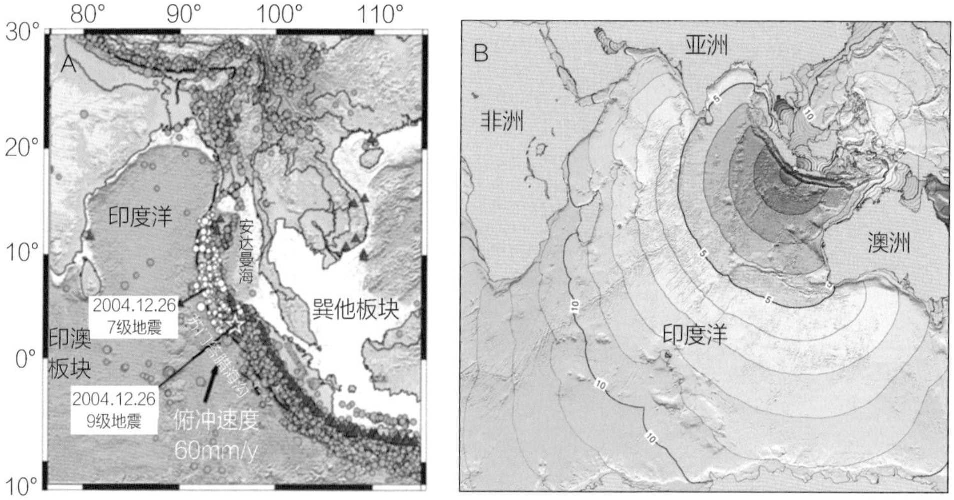

图6.1　苏门答腊特大地震与印度洋超级海啸。A.大地震的地质背景，圆点表示震中；B.2004年12月26日海啸的传播速度，等值线为到达的时间（小时）。

积累到临界点以上，俯冲面就会破裂而引起地震。2004年12月26日的地震，发生的破裂面长达1300km，释放的能量极大，相当于此前10年全球地震的总和。然而真正导致严重灾害的，还不是地震，而是海啸。地震20分钟之后，海啸开始扫荡印度洋（图6.1B），在苏门答腊地震区浪高20—40m，最高达到51m，而到达5000km之外的索马里时还有10m高。地震害死的人数可能不到1000，而海啸导致将近23万人丧生，属于有史以来杀人最多的一次。

不到7年，又发生了日本东北的大地震。两者情况有些相似，都发生在俯冲带的深海沟里，都引发了超级海啸。本州以东的日本海沟，是太平洋板块向大陆板块的俯冲带，平常以每年80—90mm的速度向大陆板块俯冲。2011年3月11日的地震发生在本州与日本海沟之间，仙台以东130km的海域持续震动了130多秒，形成了400多千米长、100多千米宽的破裂面（图6.2）。在地震发生15—20分钟后，浪高超过7m的海啸就到达附近的海岸，进而沿着陆地的地形上冲，有的地方达到40m；在另一方面，海啸又进而传向整个太平洋。这次大地震大海啸造成了2万人死亡、数万人受伤，当然比起苏门答腊地震来伤害小得多，这同日本对地震灾害的预警系统和日本人民的防灾意识有关。仙台市在地震波到达前10秒钟、东京市在到达前60秒钟得到了预警，东北新干线27辆正在奔走的高速火车及时紧急刹车，而且在地震发生3分钟就发布了大海啸警报，及时的警报系统大大降低了损失。但是，日本东北地震一个极大的次生灾害是核泄漏：世界上最大的核电站之一，仙台南边的福岛核电站受到地震破坏，导致堆芯熔毁、氢气爆炸、核物质泄漏等严重后果。

这一类的特大地震并不常见。据1990年代的统计，8级以上的特大地震地球上平均每3年发生一次，9级以上的在最近120年来发生过4次，除了上述两例，还有1960年5月21日智利9.5级地震，引起的海啸越过太平洋到日本浪高还有8m，将数百日本人卷入大海，是为有记录以来最强大的地震；另外是1964年3月27日阿拉斯加大地震，是美国历史上最大的地震，引起的灾害直抵加勒比海。所有这些特大地震都发生在大洋板块的俯冲带，而且都在环太平洋的火山地震圈之内。第四章里我们讲过，太平洋板块以俯冲带为边缘，一旦板块俯冲受阻、应力积聚，释放的办法就是地震。环太

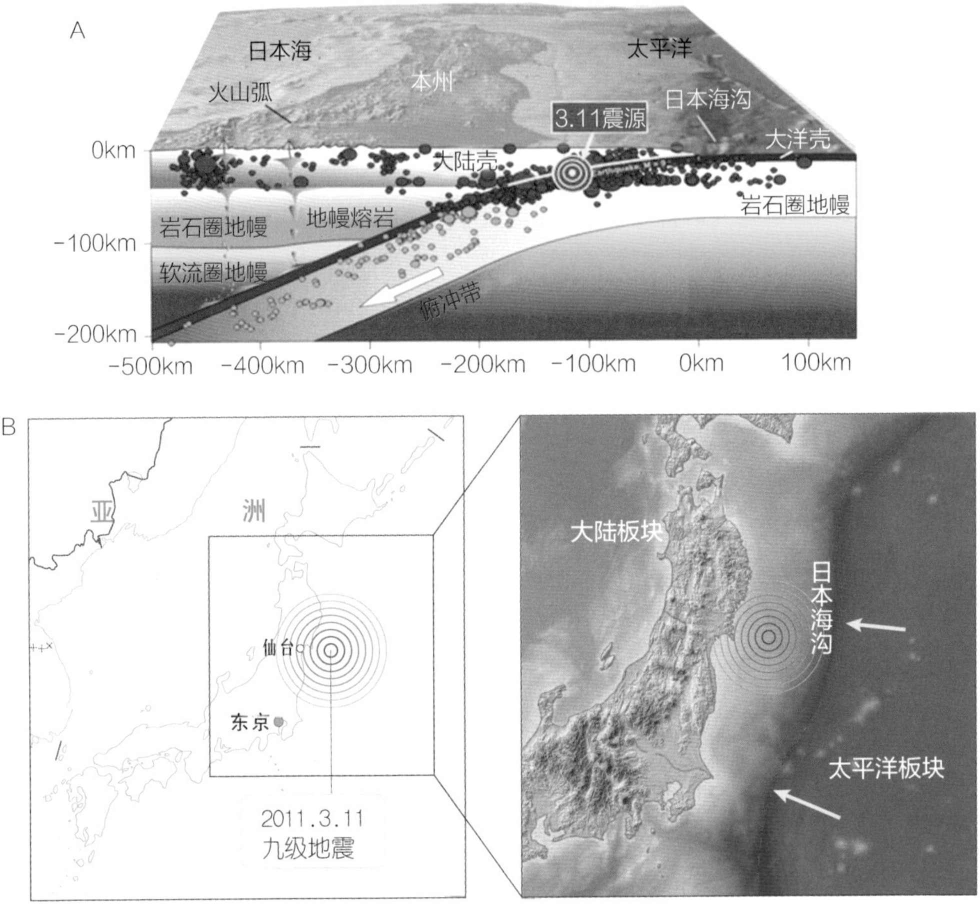

图6.2 日本东北2011年3月11日9级大地震。A.剖面图，圆点表示震源，位于日本海沟太平洋板块俯冲带；B.平面图，展示震中位于日本海沟与本州之间的位置。

平洋地震带发生的地震约占全球地震总数的80%，包揽了几乎全部的深源地震（震源深300—700km）。从近300多年来的记录看，凡是超过8.5级的特大地震，都分布在环太平洋地震带（图6.3）。以上所述的特大地震加超级海啸，属于板块俯冲带的特色，而我国除台湾外主要是板块内部的“板内地震”，因此关注程度可能有所不足，其实这是人类共同面临的最大自然灾害。

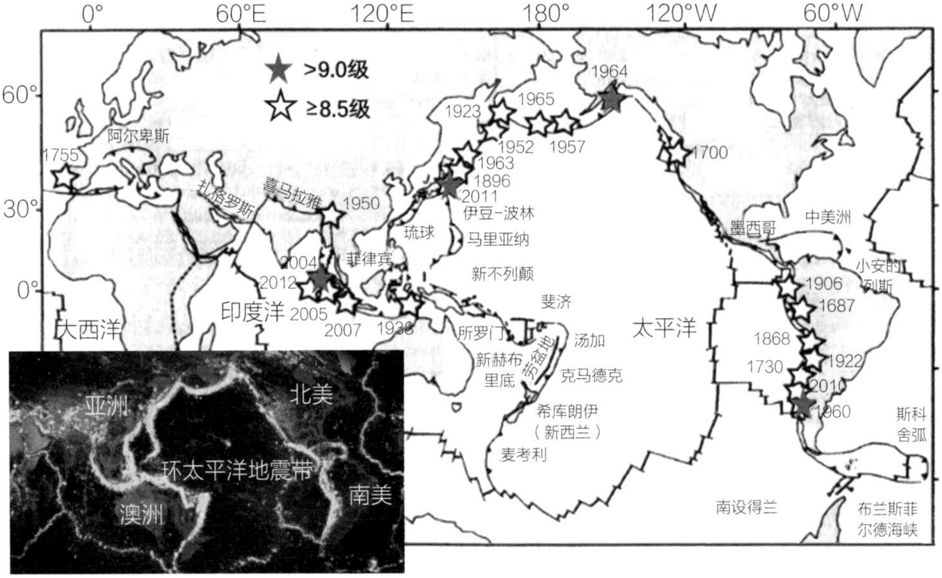

图6.3　最近330年来(1687—2016)全球≥8.5级的特大地震的分布。

2. 实地探索发生机制

特大地震与超级海啸的发生机制,深埋在地球深处的板块俯冲带,通常只能通过地球物理和实验模拟的方法取得间接认识。特大灾难当然是特大坏事,但同时又提供了特别难得的机会,去直接探测地震和海啸的发生机制。尤其是日本,新世纪初下水的"地球号"大洋钻探船,本来建造的主要目的之一就是要打穿发震带,揭示大地震的发生机制。就在日本东北大地震后的第二年,日本海洋科技署(JAMSTEC,Japan Agency for Marine-Earth Science and Technology)和国际大洋钻探计划合作,推出了"日本海沟快速钻探计划",迅速完成了大洋钻探343和343T航次,及时在原位采集样品和数据。该计划包括两项任务:破裂面的温度测量和破裂面岩石的取样分析。具体说,是在震中以东93km、海沟轴线以西6km的海底,进行C0019井的大洋钻探,穿过将近7000m(6890m)的海水,再从海底钻进地壳850m,也就是说从船上放下了将近8000m长的钻杆,探索俯冲板块发生地震的破裂面(图6.4)。

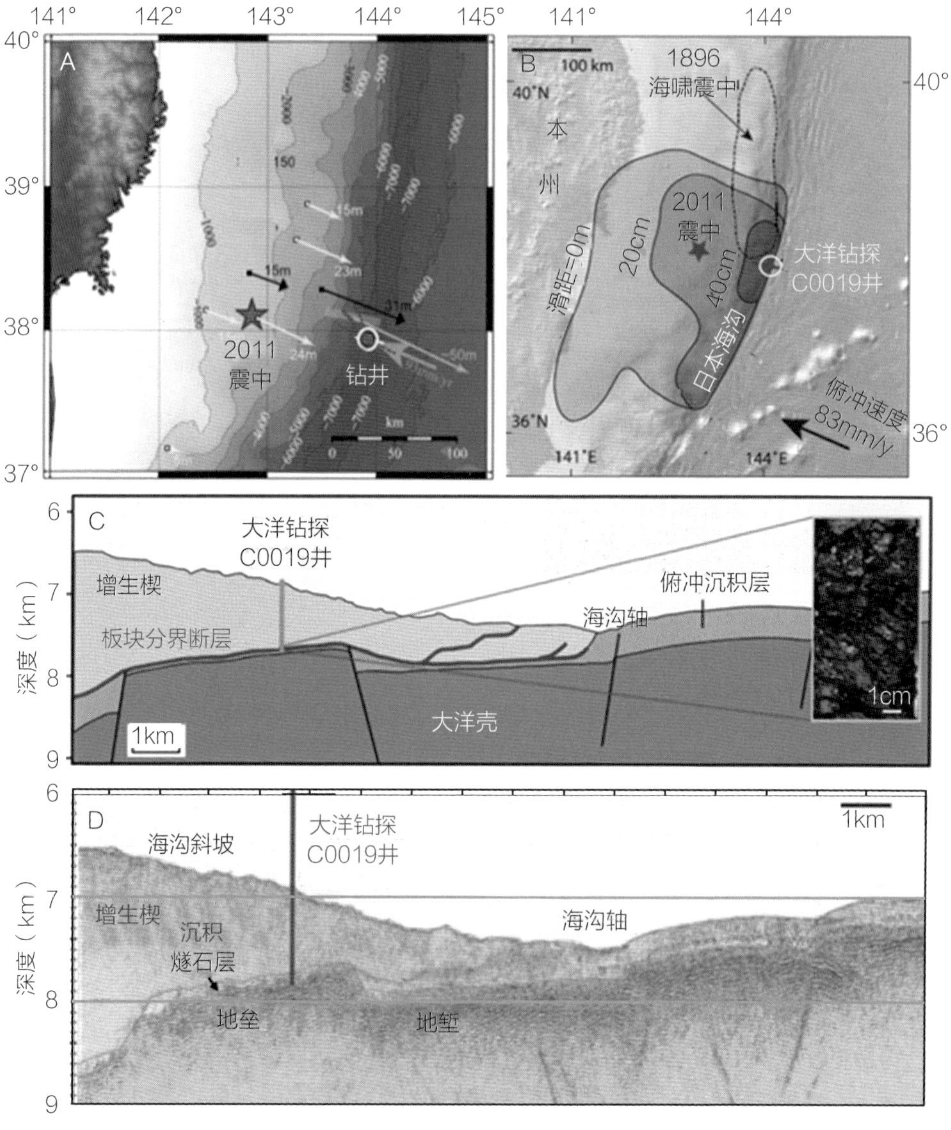

图6.4　2011年日本东北大地震之后的现场研究。A.震中上方海底地形的移动(m)；B.接近海沟轴线的位移幅度(m)；C.海沟区剖面图，示俯冲板块与大洋钻探C0019井的位置；D.同C，地震剖面图。

这是一次科学上的壮举，是人类第一次深入到板块俯冲带的破裂面，实地考察地震过程。当时的任务十分紧急，因为航次的目的有两个：一是测量地震面上的温度变化，这种数据只有在地震发生后一两年以内测量方才有效；二是在地震滑动面上钻取岩芯，通过实物分析当时发生地震的具体机制。两项任务都出色完成，不仅采集了温度数据，而且在井下埋设了一系列温度计观测地震面后来的温度变化。温度反映摩擦力，是测量地震发生时两个板块之间摩擦力有多大，结果温度异常只有0.31°C，说明板块之间位移的阻力并不太大。而地震滑动面的钻探更加出人意料：居然在这界面上发现将近半米厚的蒙脱石黏土层（图6.4C右侧照片）。如何理解？这就需要回过头来分析一下，这口钻井是怎样设计的。

C0019钻井的位置是在日本海沟主轴线以西6km，靠日本本土的一侧，距离2011年大地震的震中93km（图6.4A）。为什么不到发生地震的震中去打？那是打不成的，因为地震的源头，也就是俯冲板块的破裂面，在海底之下30—45km的深处，远远超过了钻探的能力。俯冲带是斜的，最浅就在海底、在日本海沟。这次根据地震后卫星定位系统的数据和海底地形的测量，发现从震中到海沟之间，海底向东南方向移动了20多米，整体看来，靠近海沟处俯冲板块和上覆板块之间发生了50m的水平位移。可见俯冲带深部发生破裂引发地震的同时，海底表面也发生了突然位移，靠近日本海沟的轴线移动将近50m（图6.4B）。正是这种接近海底的前部位移，激发了超级大海啸。

日本东北大地震之后留下了一个重大的疑问：为什么这次海啸规模如此之大？一般说，震源浅的地震才容易引发巨大的海啸，这次大地震的破裂面这么深，为什么还会有如此强烈的海啸？这就涉及海啸和地震的关系。地震并不一定会引发海啸，海啸也不一定都由地震引起，沿岸滑坡或者海底火山爆发也都可以引起海啸，但是地震是造成海啸的主要原因。简单说来，俯冲带地震的根子在于板块的俯冲被“卡”（图6.5A），使得板块运动的应力在岩石里聚积，先是发生缓慢的形变（图6.5B），一旦应力聚积到超过岩石所能承受的临界值，被“卡”的区域就会破裂，发生地震释放积聚的能量。地震发生时破裂面两边的岩石回弹，突然的上下变动就会引发海啸（图6.5C），向外扩散（图6.5D）。可见直接引发海啸的是海底地形的突然变化，不是深部俯冲面上的破裂。

照理讲，大洋板块从海沟向陆俯冲和加深，地震破裂造成俯冲面上的滑动位移发生在俯冲带的深处，这种滑动难以向俯冲带的上方传送，因为上到海沟的位置就有大

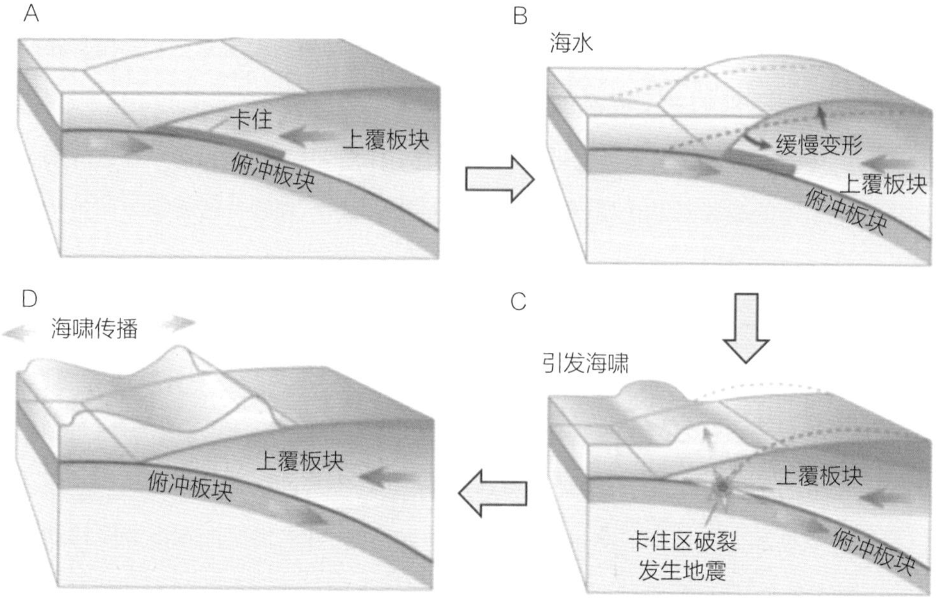

图6.5 板块俯冲带地震和海啸的发生机制。A.板块俯冲被“卡”,红色表示俯冲面上被“卡”的区段;B.引起上覆板块的缓慢变形;C.被“卡”区段的俯冲面破裂,发生地震,引起海啸;D.海啸向四周扩散。

量软性的沉积物,不利于地震位移的能量传递。但是无论苏门答腊还是日本东北的大地震,之所以引发大海啸,就是因为俯冲面上的地震位移向上传送,造成了海底突然的强烈变动(图6.5C)。什么原因使得地震位移的能量上传?大洋钻探的任务就是找出原因。C0019井在井下820m处打到了俯冲带上部的地震滑动面,滑动面上出人意料地打到了近半米厚的蒙脱石黏土层(图6.4C、D)。蒙脱石有强烈的膨胀吸水能力,但是在高温下变硬,这也与温度测量的结果相符合。会不会这层蒙脱石就是使得俯冲带浅部发生大幅度位移的原因?学术界至今还在一边争论,一边通过各种分析寻找答案,比如有人认为孔隙里的流体才是问题的关键。我们对于地球深部过程的原位观察实在太少,恐怕有待今后大量的工作才能最终确定。

尽管答案还没有出台,无论如何这是第一次进入了大地震大海啸的“作案现场”,第一次看到了大地震源头的实际变化。日本科学家把地震前后日本海沟的地质构造进行对比,明显地看到了俯冲带面上的变化。在1999年测得的地震剖面上,海沟轴部在向西俯冲的大洋地壳之上，可以看到一个三角形的沉积楔，是随着板块俯冲的海底沉积层（图6.6A）。2011年大地震之后，可以明显看到上覆板块的沉积物随着滑塌体向东搬移，相当于海底面上观测到的50m位移（图6.6B、C）；而俯冲板块的向上滑动（图6.6C的白色箭头），引起了逆断层的活动。

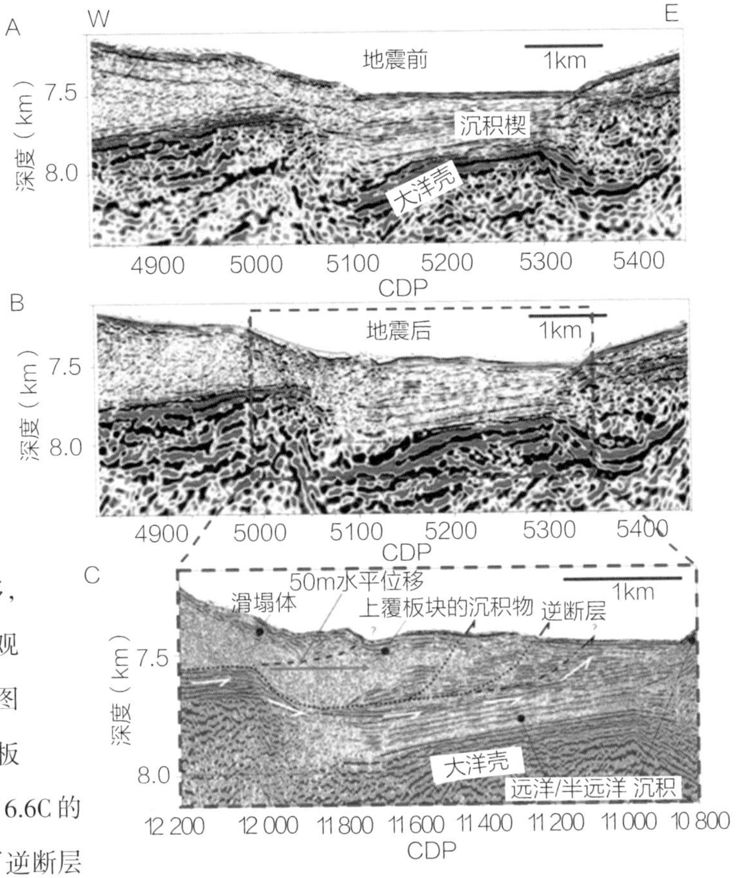

图6.6　2011年大地震前后日本海沟地质构造的对比。A. 1999年的地震剖面；B.2011年大地震后11天测得的地震剖面；C.剖面B中沉积楔部分发生变化的详细分析，白色箭头代表俯冲板块的滑动面。

日本大地震之后的调查，为板块俯冲提供了活生生的真实记录，将俯冲运动从概念变成了现实。其中有一大串问题没有得到解决，也许提出的新问题比回答的老问题还多，但是科学发展的车轮就是这样运行的。

3. 预警系统与历史记录

地震预测至今还是全世界的难题，因此预警观测是减灾防灾的主要手段，对付俯冲带的大地震，深海的海底观测最为重要。在地震与海啸的预警方面，日本具有世界上最先进的海底观测系统，但是经过2011年大地震之后，日本改变了原有观测布网的战略部署。

日本处在四大板块的交汇处，地震灾害特别严重。发震带主要分布在东岸和南岸外：东边水深8000m的日本海沟，是太平洋板块的俯冲带；南边有4000m水深的“南海海槽”（Nankai Trough），是菲律宾海板块的俯冲带。两边都有大地震，因此在哪里建观测网，或者先在哪里建网，是日本政府必须处理的战略问题。日本是海底观测的先行国家之一，早在1970年代就开始建设海底电缆地震观测网，1990年代起还在西太平洋设置深海井下观测台站。2003年，日本海洋科技界积极推动建造大规模的海底观测系统，提出了宏伟的ARENA计划，用最先进技术在日本东面海域沿太平洋俯冲带的两侧建网。但是因为计划太宏大，学科和空间覆盖也太广，设计者忽视了经费预算的问题，以至于最后不得不放弃实施。

取代ARENA观测网的是DONET计划，即“地震和海啸海底观测密集网络”（Dense Ocean-floor Network System for Earthquakes and Tsunamis）的简称，布设在日本南边而不是ARENA计划的东边。DONET计划于2006年由日本文部科学省（MEXT）立项支持，由海洋科技署为主执行，2011年建成。接着又在2015年建成了第二期，即DONET 2计划（图6.7）。DONET是仪器布局最为密集的海底观测网，观测点之间相距只有15—20km，DONET的全名以“Dense”开头，就是这个意思，所以曾在网站上隆重宣布：世界上最精细的地震海啸观测网已经建成（图6.7C）。其实更大的目标还在后头：日本通过大洋钻探正在进行“南海海槽发震带试验”（NantroSEIZE，Nankai Trough SEIsmogenic Zone Experiment）的宏伟计划，要打钻进入海底之下7000m的俯冲板块发震带，设置海底下最深的地震观测网，一旦建成就可以与DONET观测系统连接，进行更加前沿的预警。

但是，无情的2011年东北大地震并不支持日本地震观测的布局：特大地震没有在南边，而是在东边发生。3月11日地震发生时，在日本的东北岸外一共只有3台地震仪、2台海啸仪能提供服务，先进的DONET观测系统远在800km之外。其实在新世纪初，日本学术界提出的ARENA计划，就是在东岸外建设有3600km缆线的海底观测网，以预警来自东边的地震和海啸，并且设有4个登陆点的联网系统，可惜这项庞大计划最终流产，改为在南岸外建设DONET网——事后看来，应该是决策错误。“物极必反”，正是这次大地震为日本的海底观测带来了大跃进：在短短4年里，在东岸外建成了规模远远超过10年前的ARENA计划的观测网，叫作S-net网。

2015年建成的S-net观测网，是迄今为止全球规模最大的海底实时观测网，缆线总长度5700km，相当于北京到莫斯科的距离。全网沿日本海沟布设，北起北海道、南抵东京湾东侧的房总半岛，覆盖了从海岸到海沟共计25万km^2的广大海域（图6.7B）。日本的东岸和南岸外都是板块俯冲带，都有过惨重的历史教训。如今，从20世纪初的“ARENA”到“DONET”再到“S-net”，绕了个圈子，猜想决策者会从中得出某种教训。

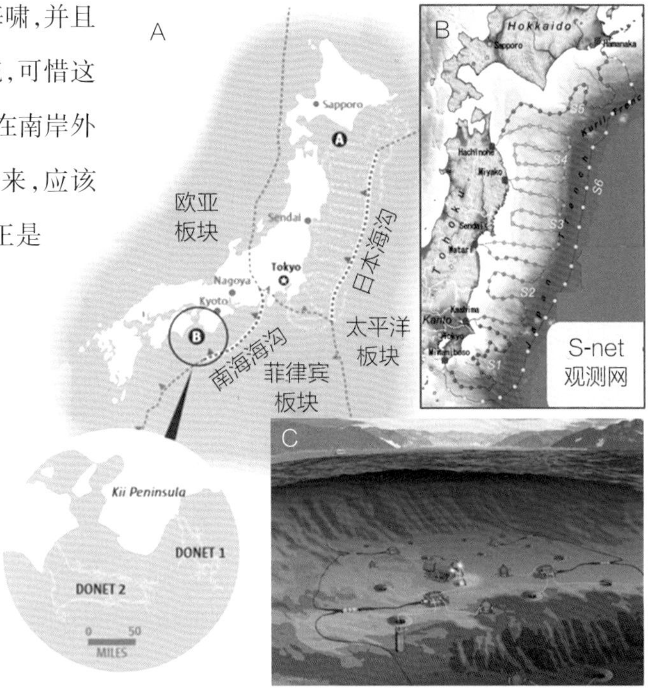

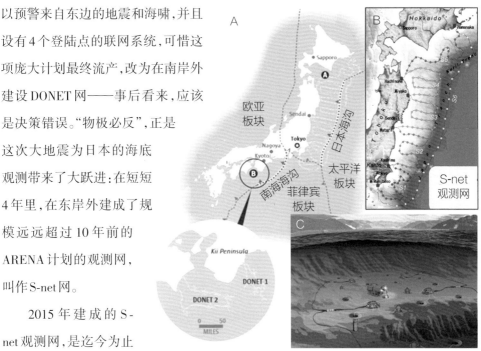

图6.7　日本地震海啸海底观测网。A.S-net与DONET观测网总览；B.东岸外S-net网布局；C.南岸外DONET网海底示意图。

其实地震海啸的减灾防灾，迫切需要灾害本身的历史教训。这类特大地震发生的频率很低，人类的历史记载内容太少，迫切需要从地质记录里提取古地震、古海啸的记录，这也正是近年来国际地学界的研究热点。虽然研究深海的古地震记录有许多技术上的困难，但近年来利用地震引发的浊流沉积，成功地进行了古地震再造。比如在现在的日本海沟，已经成功地辨认出滑塌堆积，目前正准备进行新的大洋钻探航次，采用40m长的巨型取样管，沿日本海沟取沉积样获得古地震的长期记录。类似的工作也在苏门答腊海沟进行，用所谓“地震浊流沉积”推断古地震历史，利用海啸堆积的砂层来再造近千年来的海啸历史。有趣的是海岸的岩洞也可以储存地震海啸的记录。苏门答腊北端亚齐(Aceh)海岸的一个石灰岩岩洞(图6.8A),不但保存了2004年印度洋大海啸带来的堆积物,还记录了距今7400年来多次海啸堆积的砂层,用放射性碳测年获得了大致年份(图6.8B),发现每次海啸一方面堆积、一方面又冲刷原有的沉积,以至于失去了近2900年来的海啸记录(图6.8C、D)。

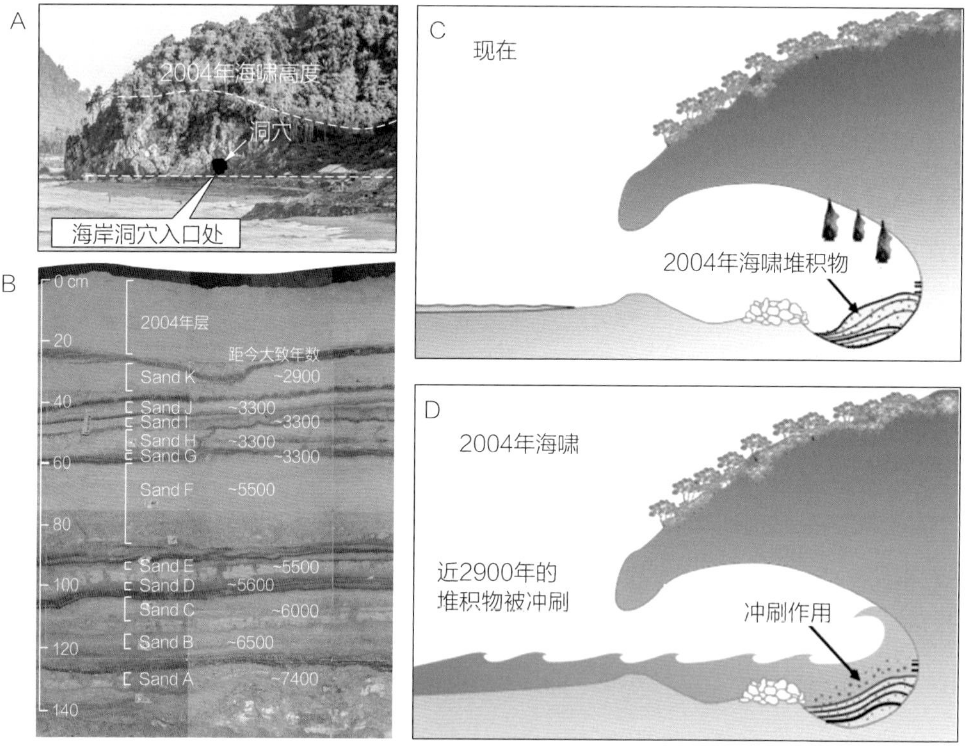

图6.8 印度洋海啸的洞穴记录。A.苏门答腊亚齐的海岸洞穴;B.洞穴底的砂层(A—K)及其距今大致年代(据 ^{14}C 测年结果);C、D.洞穴堆积的形成和冲刷。

综观俯冲带地震海啸的观测研究,最为令人拍案叫绝的还是"深入虎穴",穿过深水海底钻入俯冲板块,考察发动地震、引发海啸的滑动面。其实深海考察中还有更加惊心动魄的过程,那就是考察将要喷发的海底火山。

第二节　海底火山爆发

1. 火山灾难

什么是火山？岩浆出地面就是火山。但是火山爆发不是因为岩浆本身，而是因为其中的气体。海底因为有水层压着，气体要爆发并不容易。所以岩浆流出有两种方式：爆发式和涌流式。夏威夷的岩浆入海就是涌流式的，一直是摄影师和观光客的大爱之景。其实用不着飞那么远，济州岛有个拒文岳，参观那里黑色的熔岩洞窟，就可以看到多少万年前岩浆入海的内景。高温的熔岩碰到海水从表面先凝结，于是形成枕状熔岩；但是刚接触到海水时也可以爆炸，形成不同大小的玄武岩颗粒，这就是夏威夷著名“黑沙滩”的来源。如果岩浆继续流动，也可以形成像济州岛那样的黑色熔岩洞。不过我们这里不是讲旅游是讲灾难，要讨论的是爆发性火山。

全球80%的火山在海底。第一章里已经讲过，世界大洋高度超过1000m的海山应当有10万座，论成因都是火山，不过绝大部分并不是活火山。活火山爆发就会成灾，而且爆发形成的火山岛以后还可以再次爆发，炸掉以后形成新的火山，最有名的例子就是南海西南巽他海峡的喀拉喀托火山（Krakatau）。1883年，450m高的喀拉喀托火山大爆发，火山灰喷上8万m高空，掀起浪高40m的海啸，造成36 000人死亡。同时，也毁掉了原来火山岛75km^{2}面积的2/3。但是到1927年喀拉喀托火山再次爆发，又新出现了个较小的火山岛，现高250m，叫作“喀拉喀托之子”（Anak Krakatau）。

环太平洋地震带也称环太平洋火山带，沿着火山带像喀拉喀托火山岛那样的例子比比皆是，都是俯冲带的产物。如果火山位于大城市附近，那就是极大的灾害，而这正是日本所面对的严峻事实。史前日本经历的最大的破坏，当数九州的鬼界火山（Kikai）爆发。日本的南边是菲律宾海板块的俯冲带，九州岛上分布着一串活火山，而7300年前九州南岸外的鬼界火山爆发（图6.9E），是一万年来全球最大的四次火山爆发之一。鬼界火山爆发，火山碎屑的扩散超过80km，覆盖了整个九州以南的海面，火山灰降落的范围广达1000km，遍及日本三岛。喷发之后形成的破火山口，周边是24km宽的环，上面有三个火山岛出露水面(图6.9A)。整个鬼界破火山口的水深在500—600m左右，而喷发之后在环的中央出现了一个熔岩组成的圆顶(dome)(图6.9B)，近年来进行潜水考察，发现圆顶的坡上有数米大的流纹岩块(图6.9C、D)。从表面形态和地球物理资料判断，这是在7300年前喷发之后岩浆聚集的产物。圆顶上方海水有化学异常，旁边也有气泡上升，说明还在活动。日本科学家认为，鬼界破火山口极有可能是在酝酿下一次火山爆发。一旦火山复苏，受到威胁的就不只是九州岛，而

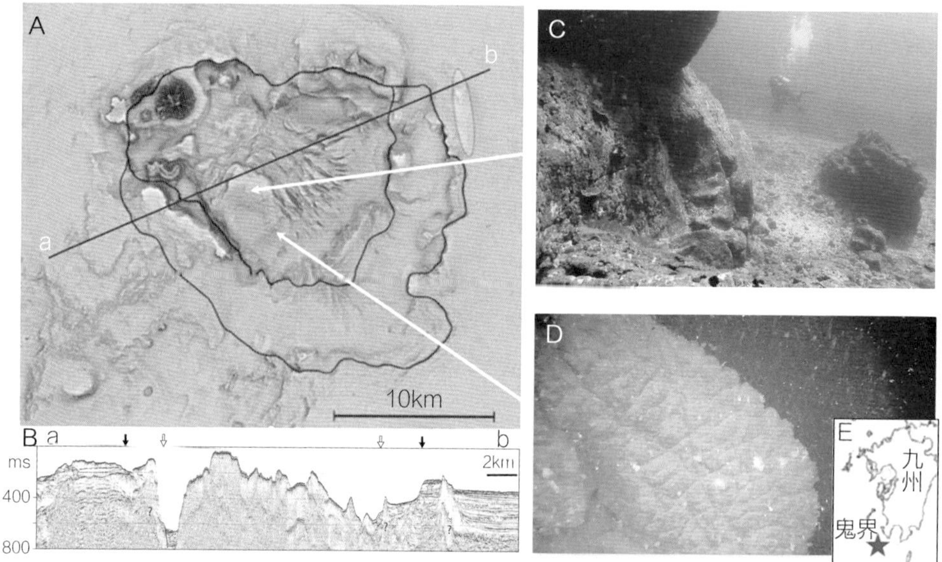

图6.9 日本九州以南的鬼界海底火山。A.海底破火山口的平面图，黑线表示破火山口的环；B.沿a-b线的地形剖面图(位置见A)，绿色为中央熔岩圆顶；C、D.熔岩圆顶坡上的流纹岩块；E.鬼界火山口位置图。

是整个日本三岛的安全。

当然，这类特大火山爆发极为罕见。海底火山的突然爆发可以形成岛礁，到下次爆发又被毁掉重来，从海面看简直是“出没无常”。但是海洋太大，千百米水底下发生火山爆发，除非有船在场，否则人类是不会知道的，也说不上灾害。不过历史上因海底火山爆发而船沉人亡的事还真有，日本明神礁(Myojin-sho)的火山爆发就是一例。

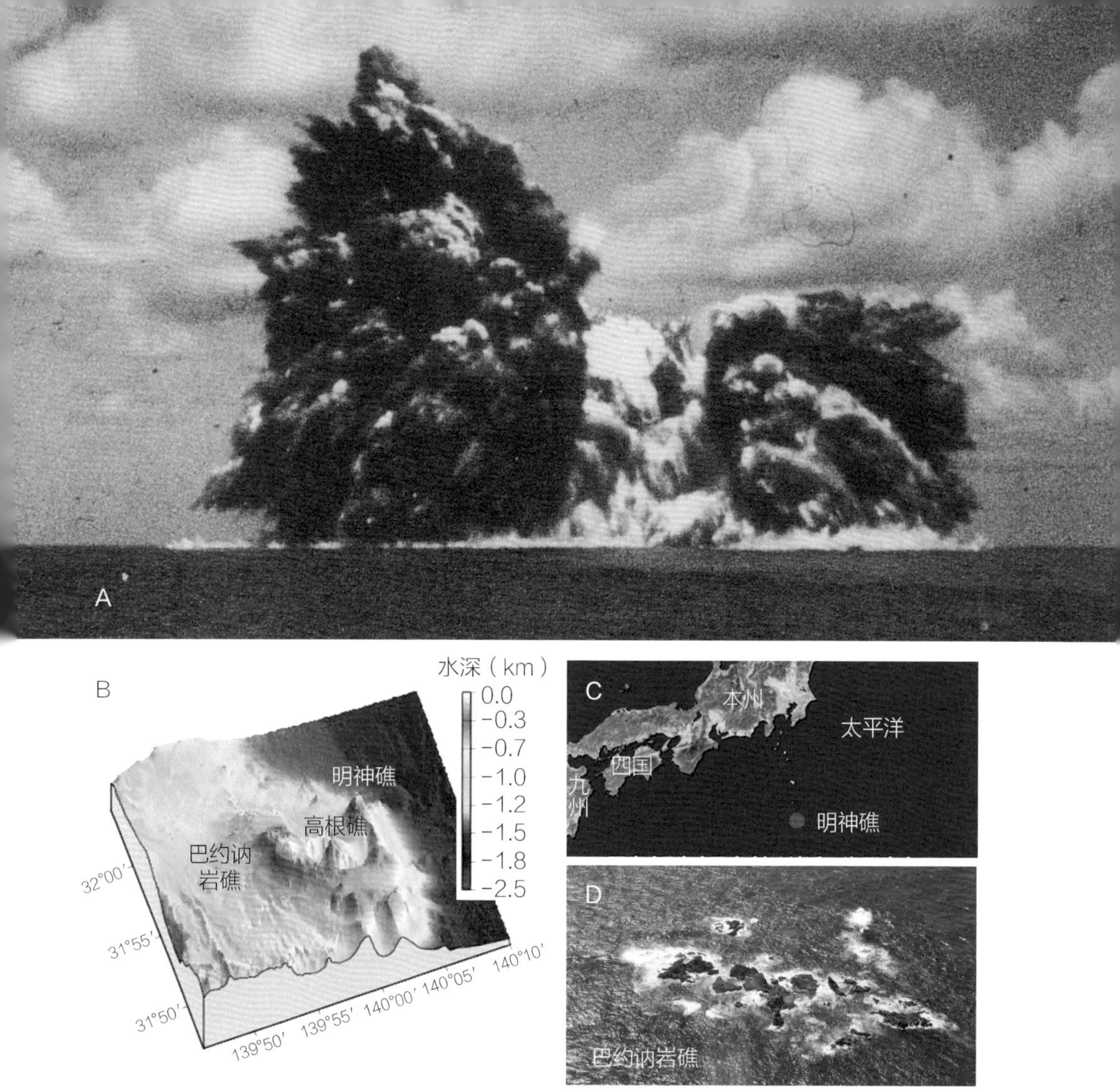

图6.10　伊豆群岛深海的明神礁火山爆发。A.1952年明神礁火山爆发，小坂丈予现场摄影；B.明神礁所在破火山口地形；C.明神礁地理位置；D.近来出现爆发迹象的巴约纳岩礁。

在日本南边，太平洋板块和菲律宾海板块之间的俯冲带上有一串火山岛，北端叫伊豆（Izu）群岛，明神礁就是在其中的一座海山上（图6.10C）。这座海山是个破火山口，水深1500m、直径8km，边环上有三座火山，19世纪就发现有火山活动（图6.10B）。1850年法国“巴约纳号”（Bayonnaise）军舰就遇上了这里的海底火山活动，“巴约纳岩礁”就以此命名。1952—1953年，明神礁火山再次活动。1952年9月24日，日本调查船“第五海洋丸”在调查过程中不幸沉没，船上31人全部殉职。因为没有记录，只能猜想是遇上了明神礁的火山爆发。极其珍贵的是事故的前一天，9月23日，留下了一系列海底火山爆发的现场照片（图6.10A）。2017年，科学家发现巴约纳岩礁（图6.10D）

上方的水色变化，并有气泡上升，引起了严重关注，人们担心这是否是火山再次活动的预兆。

按岩浆成分的不同，有玄武岩质的碱性火山，也有流纹岩质的酸性火山，因为后者的挥发性成分较多，所以喷发的强度也较大，上面介绍的鬼界火山、明神礁火山就是流纹岩质的。当代最大的一次流纹岩质的海底火山爆发，发生在西南太平洋的哈佛(Havre)火山。太平洋板块俯冲在澳大利亚板块之下，产生了汤加-克马德克(Tonga-Kermadec)海沟与岛弧，哈佛海底火山就位于新西兰北边的克马德克岛弧上(图6.11B)，水深1000多米。2012年7月17日，哈佛火山爆发，伴随着18次3.5级的地震群，海洋上空升起火山喷发的羽流(图6.11A)，成分猜想以水蒸气为主，洋面上出现了大片的浮石漂筏，在水面上游移扩散，一天产生的漂筏面积就超过400km^2，相当于60个西湖。这是历史上所知最大的深海火山爆发事件，也是火山喷发浮石的首次实况记录，引起了学术界的重大关注，科学家们抓住机会对流纹岩岩浆的喷发做深入调查。一方面通过遥感图像，分析浮石漂筏的踪迹和去向；另一方面动用了全套深潜设备，对

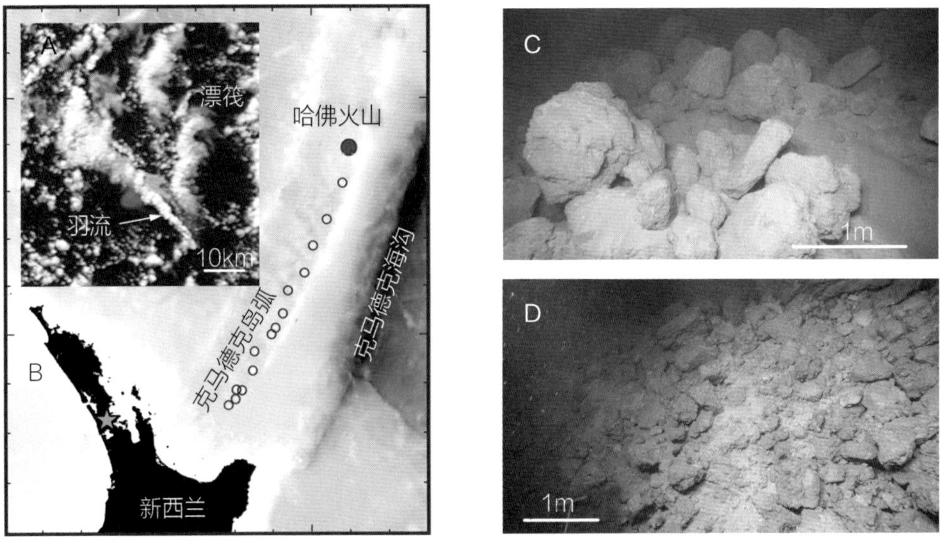

图6.11　2012年西南太平洋哈佛深海火山爆发。A.海面遥感图像，显示火山喷发羽流的源头(红色)和海面的浮石漂筏；B.哈佛火山位置图；C、D.沉在海底的浮石巨块(C)和火山砾(D)。

深海底进行测量观察,探索火山口和海底沉积的变化。

2012当年的海底观测,发现破火山口边环有多处岩浆喷出,比如西南边上的5个喷口水深1140—1220m,相距百米上下,而南边又有圆顶形成。然而调查结果也不免令地质学家失望:因为深海喷发事件的沉积记录,并不像陆上火山爆发那样清晰。沉积到海底的浮石是一批杂乱的巨大岩块,通常1m上下,大的有6m以上(图6.11C、D),估计总量有1亿m^3。推想当时冲出海面形成漂筏的浮石要多得多,总量可能有12亿m^3之多。但是浮石最终的沉积位置比较分散,因为在海流、风力作用下可以远距离漂流。

因此,深海火山爆发的地质记录是个跨学科的命题。和浅海不一样,不但巨厚的水层有压力,而且地下深处还有海水和岩浆的相互作用,因为深海的火山都在板块俯冲或者板块新生的边界,是地球内部和表层相互作用的风口浪尖,而水的介入是造成火山喷发不同形式的关键因素。学术界对于深海酸性火山爆发与沉积过程,有一些非常有趣的讨论,探讨喷发与沉积的机理。深海水底的火山爆发,喷出了携带浮石与火山灰的气流,但是不见得能冲出水面,关键在于水。喷出气流的主体也是水,是岩浆析出的水蒸气,如果海水很快使蒸汽冷却凝结,那么喷发就到此为止,爆发告吹;如果水少汽多,这点海水被火山喷发的热量汽化,那就会膨胀上升,将浮石和火山灰送上海面(图6.12)。

这就是上述哈佛深海火山爆发的情景,从700—1500m的深海底,将浮石和火山灰送上了海面(图6.11)。与此同时,海底还会形成火山物质的重力流(图6.12)。

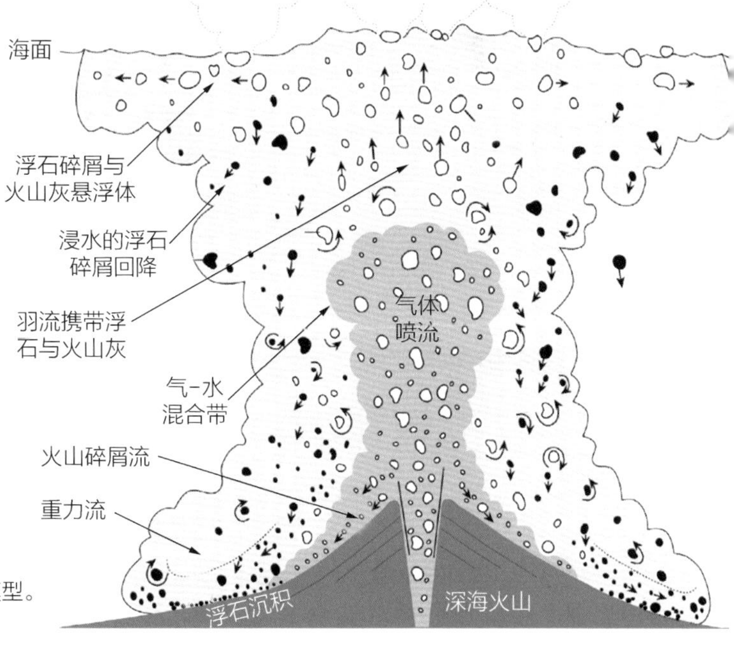

图6.12 深海酸性火山爆发的模型。

火山能否喷发，取决于气。火山喷出的岩浆冷凝太快，来不及结晶成为火山玻璃，里面气体太多就成为浮石，浮石里的气孔占体积的70%—80%以上。如果气体太多，整个海底的喷发过程可以呈“气球状”，升上海面再爆破。在哈佛火山北边，克马德克岛弧上另一座火山的情景就是如此。那里是水比较浅，山顶已经露出水面3km^{2}面积的麦考利岛(Macauley)。这座麦考利火山是6000年前爆发的，对沉积的浮石进行分析发现有两类：一类气孔体积占90%，另一类只有65%—80%。研究结果发现，这是一种特殊的火山“爆发”：充满气体的岩浆上升，由于岩浆里气孔占了60%的体积，岩浆的比重太小，只有0.95g/cm^3，于是在出火山口时在浮力作用下，形成了“气球”的形状(图6.13的Ⅰ)。出了喷出口后温度、压力减小，岩浆有更多的气体析出，“气球”内的气孔增多(图6.13的Ⅱ)，但是“气球”内如有海水进入就会炸裂(图6.13的Ⅲ)。这样就形成了气孔体积不同的两类浮石：沉积早的气孔少，到了海面炸裂后再沉积的气孔多。可见深海与陆地的火山爆发可以有十分不同的机制，只是深海研究的实例过于零星。

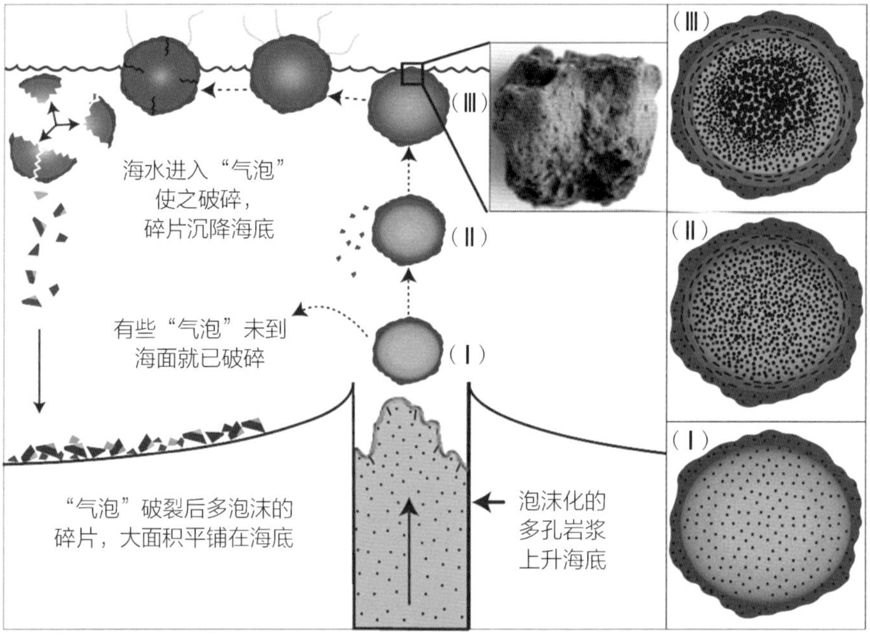

图6.13　西南太平洋麦考利海底火山的“气球”式喷发，橙色表示岩浆，随着上升凝结为黑色。Ⅰ、Ⅱ、Ⅲ表示三个阶段。

2. 现场观测

深海火山的探索要求水下深潜,只有在近年来才能开展,因而其研究程度处于起步阶段。学术界已经进行了初步的归纳,比如基于日本明神礁火山的研究(图6.10),学术界提出过深海火山发育5个阶段的认识(图6.14):从流纹岩火山的形成开始,先有个别喷口喷出浮石,火山也隆升到将近600m水深(图6.14B);等到进入喷发高峰期,喷出的浮石和火山灰冲出水面,海底形成上百米厚的浮石层(图6.14C);然后是形成破火山口,崩垮的中心水深达1500m,受热的海水上涌形成携带细颗粒物的羽流(图

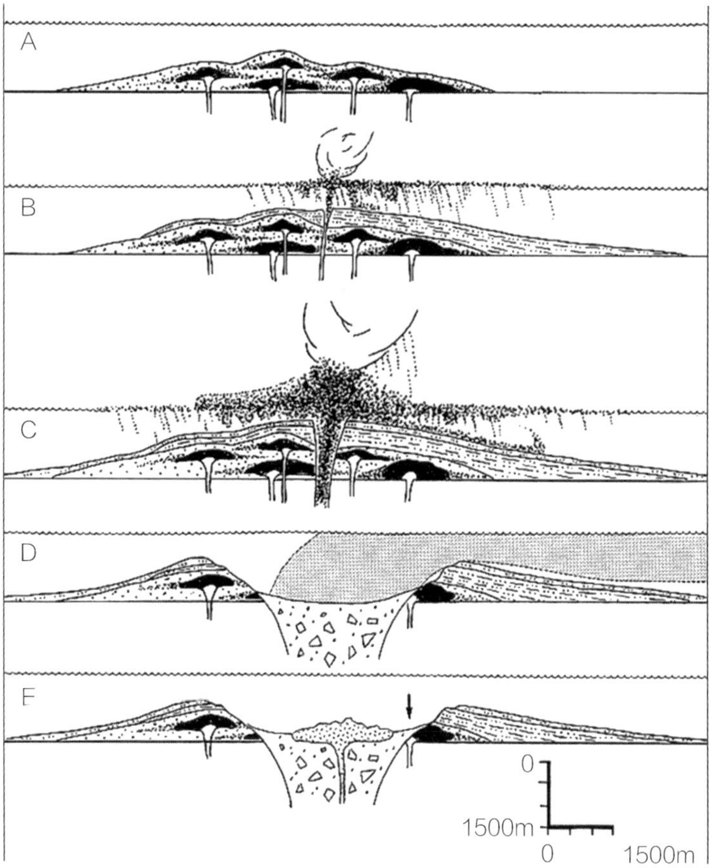

图6.14 明神礁破火山口的发育阶段。A.起始阶段;B.喷发浮石;C.喷发顶峰,形成浮石沉积覆盖层;D.形成破火山口,灰色为携带细颗粒物的羽流;E.流纹斑岩侵入(箭头)。

6.14D的灰色区）；最后由于流纹斑岩在破火山口的侵入，在海底形成多金属硫化物矿（图6.14E的箭头所指）。

然而，认识深海火山活动、预防相关的灾害，更重要的是对现行过程的观测，包括深潜现场考察、地球物理监测和海底长期观测。深潜考察上面已经多次提到，包括遥控深潜器（ROV）、自治式潜水器（AUV）和载人深潜，已经取得十分成功的效果。深海火山活动除非喷出水面，否则只有深潜才能发现。例如西太平洋马里亚纳岛弧罗塔岛（Rota）附近的NW Rota-1火山，水深555m的山顶上有个深坑，直径不过15m，却有液体连续喷出形成羽流，其中含有火山碎屑和熔融硫的小球，在水深700—1400m的山坡上有火山碎屑的浊流。在茫茫大洋里，这一类的水下活动，不用深潜手段就难以发现。

强调深潜的重要性绝不是贬低其他手段的价值，尤其是海底以下的地下过程，主要得依靠地球物理方法探索。最近的一例来自印度洋，2018年5—6月里，世界各地的地震台站都收到一种地震信号，追踪结果原来是在印度洋西边，马达加斯加和东非之间的马约特岛（Mayotte）附近，但那是个稳定区，从来没有过地震。将所有资料汇集起来分析研究，发现源头是地下深处的岩浆运移，在深海海底形成了新火山，地震信号就从那里来。具体说，在海底以下25—35km深处一个10—15km^{2}大小的岩浆房发生变化，岩浆先是上升（图6.15①），体积至少有1.3km^3，然后再朝东南侧向运移形成了海底的新火山（图6.15②），并且引起岩浆源区上覆岩层的破裂，造成地震（图6.15③）。推想的结果和海底的地形变化相符合。

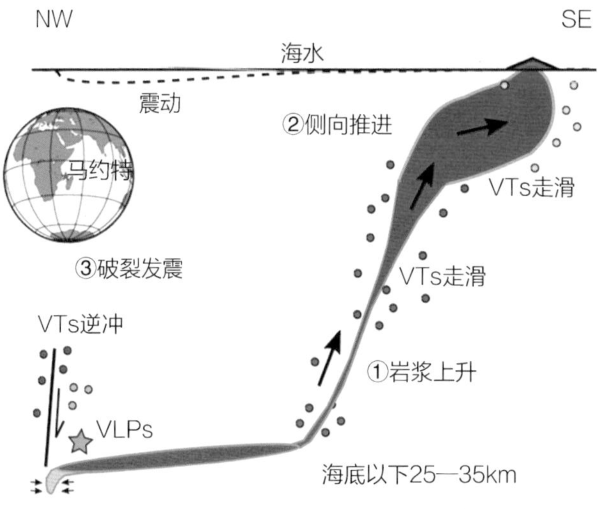

图6.15　岩浆运移造成印度洋马约特深海新火山出现的假说。

地下深处过程的观测至今还只能借用间接手

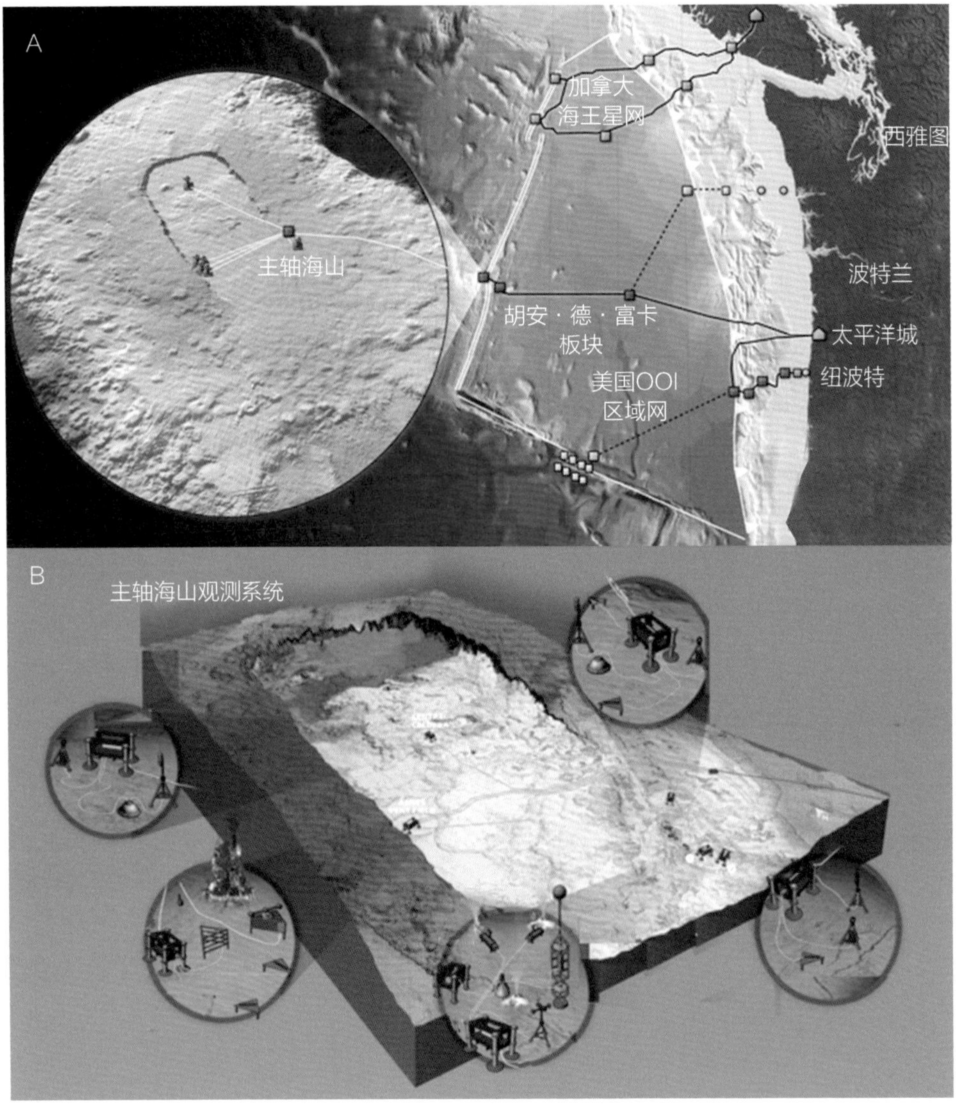

图6.16 美国主轴海底火山观测系统。A.美国OOI和加拿大“海王星”观测网,及主轴海山观测系统的位置;B.主轴海山观测系统的组成。

段,而在海底以上最可靠、最有效的当然是原位的长期观测。现今世界上长期观测的一面旗帜,是太平洋东边的主轴火山(Axial)。那里有个世界上最小的板块,叫胡安·德·富卡(Juan de Fuca)板块,主轴火山就在这板块西边界的洋中脊上,这是该区岩浆活动最为活跃，并且科学观测进行得最多的海底火山。1998年1月主轴火山爆发，成为第一个用海底仪器获得记录的实例，还设立了"NeMO海底观测站"（NeMO，New Millennium Observatory Network）对其进行长期观测。2011年4月6日主轴火山再次爆发，直到7月，美国国家海洋大气局（NOAA，National Oceanic and Atomospheric Administration）组织了航次拍摄火山喷发后的场景。

北美在筹备建设海底长期观测系统的时候，一开始就将主轴火山作为重点，纳入"海王星网"（NEPTUNE），由美国和加拿大联合建设。"海王星网"的加拿大部分在2009年便建成运行，而美国部分由于经费迟迟不到位，最后作为海底观测OOI网中"区域网"的一部分，到2015年方才正式宣布建成。其中主轴火山是区域网中最远、也是观测期望值最高的一站（图6.16A）。OOI网早就发出预告：建成以后，可以让全世界在网上收看海底火山爆发的"实况转播"。有意思的是，2014年9月就已经预测到，主轴火山将在2015年再次爆发，尽管OOI网的建设一拖再拖，还是抓紧在2014年内将大部分仪器连接到了主轴火山观测点（图6.16B）。果然，2015年4月23日发生地震，接着火山爆发，但是由于摄像传播等装置尚未安装，失去了实况观测的机会。当年7月，再度组织航次进行水下考察，观测和拍摄了新喷发的枕状熔岩，发现新鲜的熔岩超过10层楼高，而海底裂隙还在喷出热的流体，布放的仪器也还安然无恙，可惜的是一次海底火山爆发"实况转播"的好机会，已经失之交臂。

第三节　海底漏油和漏气

1. 海底漏油事件

一提到海底漏油，大家都会想起2010年墨西哥湾的漏油事件。2010年4月20日晚上10点，美国路易斯安州那岸外的“深水地平线”石油钻井平台起火爆炸、倒塌，平台上129名工作人员有11人遇难、17人受伤（图6.17）。平台随即于22日早晨沉没，两天后受损油井开始漏油，估计漏油量当时为每天5000桶左右（近800m^3），随后逐渐增加，到9月份方才止住，估计总共漏出了50万m^{3}原油进入墨西哥湾，造成历史上最大的漏油事件，也是损害最为严重的海上事故。

“深水地平线”打的是一口具有里程碑意义的超深井，油井水深1500m，钻入海

A

图6.17　墨西哥湾2010年原油泄漏事件。A.“深水地平线”钻井平台起火倒塌；B.墨西哥湾海面被原油覆盖的范围（红色）。

B

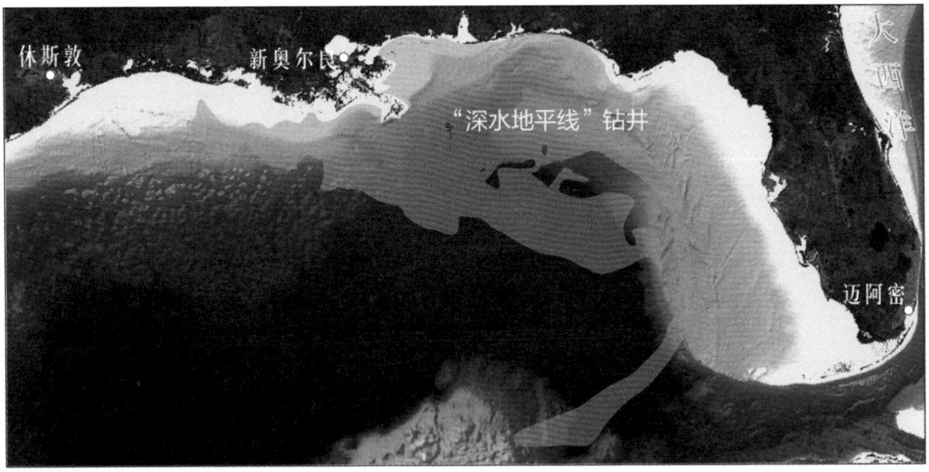

底下3900m深处的储层，采集中新世的原油。业主英国石油公司(BP)是世界最大的石油商之一，造价3.3亿美元的“深水地平线”是最好的平台之一，钻井也打得十分成功，事故前已经固井结束。当晚工人们是在做最后的完井工作，傍晚还在接待公司的高层贵宾光临参观，不料工程失误导致事故，井下甲烷气喷出而防喷设备未能止住，结果铸成历史悲剧，一场喜事办成了丧事。事后的几个月里，漏油量还在逐渐增大，到6月上升到每天12 000到19 000桶，也就是2000—3000m^3，以至于奥巴马(Barack Obama)总统暂时喊停了全部海上石油生产，连阿拉斯加的也一道停下。

如何堵住深海底下打开的油井，成了技术上的难题，近半年里不知道经过多少试验方才成功，决不是用几句话就能说得清的。损失之大，也不必在这里描述，据说英国石油公司损失的总数高达177亿美元。这里只想讨论一个题目：深海原油的污染如何影响整个海洋系统，如何改变从海岸带到深海底的生态环境。“深水地平线”的漏油事故，导致几个月里从1500m海底之下涌出了50万m^3原油，在墨西哥湾北部形成了面积超过9900km^2的油污带，处理事故的过程中又注入了700万dm^3的分散剂。如此巨大规模化学物质的投入，必定带来深远的灾害性后果，绝不以海面观测到的现象为限。

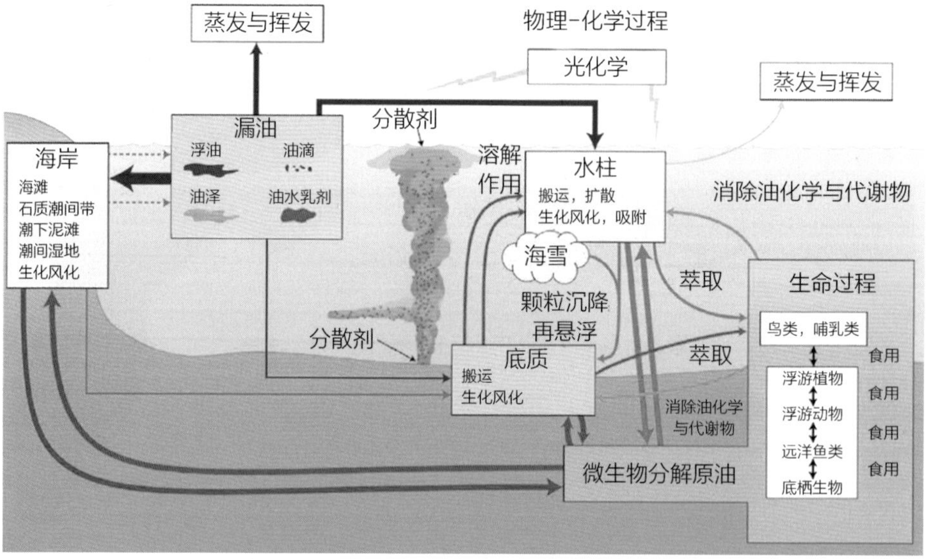

图6.18 墨西哥湾漏油的归宿：物理、化学、生物过程的系统研究。

原油不但在三维空间里扩散，还会通过生物、微生物、地质等各种过程产生全方位的影响。为此，建立了十多个国家共同参与的研究计划，从海水的物理、化学、生物各个角度进行多学科的系统分析，全面探索漏油事件的环境影响，评价对从滨海旅游到深海渔业的各种行业的负面效应（图6.18）。

研究结果中，仅就深海过程而言就有许多意想不到的发现。第三章里我们提到过“海雪”(marine snow)，那是指深海里从表层降落的絮状有机物，主要由微小的死亡有机体、粪粒和活有机体结合而成。到了漏油污染的墨西哥湾，就会出现“石油海雪”，因为烃类中较大的分子会吸附在粪粒或者微细矿物的表面，形成絮状结合体向下沉降，覆盖在深海底的生物或者沉积物之上。就在油井被盖住后3个月，距离事故油井13km、水深1370m的海底，发现深水珊瑚群被褐色的絮状物覆盖，这种褐色絮状物就是“石油海雪”，内含原油和分散剂。深水珊瑚主要是柳珊瑚（*Paramuricea biscaya*）（图6.19A），覆盖其上的褐色絮状物后来消失，但是柳珊瑚暴露的骨骼被水螅类包裹，进一步的凋零使得珊瑚分枝脱落（图6.19B、C），惨不忍睹。

图6.19 深水软珊瑚 *Paramuricea biscaya* 的凋零。A.漏油事件后珊瑚枝被降落的“石油海雪”覆盖；B.珊瑚枝凋亡、脱落；C.进一步凋亡。

墨西哥湾是世界深海石油开采的中心之一，为美国提供了1/7的石油产量，但是原油泄漏的事故也多次发生，接连造成严重的灾害事故。也许性质更为严重的是2004

年的事故，因为到十多年后的今天还没有解决。也是在墨西哥湾北部，2004年9月受“伊凡”(Ivan)风暴袭击发生海底滑坡，离密西西比河口13海里(n mi)(约24km)的MC20采油平台倒塌沉没，一部分平台和油管埋在沉积物下。不知道石油公司是不是故意隐瞒，直到十多年后才被发现有原油从那里漏出，漂上墨西哥湾的海面。卫星监测表明浮油带长达30海里(n mi)(约55km)，因为这里是河水与海水交混的地方，会产生严重的生态后果。石油公司说那是事故当时留在海底没有处理掉的剩余原油，但检查者认为海底下面还在通过油管流出原油，因为油管埋在几十米沉积物之下，甭说处理，连检查也很困难，至今尚未解决。漏油当然不是墨西哥湾独有，但是海底石油开采潜在的安全问题，从中可见一斑。

2. 海底气喷事件

油气开发中的井喷，实质上是气体的喷发，上述“深水地平线”平台就是气喷事故。当然海底气体喷出的范围要广得多，不以采油为限。我们在第二章介绍过海底冷泉，谈到过在深海高压的条件下，无论甲烷还是二氧化碳都可以进入水分子成为“水合物”，深海底下不但有甲烷的可燃冰，也有“CO_2湖”(图2.15、2.17)，只要条件变化，这类气体都可以释放出来。“可燃冰”中的甲烷既可以通过海底“冷泉”缓慢释放，也可以突然释出，分别形成麻坑和泥火山(图2.16)。从深海的角度出发，可燃冰甲烷气体在海底大量释放会造成底床不稳，导致滑坡等事故；而区域甚至全球规模的大量释出，就会增加温室气体含量，造成气候事件。海底不稳定性将在第四节里讨论，这里只对气体释出本身造成的灾祸作简单介绍。

在开阔的海洋里，海底有气体释放出来并不能直接造成灾祸，倒是陆地上比较狭窄的谷地会有可能发生灾害。1986年的一天，非洲西喀麦隆的尼奥斯湖(Nyos)突然喷发出纯CO_2气体，使周围约1700人窒息而死。尼奥斯湖是个200多米深的死火山口，即所谓“玛珥湖”，湖底和湖岸有众多温泉将来自地下深部的CO_2输入湖水深处。当湖水发生季节性翻转时，气体突然喷出，形成约50m厚的CO_2云层，笼罩半径超过

23km，使得人和牛羊、鸟类、昆虫等动物几乎全军覆没。这次“湖喷”被称为20世纪最奇怪的灾祸之一。

海洋里也有类似的传说，那就是所谓的“百慕大三角”，这是由大西洋西部的百慕大群岛和美国迈阿密、中美洲波多黎各连成的三角形，面积390万km^2（图6.20），因为发生过多起用常识不能解释的船只、飞机诡异失踪事件，被认为是有妖魔作祟的海域。科学界也有人提出过各种各样的解释，包括海底有特殊的磁场、水下有强大的潜流等等，其中有一种走红的说法就是水合物解释，猜想海底可燃冰快速化解，大量甲烷气体升到海面，使得海水密度降低，船只沉没。但这只是猜想，迄今没有任何证据。其实“百慕大三角”究竟发生过多少灾祸，说法严重不一，有人说500年里发生过200到1000次，哥伦布航行到这里就遇到麻烦；有人说20世纪里失踪过50条船加20架飞机。但是从实际的记录看，“三角”区内发生灾害的比例并不比其他海区为高，各国飞机和船只今天也都是照常在那里航行，没有谁绕道而行。回顾几十年来的历史，“百慕大三角”的名词在1950年出现时并不受关注，后来引起社会轰动的不是事故，而是作家。美国的贝利茨（Charles Berlitz）在1974年出版了一本名为《百慕大三角之谜》的书，说是失落的古大陆“大西洋城”（见第四章图4.17）就在这“三角”底下，外星人也曾经来访……这本书风靡一时，居然发行500万册，“百慕大三角”从此升级为“魔鬼三角”。足见如何区分科学、谣言和迷信，有时候并不容易。

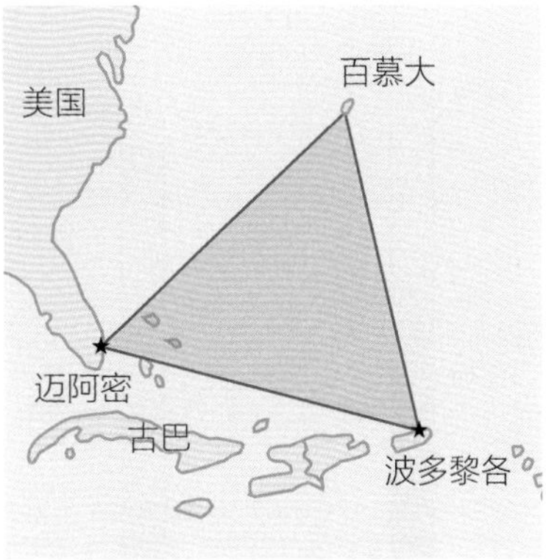

图6.20　“百慕大三角”。

可燃冰里的甲烷是温室气体，产生温室效应的效率是CO_2的20多倍，一旦大规模融化，就可以产生气候效应，严重的会引发气候灾害，而真正突出的例子需要到地质记录里找。比如距今5500万年前，海底“可燃冰”突然化解，特大规模的甲烷溢漏引起全球温度上升，同时CH_4在水中氧化成CO_2，降低了大洋的pH，造成“大洋酸化”事件。大洋钻探证明：南大西洋从2000m到5000m的深海，当时沉积物中的碳酸盐突然消失，地层从碳酸盐软泥突变为红黏土(图6.21),这次气候突变事件还伴随着大量生物的灭绝。

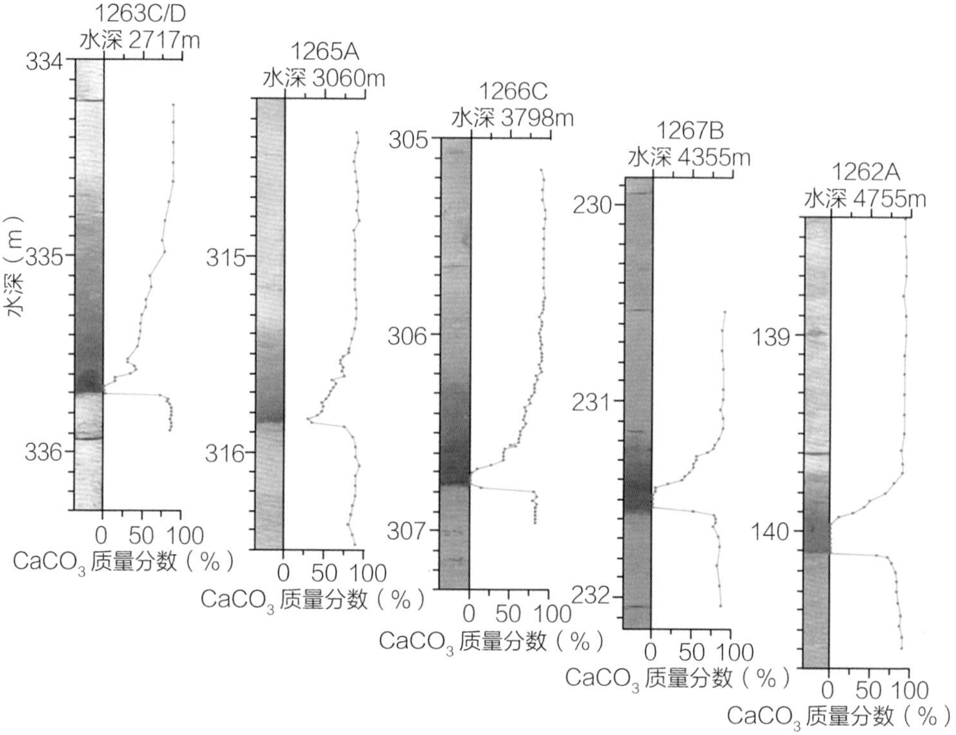

图6.21 南大西洋大洋钻探岩芯证明了5500万年前的大洋酸化、全球升温事件。

像5500万年前的这种特大规模的甲烷溢出十分罕见,常见的是较小规模的事件。只要温度上升或者压力减小,海底的可燃冰都可以化解并释出甲烷,而这种现象在冰期旋回里最容易发生。无论是冰盖增大引起的海平面下降,还是气候变化造成海水增温,都会促使水合物分解放出甲烷。可燃冰的储库有四类:陆地上的冻土带、高纬极地的大陆架、海洋的陆坡上段和深水海底(图6.22A)。冰期时的低海面有利于上陆坡的可燃冰释放甲烷,而间冰期海水变暖,有利于极地陆架的水合物分解。不过这是指大致的趋向,现实中海洋环境变幻莫测,水合物分解释放甲烷的情况相当常见。图6.22B展示的一例,是美国西岸华盛顿州外上陆坡水深515m处甲烷释出实况的声呐图像,海底之上由气泡组成的羽流上升到180m高。

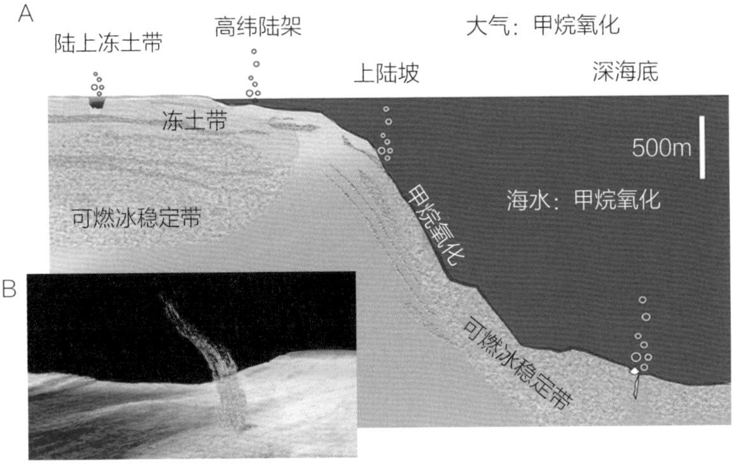

图6.22　可燃冰释放甲烷气。A.可燃冰的四大储库：陆上冻土带、高纬（极地）陆架、上陆坡和深海底；B.上陆坡海底（水深515m）甲烷逸出的声呐图像，气泡柱高180m。

既然可燃冰的消融对于气候变化十分敏感，而释放的甲烷又会产生强烈的温室效应，自然就成为当前应付全球变暖的重大问题之一。近年来令人关切的是北冰洋大陆边缘有甲烷大量泄出。比如2008年在挪威的斯匹次卑尔根岛（Spitsbergen）以西，发现水深150—400m的海底有250个以上的气泡羽状流，正以8—25cm/s的速度上升，最高可以升到海面以下50m。关键在于这类现象是不是属于当前全球变暖的反映，值得学术界认真注意。

第四节　海底滑坡

海底滑坡是海洋开发中最常见的工程灾害，然而海底滑坡又与陆上不同，至少具有三个特点：规模大、影响远、时间长。世界上最大的滑坡发生在海里，而且大得不可思议。最为著名的是挪威岸外的斯图尔加大滑坡，发生在大约8000年前，整个海底沿着近300km长的陆架外缘滑到了2000多米水深的深海底，形成了9.5万km^2的巨大滑坡，也就是相当于一个浙江省的面积。对滑坡的体积有不同估计，至少该有3000km^3，如果平铺在浙江省就是30m厚的沉积层（图6.23），如此规模的滑坡在陆地上不可想象。1980年美国西北的圣海伦火山发生了北美历史上最严重的一次火山爆发，使得整个北坡崩垮，引发大滑坡，总体积也不过3km^3；就说全世界河流每年输入海洋的沉积物总量也只有约11km^3，和斯图尔加大滑坡比都相差2—3个数量级。然而大规模的

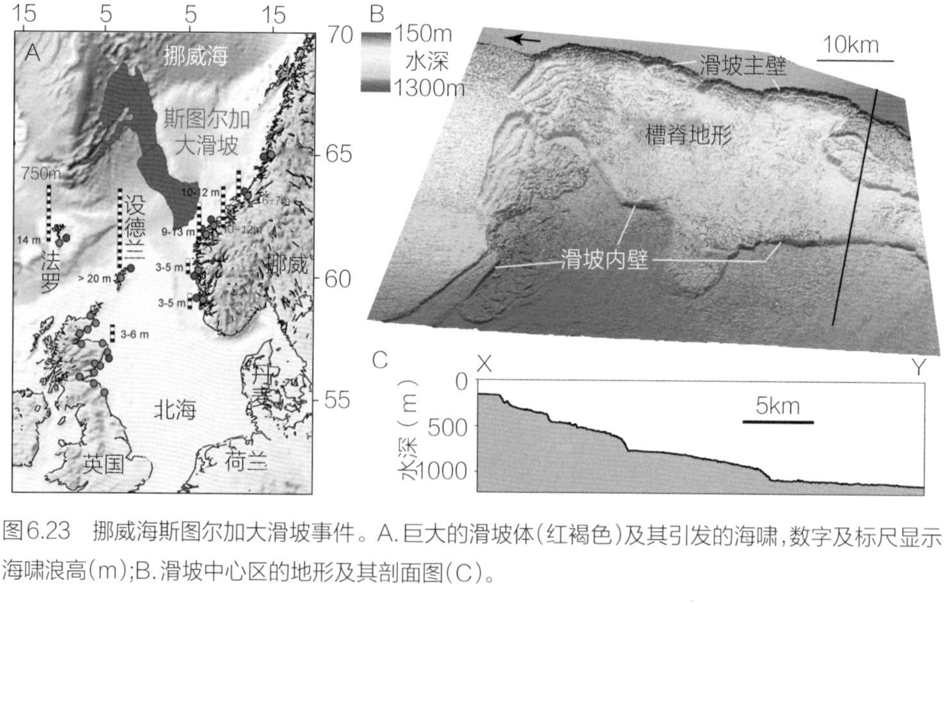

图6.23　挪威海斯图尔加大滑坡事件。A.巨大的滑坡体（红褐色）及其引发的海啸，数字及标尺显示海啸浪高（m）；B.滑坡中心区的地形及其剖面图（C）。

滑坡在大西洋周围屡见不鲜，从美国东岸到非洲西北都有发现，展示出海洋滑坡规模大的特征。

斯图尔加惊天动地的大滑坡当然也会引发海啸，在北欧沿海和近岸湖泊里都堆积了海啸砂层，见证了当时曾经高达20m的大浪（图6.23A）。海啸的影响范围比滑坡大得多，1998年巴布亚新几内亚北岸外发生7级地震，造成5—10km^{3}的滑坡，滑坡又引发了海啸，导致2200人丧生，这些都反映出海洋滑坡比陆上影响深远的特点。此外，海底滑坡涉及的时间长度也比陆上长得多，海水和大气是不同的环境，无论是海山旁的乱石堆还是大陆边缘的滑坡体，都没有陆地上那种雨水河流的冲刷，可以长期保留；而且，滑坡体里的沉积物在下滑之后还会经受压实和成岩作用，甚至过了许多万年之后滑坡体还可以继续变化。巴西岸外的陆坡上有大量被埋葬的古滑坡，由于内部沉积物的变化，它们在事件之后1000多万年还在改造着陆坡的地貌形态。

从研究结果看，现在海底的许多滑坡都和可燃冰融化的作用相关，而发生的机理往往与海平面变化相关，只是在不同纬度区的海洋，滑坡发生的高潮出现在冰期旋回的不同阶段（图6.22）。无论是海水温度还是压力发生变化，都可以诱发可燃冰化解导致海底滑坡，但是海平面变化可以改变可燃冰层的界面。一旦可燃冰分布的下界位移，析出的甲烷气体就会顺层上升然后喷出，与香槟酒瓶盖打开时气体冲出相

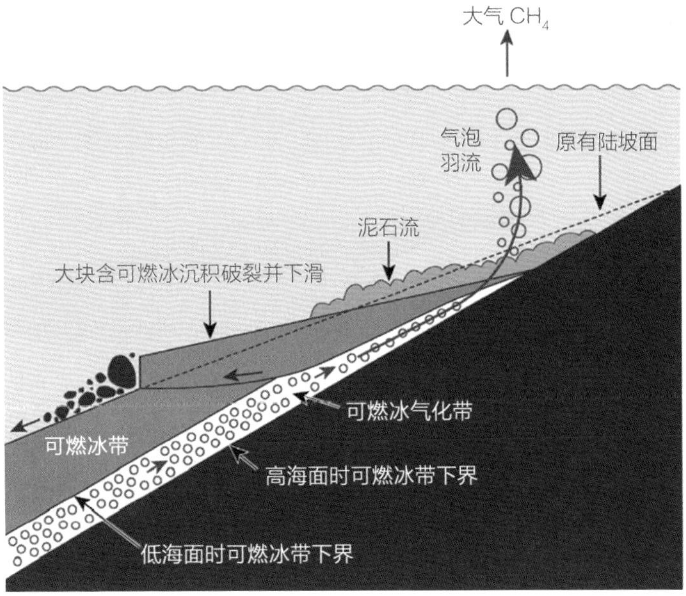

图6.24　海平面升降导致可燃冰层变化，引发海底滑坡的“香槟酒瓶盖效应”。

似。这种“香槟酒瓶盖效应”足以引发海底不稳定，突然造成滑坡事件(图6.24)。

因此，流行的观点认为可燃冰融化引起海底滑坡，主要是海平面变化的结果，据说北大西洋边缘70%的这类滑坡都发生在距今15 000—13 000年和11 000—8000年前，正好相当于冰消期内两次海平面的回升期。但是全球统计又发现没有这种相关性，提出其他的、可能是地区性的作用尤为重要，实例之一就是海底地层里流体活动的影响。比如说，根据大洋钻探的发现，美国新泽西州岸外陆坡上的地层，直到井深640m处的沉积物都还没有压实，地层里面充满着流体，孔隙率高达40%—65%，因此液体的侧向压力超过了垂向的地层压力，液体流动可以造成不稳定性，从而诱发滑坡。显然海底滑坡发生的驱动机制因地而异，关键是具体分析，找到不同机制发生的条件。

有一种意见认为巨型滑坡的发生有两种机制：一种是滑坡在陆坡的上段先发生，一种是在下段先发生，两者的机制不同。前者因为陆坡上段沉积作用快，海底地层受到垂向的沉积压力大，在短期快速堆积作用的驱动下孔隙压力增高，于是从上陆坡开始发生滑坡，向下陆坡拓展(图6.25A)。相反，后者是滑坡从下陆坡开始向上陆坡拓展，这是因为深部地层长期在沉积载荷之下孔隙压力增高，于是通过侧向流体的压力引起滑坡(图6.25B)。当然这两者都是理想的端元模式，实际情况并不如此简单。

海洋和陆地是两个世界，发生灾难事件的条件和规模都不相同。人类想要进入海洋、开发深海，必须了解海洋的特色，而不是照搬陆上的经验。

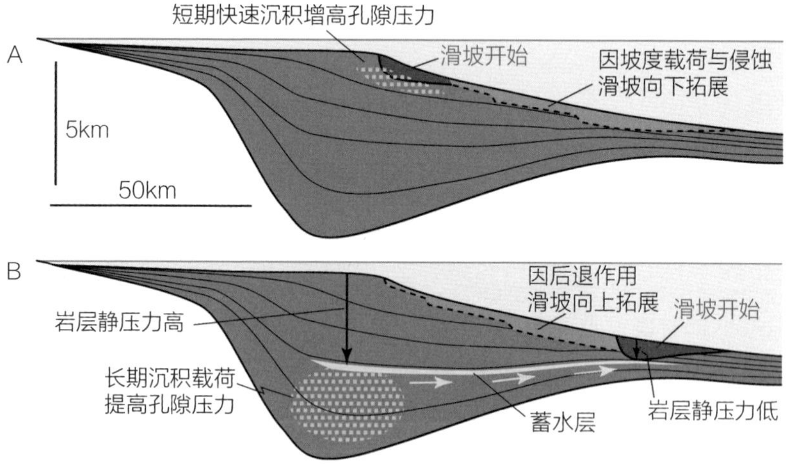

图6.25 巨型海底滑坡的两种起始机制。A.上陆坡开始，向下拓展；B.下陆坡开始，向上拓展。

第七章

深海藏宝

最后两章主题发生转移，转到“应用”上来。人类开始进入深海，起先并不是想发财，更不是为了“征服自然”。19世纪开始深海考察，驱动力主要依靠好奇心；20世纪上半叶深海技术萌芽，主要在于军事目的；进入21世纪，能不能开发深海？深海下面有什么？开发起来会有哪些困难？第一个开采对象，就是太平洋底里的多金属结核。

第一节　多金属矿

1. 深海采矿的起伏

目前已知的深海金属矿包括三大类：多金属结核、富钴结壳和金属硫化物。多金属结核俗称锰结核，像土豆形状的黑色铁疙瘩，几厘米到十多厘米大，是锰（约30%）和铁（约4%）的氧化物，并且含有镍、钴、铜等几十种元素，主要分布在4000—5000m深海平原的红黏土之上。富钴结壳全称富钴铁锰结壳，成分也是多金属氧化物，但是钴的含量可以高达1.7%，呈层状附着在岩石表面形成结壳，厚的可达25cm，分布在海山、海岭和海台的斜坡和顶部，水深为400—4000m。金属硫化物在第二章里已经提到，太平洋的热液黑烟囱和红海底的多金属软泥都是这一类的矿物。这里指的是块状硫化物矿，可称为多金属块状硫化物，包括方铅矿（铅）、闪锌矿（锌）和黄铜矿（铜），与包括金、银在内的其他金属硫化物一道，主要分布在太平洋海隆、大西洋和印度洋中脊，以及大洋边缘的弧后扩张中心。

这三种深海金属矿可以归纳为两类：多金属结核、富钴结壳的金属元素都是从海水里沉淀出来，可以说是“水成”的，都属于氧化物；而块状硫化物的金属来自岩浆，通过热液活动成矿，来源可以说是“火成”的，属于硫化物。多金属结核和结壳的成因并不清楚，看来微生物起着重要作用，但是生长极慢，一块土豆大小的结核可能生长了几百万年，条件是没有矿物沉积，一旦被沉积物埋在地层里，结核的生长就到此为止。所以结核、结壳主要分布在大洋当中，硫化物主要沿洋脊分布（图7.1），各得其所。这三类金属矿都有巨大的分布面积和丰富的储量，人类早在半个世纪以前就试图开发，但是直至今天，世界上还没有一个商业开采成功的实例。既然海底金属矿是开发深海最早提出的天然资源，为什么时至今日还只有科研调查的支出，并得不到春华秋实的回报呢？这里所反映的，恰恰是深海开发的重大特色，极其值得我们借鉴。不妨从锰结

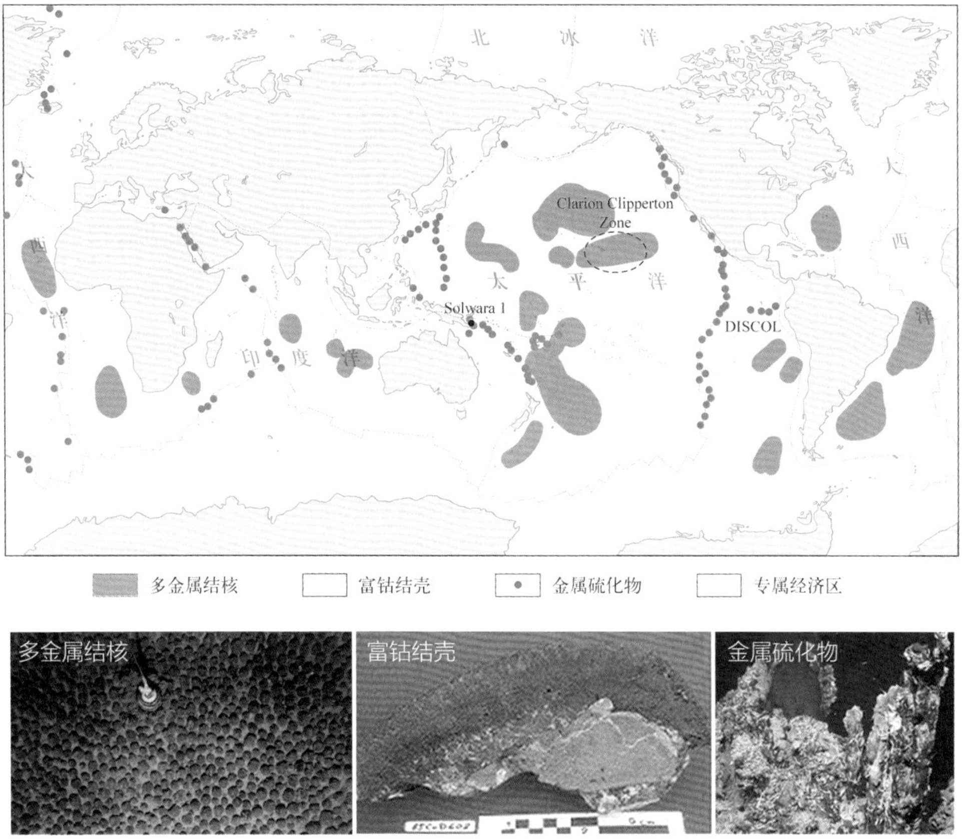

图7.1 世界深海金属矿分布图。Clarion Clipperton Zone是太平洋多金属结核富集分布区；DISCOL是多金属开采试验区；Solwara 1是巴布亚新几内亚的金属硫化物开采区块。

核开采的历史说起。

三种深海金属矿，多金属结核发现得最早。19世纪的英国“挑战者号”环球考察，1874年就曾在太平洋海底首次采到了多金属结核，不过起决定作用的还是1965年美国梅罗(John Mero)《海洋的矿产资源》一书的描述，唤起了海底采矿的高潮。他在书里描绘了一幅聚宝盆式的图景：太平洋底上有上万亿吨的锰结核可以开采，而且增长的速度比采矿还快，因此海底里的锰、钴、镍、铜是用不尽的。于是学术界大受鼓舞，1960—1970年代组织了上百个航次前往太平洋，其中有美国30—40次，德国28次，法国42次，还有苏联派出了上百个航次做全球探索。

探索的目的当然是开采。1972—1978年是锰结核开发的黄金时期，德国、美国、日本、加拿大等国的私人公司，在政府支持下组成联合体着手开采太平洋锰结核，试图在深海开发中"第一个吃螃蟹"。至少有6家联合体卷入，但是真正在海上试验成功的就一家，那就是德国、美国、加拿大和日本公司组成的合资企业OMI（Ocean Management Incorporated），1978年初，从太平洋海底泵上了800t锰结核，可惜最后把整个采矿系统给弄丢了。声势更加浩大的是美国建造的51 000t的锰结核开采母船"格罗玛·探索者号"（Glomar Explorer），曾到太平洋进行锰结核开采。该船装有遥控的采矿系统，可以在水深6000m处作业，装载采矿系统的月池就有82m长。只是后来揭秘才知道：这场采矿其实是在演戏，真正的目的是打捞苏联沉没在太平洋的核潜艇，是美国中央情报局请公司老板休斯（Howard Hughes）出面，以采矿做伪装，花去的8亿美元是为了军事目的。这应当是美国利用海洋科学做伪装，搞军事政治阴谋而规模最大的一例，我们在第八章里还要进一步讨论。

1970年代的高潮过后，开采锰结核的热度降了下来，1982年起，美、德、法等国实际停止了大洋锰结核的勘探开发，把注意力移向热液硫化物。锰结核热的降温有多方面原因，包括金属原料价格、国际政治背景和海底开发的环境影响等等。锰结核开采的目的不在锰，而在于镍、钴、铜等元素，但这些元素陆上的生产至少还可以对付几十年。加上1982年联合国通过《联合国海洋法公约》，给国际海域的资源开采做出了种种规定，不允许发达国家为所欲为；相反，1980年代开始，中国、印度等发展中国家开始积极投入深海矿产的勘探。

另一方面，随着社会对生存环境的关注，对于深海开采的技术层面也提出了越来越高的要求。多金属结核很重，要从5000m海底采上船来并不容易。采矿的方法可以是"流体提升"，也就是在管子里吸上来；也可以是"拖网采集"，也就是在采矿船上安装拖网斗。做起来都很不容易。两种方法还有一个共同后果，就是会破坏深海海底的生态环境。形象地说，从深海海底采集锰结核必然掀起海底沉积，将底栖生物活埋。

然而到了21世纪，深海金属矿开发的呼声再度高涨，主要原因在于高新技术发展对金属的需求发生变化，深海矿产中富含的一些金属元素变得格外重要，包括钴、锂和稀土元素,从手机到电动汽车都需要用,而且今后的需求必然继续增长,从而为深海金属矿产的开采注入了新的动力。当前的国际科技界正在再度动员起来探索开采的新途径,使深海开采对环境的负面影响最小化。最近的一例是欧盟支持的“蓝色结核”(Blue Nodule)计划,包含一系列的新思路、新技术(图7.2B),与早年锰结核开采的技术设想(图7.2A)相比,已经大不相同。

从高新技术日益增长的需求和陆上资源的局限性看,深海金属矿产开发必定大有

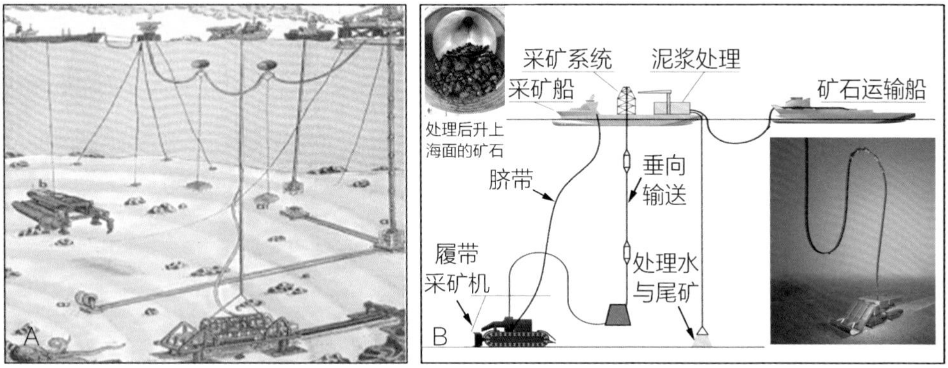

图7.2 多金属结核深海采矿的设想方案。A.早年的设想;B.当前欧盟“蓝色结核”的设计。

可为,不确定的只是时间的早晚而已。多金属结核、富钴结壳和金属硫化物三大深海矿都有前景,但是开发的启动会有先后。相比之下,多金属结核平铺海底,是“俯拾皆是”的“二维”矿产,但是深度最大;海山上的富钴结壳水浅,价值也高,有人估计仅太平洋一片海区的钴储量就达5000万t,相当于陆上储量的7倍,但是贴在岩石上的结壳只有几厘米厚,开采起来并不省事。

如此算来,最早实现商业开采的深海金属矿,最可能是金属硫化物,因为开采的技术比较可行,矿产的价值也比较可观。我们在第二章里介绍了热液口黑烟囱的发现,黑烟囱的成分就是金属硫化物和硬石膏,但是作为矿产开采的当然不是黑烟囱,而是热液喷口底下的矿体。与锰结核不同,热液矿是“三维”的矿山,需要钻探调查。国际大洋钻探计划先后对4个不同类型的热液硫化物矿区进行了探索,其中1994年在大西洋中脊钻探的TAG热液区至今仍在活动,研究程度最高(图7.3)。这是个大型的、成熟

的矿床，丘体直径200m、高50m，以玄武岩为围岩，活动热液流体最高温度超过360℃。据估计，全球热液喷口区估计有500到5000个，金属硫化物储量约为6亿t，含有约3000万t铜和锌，与陆地上发现的新生代硫化物矿总量相当。前景很好，但是开采从哪里开始呢？

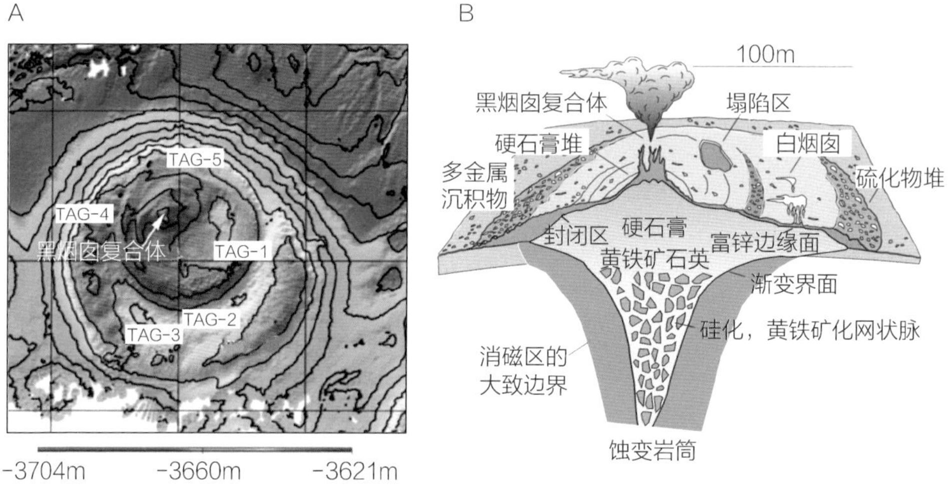

图7.3 热液矿实例：大西洋洋中脊TAG热液硫化物丘。A.热液丘的形状与地形；B.热液丘立体剖面图。

2. 深海采矿的瓶颈

新世纪带给金属硫化物开采者的一大喜讯，是西南太平洋的矿里发现金。位于西南太平洋的劳盆地（Lau）、马努斯盆地（Manus）等，都是板块俯冲带的弧后盆地，和大洋中脊一样具有热液活动形成的硫化物矿，但是大洋中脊是玄武岩的岩浆，弧后盆地却是有酸性的岩浆。调查发现，弧后热液的硫化物可以有较多的金、银等元素。2006年，加拿大“鹦鹉螺矿业公司”（Nautilus Minerals）用水下机器人等先进设施在马努斯盆地调查，发现这里的Solwara 1矿区最适合开采（图7.4B）。这里的矿石每吨含金7.2g，高的可达20g；铜的含量有7.5%，而陆地的铜矿平均只有0.6%。Solwara 1矿水深1600m，总矿量130万t，面积11.2万m^2，相当于17个足球场大，这要比大西洋TAG矿大多了，TAG矿面积只相当于一个棒球场。鹦鹉螺公司总部设在多伦多，是个实力强大的公司，立志要当世界深海采矿的先锋。他们向深海油气开采取经，将其中一系列新技术引入深海金属矿的开采，准备将矿石以打碎成泥浆的形式泵上海面(图7.4A)。鹦鹉螺公司2007年启动勘察计划，2009年通过环境审查，2011年获得了巴布亚新几内亚政府的开采准许，被授予对59km²海域为期25年的开采权，该海域成为全球第一个硫化物开采的国际区块。2017年，鹦鹉螺公司在英国定制的三大海底采样设备已经运到，计划在2019年一季度开始生产。然而，这项雄心勃勃的宏伟计划不断遭遇困难，现在已经陷入奄奄一息的低谷。

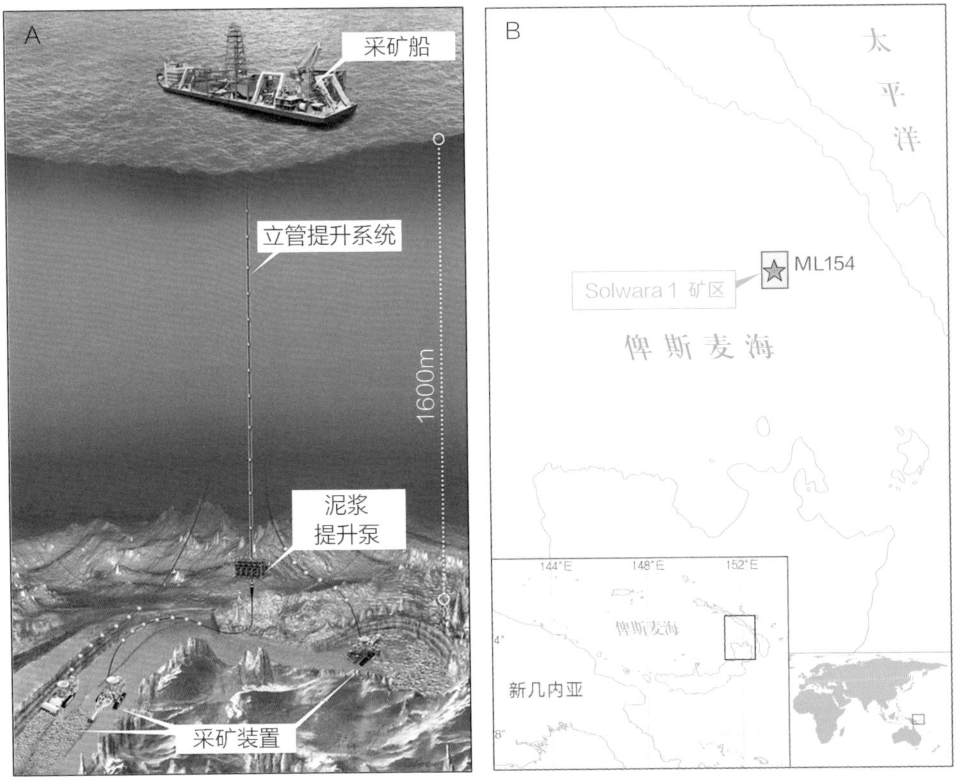

图7.4 加拿大鹦鹉螺公司准备开采Solwara 1金属硫化物矿。A.深海采矿设备；B.矿区位置。

困难来自政治和经济两方面，也就是准许和资金。Solwara 1矿区能获准开采，关键在于巴布亚新几内亚政府的积极性，准备吸引外资开发海底资源。但是和太平洋锰

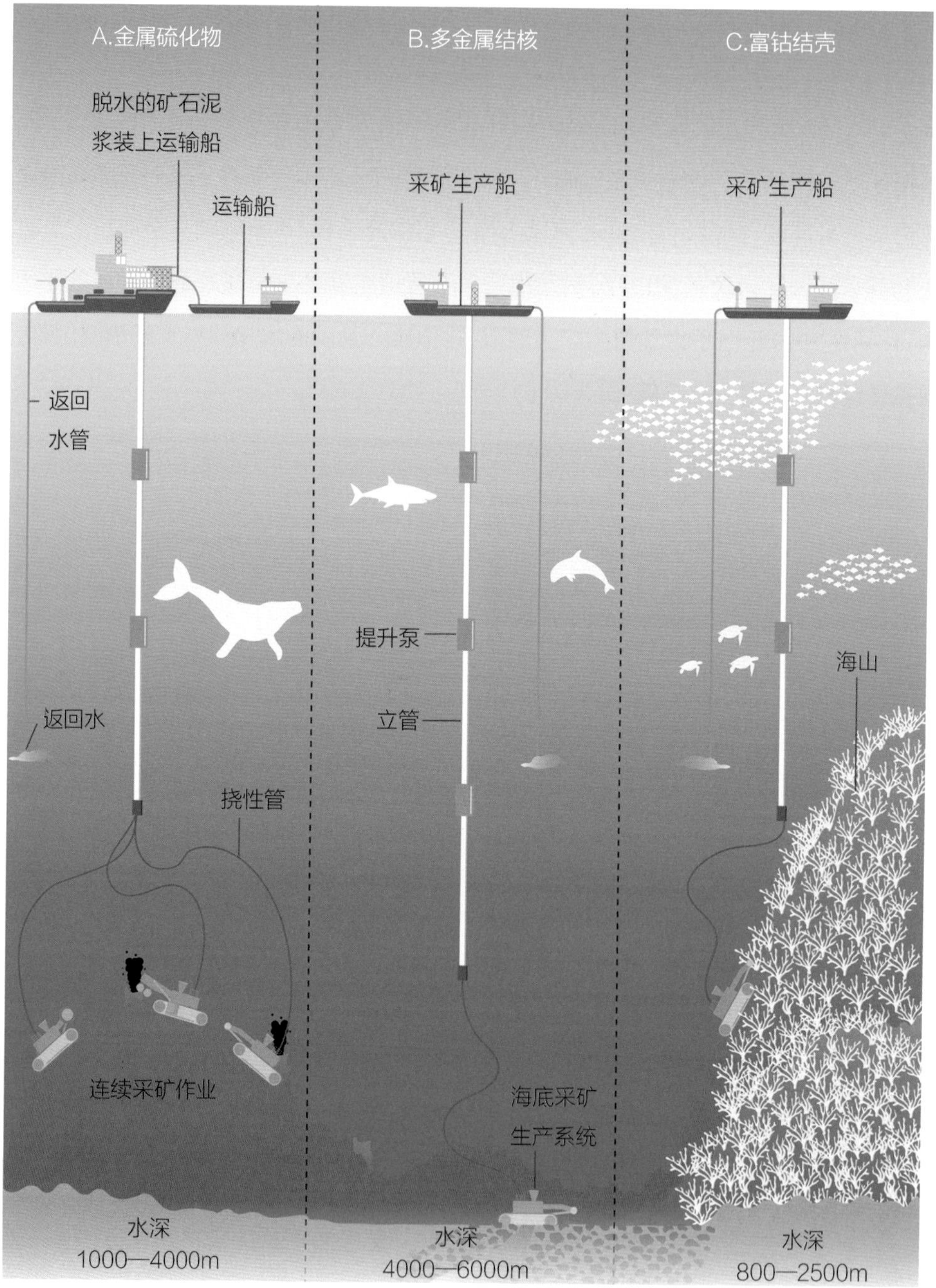

图7.5 三大类深海金属矿的开采途径及其环境影响。

结核不同,Solwara 1矿区属于巴布亚新几内亚专属经济区,离岸只有30km。鹦鹉螺公司采矿开始后昼夜不停,无论是声音还是灯光都将会改变整个海区的环境;再说Solwara 1矿区产生的24.5万t尾矿将投入海底,采矿用水将在海底以上25—50m处返回,在排放处方圆1km范围内将会堆起50cm厚的沉积层,而有些排出物还将漂到10km以外。对于附近岛屿的居民来说,开矿无异于一场灾难,从而激起了地方上的反对。再者,鹦鹉螺公司的壮举依靠多方面的投资,而投资者的信心又取决于成功和回报的前景,包括采用新技术的成功把握。2018年7月,鹦鹉螺公司的股票突然跌落19%,因为几件坏消息一起到来:采矿船的合同被取消;一家主要投资公司撤资;当地社团上告法院,要求终止海域采矿的租用合同。Solwara 1矿区的开采计划立刻陷入僵局,至今未见起色。

就这样,一项海洋事业的创新计划功败垂成,其中原因很多,而从自然科学的角度出发,关键环节在于环境影响。三大类深海金属矿的开采技术各不相同,产生的环境后果也不一样。总的来说,海底生态系统受到的影响最为直接,底栖群落既被挖走了生存的基底,又被掀起的沉积物覆盖,无疑是灭顶之灾。同时现在的海底采矿采用的"泥浆式"提升技术,许多处理过程在水下进行,有大量含矿的泥浆水进入水层,严重破坏深海水柱的生态环境(图7.5)。因此,如何针对深海生态系统的特点,采取有效措施尽可能减低采矿的环境影响,是深海矿业开发的瓶颈。

近30多年来,科学界加强了深海采矿环境影响的研究,其中欧洲国家走在前头。比如,1989年德国支持了生物群"搅动与回迁"(DISCOL,DISturbance and reCOLonization)试验,在东太平洋秘鲁盆地模拟锰结核开采的后果;2013—2016年,欧盟支持"控制深海资源开发的影响"的三年研究计划MIDAS(Managing Impacts of Deep-Sea Resource Exploitation),不但研究物理过程,而且探索深海采矿可能排出的有毒化合物。

秘鲁盆地的DISCOL试验,是项多年试验的长期计划。在水深4100m的多金属结核区,在海底10.8km^{2}的面积上,采用8m宽的犁对海底耙地,以模仿采矿(图7.6B),然后过6个月、3年、7年再来考察对底栖生物群有多少影响。最近又在时隔26年后再度

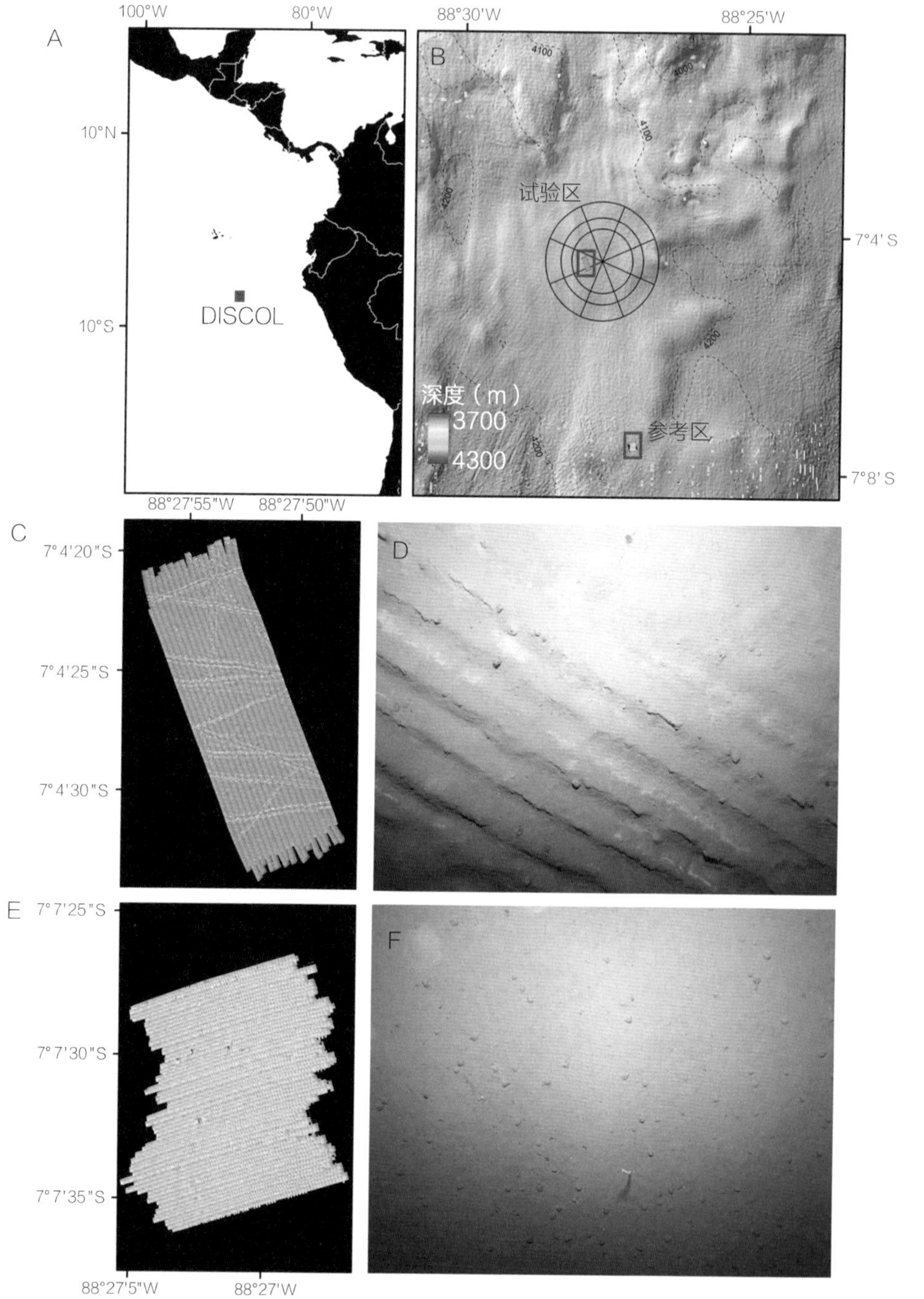

图7.6　秘鲁盆地1989年的DISCOL试验结果。A.DISCOL试验的地点；B.试验区和参考区的位置；C.试验区的镶嵌地形全图；D.试验区内62.4m²的地形照片；E.参考区的镶嵌地形全图；F.参考区内71.3m²的地形照片。

访问，在经过犁耙试验的区内选了一块62.4m^2面积的海底（图7.6C、D），又在距离试验区3.5km外另选一块71.3m^2面积的海底作为参考系（图7.6E、F），进行比较。结果并不乐观，不但26年前的耙痕依旧历历在目，而且生物的回迁并不显著，钻泥生活的潜底生物还比较好，而依靠滤食为生的固着生物恢复很差。总的结论是：深海是个慢世界，生态系统一旦破坏，要恢复的时间尺度不是年代际的几十年，而是要按世纪计算。

第二节 烃类资源

1. 石油资源的世纪之争

海洋尤其是深海开发，真正对当前社会已经产生重大影响的，只有石油和天然气。海洋油气已经位居世界（不是中国）海洋经济的首位，产值超越了各种传统的海洋经济行业，产量已经占到世界石油产量的30%，其中深水油田又占整个海上产量的30%。近年来，全球重大油气发现中70%来自水深超过1000m的水域，并且呈逐年升高的趋势。在油气开发全球排名前50的超大项目中，3/4是深水项目。

海上采油不是新闻，墨西哥湾岸边的水下油井1947年就已经出现，但是近年来深海油气如此迅速的发展，却超出了人们的意料。回顾100多年来关于石油资源的国际争论，正好反映出对深海油气认识在逐步加深。1956年，美国石油地质学家哈伯特（Marion Hubbert）根据油井寿命的局限性，提出了“石油高峰说”（peak oil），预测美国的石油生产在1970年前后到达顶峰，然后逐步下降，表现为一根钟状曲线（图7.7A）。这根著名的“哈伯特曲线”将石油时代的终结提上了日程，在产业界和学术界都产生了深远的影响。但是到了1970年代，石油产量继续上升，以至于2004年美国《科学》杂志发表文章加以反对，标题就叫《别喊狼来了——石油时代终结还早着呢》。

岁月荏苒，到了20世纪末，另一位石油地质学家坎贝尔（Colin Campbell）在《科学美国人》（*Scientific American*）杂志上发表了一篇题为《低价石油的结束》的文章，预言“石油高峰”将在2003—2004年到达，提出了钟状曲线的新版本（图7.7B），区别在于将高峰推迟了30年。新的预言同样引起争论，随着新世纪油气勘探的进展，特别是深海特大油气田的发现以及美国页岩气的发展，现在“石油高峰”说已经不再盛行。世界油气生产的前景是个极其敏感的命题，牵涉到各国的经济建设与能源政策，这里重要的是区别不同的时间尺度。化石燃料总有用完的一天，被可再生、清洁能源取代是必然趋势;但是20世纪对天然资源的预测之所以屡屡失误,主要是因为对技术发展的能力估计不足和对海洋资源缺乏了解,因为大规模深海油气的发现主要还是21世纪的事。

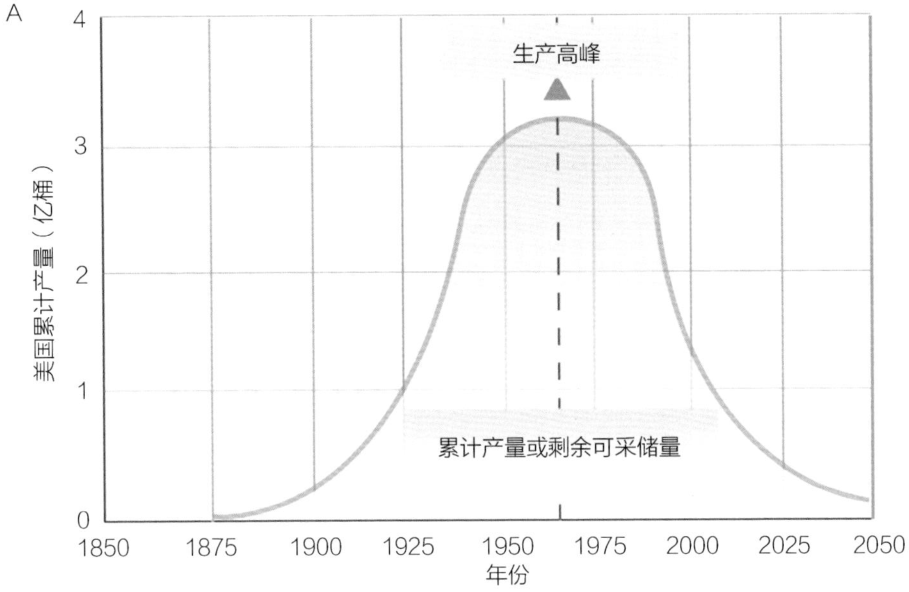

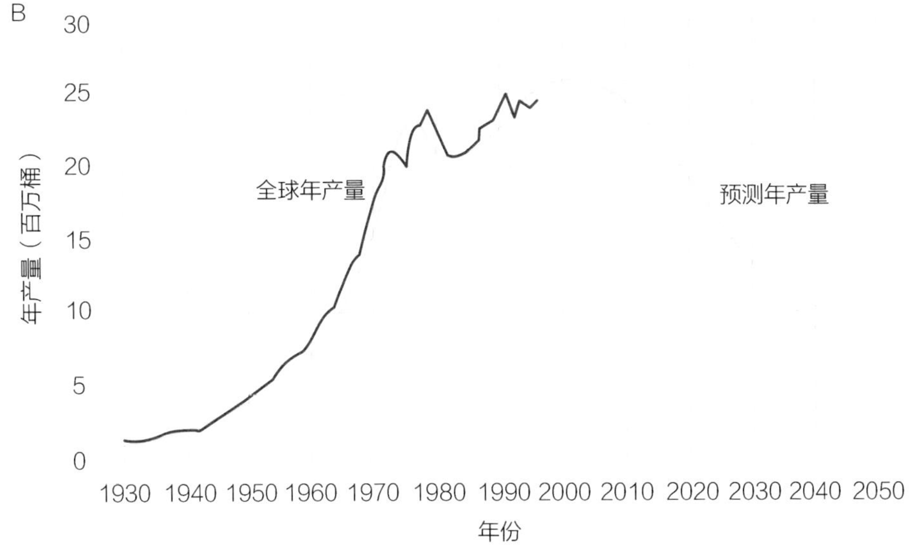

图7.7　预测石油产量的"钟状曲线"。A.1956年的哈伯特曲线,预测美国石油生产高峰约在1970年;B.1998年坎贝尔等的曲线,预测世界石油生产的高峰在2003—2004年。

2. 深海油气的新发现

受地质条件的控制,深海资源的分布各不相同:本章第一节介绍的金属矿产,分布区是在大洋地壳(图7.1),而现在讨论油气盆地,分布区却是在大陆地壳(图7.8)。这很容易理解:含油盆地的沉积物来自大陆,尤其是在大陆地壳破裂、大洋地壳即将形成的前夕,也就是所谓"裂谷作用"的阶段,对于形成含油盆地最为有利。距今1.2亿年前

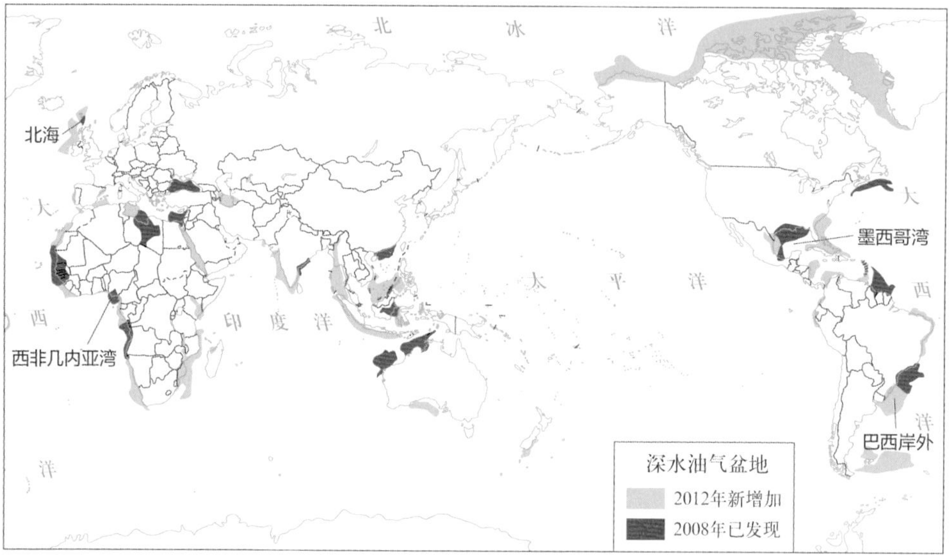

图7.8 世界深海油气的盆地分布及其主要产区,颜色展示21世纪的快速发展。

大西洋盆地正式开裂,此前就经历了很长的裂谷阶段,就在那段时间前后沿着今天美洲东岸和欧洲、非洲的西岸外,出现过大量相对封闭的裂谷盆地,堆积了大量的沉积岩和蒸发岩,含有丰富的油气资源,这就是现在深水油气的主要分布区。深水油气盆地开发的突飞猛进,主要是在新世纪,最大的油田在墨西哥湾、巴西岸外、西非岸外和欧洲的北海,都分布在大西洋的两侧(图7.8),其中发展最早、影响最大的是南美的巴西。巴西因为B字母开头而位列"金砖五国"之首,其发展很大程度是深海石油的功劳,而且主要得益于坎普斯(Campos)和桑托斯(Santos)两大盆地。拿桑托斯盆地来

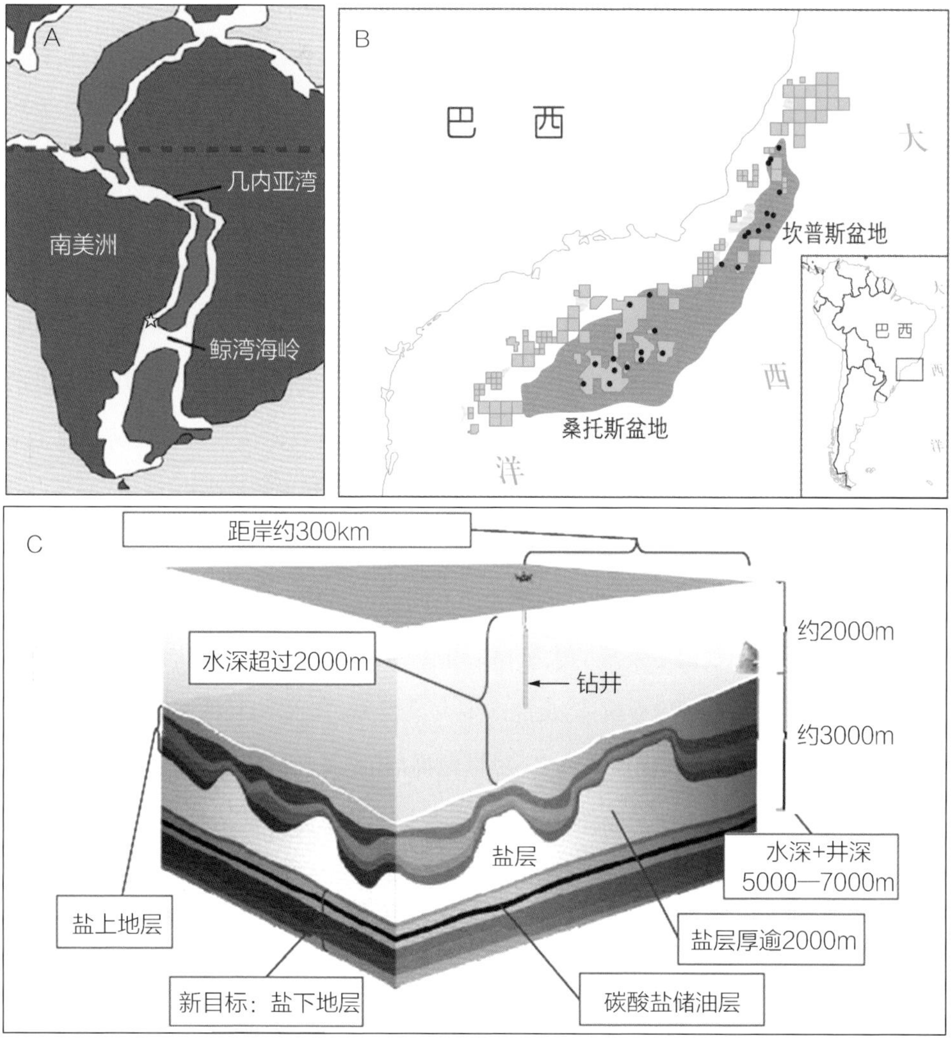

图7.9　巴西桑托斯深海油田。A.1.2亿年前大西洋开始张裂时桑托斯盆地的位置（☆）；B.桑托斯盆地现在的地理位置；C.桑托斯盆地油田的盐层和作为新勘探目标的盐下地层。

说，面积有35万km^2，是巴西最大而且高产的海上油气盆地（图7.9A、B），虽然勘探活动早在1970年代就已经开始，近年来能够取得重大发展，应当归功于盐层之下发现的大油田。正是这些“盐下油藏”，为深海油气开发打开了新局面。岩盐在石油地质的“生、储、盖”组合里，是优质的盖层，因为盐层具有致密而不渗透的性质，在工程上甚至可以作油库用,在盐层里头储油。同时岩盐的塑性极大,在压力下大幅度流动和变形,产生所谓“底辟构造”,可以像岩浆那样刺穿地层形成盐丘。大西洋两侧含油盆地的发育过程中,广泛形成了厚层的岩盐,但由于盐层厚、埋深大,各个盆地的油气勘探都在岩层以上进行。打破局面的是1993年,在墨西哥湾北部首次发现了盐下的马洪戈尼(Mahogany)油田,从而开启了1990年代墨西哥湾钻穿盐层、发现“盐下”大油田的新阶段。在墨西哥湾成功的启示下,桑托斯盆地也在2006年发现了盐层下的碳酸盐油田(图7.9C)。开发盐下油田并不容易,单是水深已经超过2000m,还要钻到井下至少3000m才能进入油层,因此整个钻具得有5000—7000m的长度。上海南京路步行街长1033m,这种油井的钻具长度相当于5—7条步行街相连接,可见开发的技术要求极高。但是丰富的产量和巨大的储量,使得盐下油田成为当前海上油气开发的新方向。

巴西桑托斯盆地的经历,向我们展示了深海油气勘探的广阔前景。巨厚盐层在其他盆地也有,地中海就不少(见第五章第四节),问题就是钻得越深、勘探越难。另外的一点是,“盐下”大油气田中发现的大量CO_2,重新激活了油气“无机成因”的假说,也就是说地球内部(而不是生物有机体)也能产生大量烃类。如果得到证明,那就会将地下更加深层的烃类勘探提上日程。总之,20世纪提出的“石油高峰说”,非但不应该成为放弃油气勘探的借口,反而是驱使开拓者去寻找烃类新储量的鞭策。

近年来呼声日益高涨的是北冰洋的油气藏。北冰洋不仅是面积最小的大洋,也是大洋地壳比例最低的大洋,只有50%是洋壳(图7.10黄色),而且周围为大陆所包围,因此有大量沉积盆地发育(图7.10蓝色),加上地形上的封闭性,很容易出现水柱分层、有利于有机物保存的生油环境(见第五章第三节)。

因此,北冰洋是全球瞩目的油气开发前景区,据估计储存着地球上尚未开采的13%的原油和25%的天然气。但是巨厚的浮冰和恶劣的气候条件,使开发者必然面临巨大的技术挑战。其实更大的挑战来自社会与政治层面,因为开发北极圈的环境代价一直是国际的争论题目。拿美国阿拉斯加来说,1969年在其北冰洋沿岸发现了北美最大的“北坡”(North Slope)油田,而北坡东边的阿拉斯加“北极国家野生动物保护区”(ANWR, Arctic National Wildlife Refuge)同样富有油气前景,众多石油公司几十

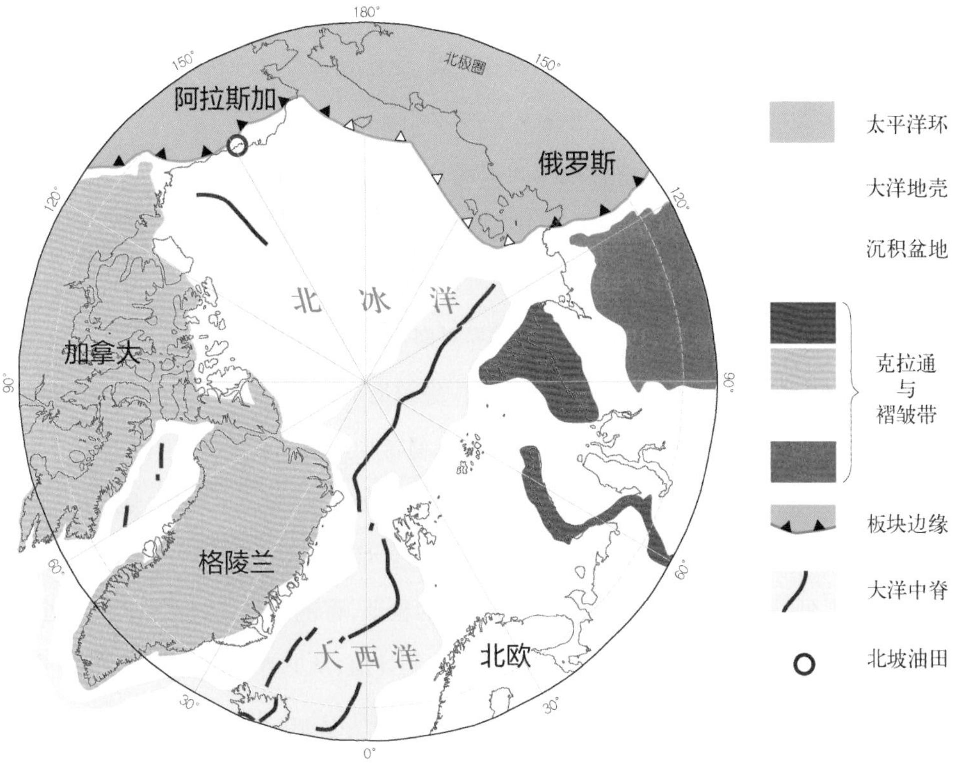

图7.10 北极圈的地质属性。蓝色为沉积盆地，黄色为大洋地壳。

年来垂涎三尺，但是因为动物保护而不准开发，于是ANWR是否允许开发，成了美国两党政治斗争的一项重要内容。在ANWR近2000万公顷的土地上，保护着700种特殊的极地动植物；但是在这土地之下，又蕴藏着上百亿桶的原油。支持者认为，如果将ANWR批给石油公司开发，不但能振兴美国的石油产业，还能为联邦政府和州政府的财政解困。果然，2019年ANWR由共和党执政的总统批准开发，但是反对声音从未中断。这里说的是北极陆地上开发石油引起美国国内的争论，至于北冰洋海底的石油开发更有国际的政治矛盾，我们留在下一章再谈。

3. 可燃冰

可燃冰已经谈过两次："海底冷泉"的发现，主要说的就是可燃冰（第二章第三节）；

5500万年前的全球升温事件,也是可燃冰释放甲烷气体造成的灾难(第六章第三节),因此无须再来重复。但是作为海底的潜在资源,这里还需要补充两点:究竟海底可燃冰的储量有多大?海底可燃冰的开采又有多大风险?

天然气矿产居然会以结晶体的形式出现,出乎地球科学家的意料,至于储量如何估计,更加是个新问题。从1970年代苏联获得可燃冰样品之后,学术界就开始根据相关海洋沉积的总量,来估算全球可燃冰中所含天然气的总量,结果极其令人兴奋。然而得出的估计值相差悬殊,1980年美国学界对海洋可燃冰中甲烷含量的估计,从$3.1\times10^{15}m^3$到$7600\times10^{15}m^3$都有,相差三个数量级。经过对海洋可燃冰的现场观测,1980年代晚期到1990年代各方面的估计值逐渐靠拢,通常稳定在$21\times10^{15}m^3$上下。对于海洋可燃冰认识的重大进展,来自多次大洋钻探,尤其是1995年的ODP 164航次和2002年的ODP 204航次,都是专题探索可燃冰的产状。最初的储量计算都是假设沉积岩孔隙里充满可燃冰,饱和度为100%,经过钻探的验证,将饱和度估计值降低了两个数量级(图7.11A)。这样,对海洋可燃冰总储量的估计值,从1970年代至1980年代早期的10^{17}—$10^{18}m^3$,降到1980年代晚期至1990年代早期的$10^{16}m^3$,再降到1990年代晚期之后的10^{14}—$10^{15}m^3$,逐步下降了2—3个数量级。数量上的退步却是科学上的进步,反映出人类对可燃冰的认识,从初始阶段进入了理性阶段。

还有一个重要的概念有待澄清,那就是分清三种储量:地质体内可燃冰的总量、技术上成熟可以开采的储量和经济价值允许商业开采的储量(图7.11B)。具体说,目前的开采技术是针对孔隙度较高的砂岩储层,而黏土层裂隙里的可燃冰开采技术还有待发展;再比如现在进行试开采是可以不顾成本的,但是还需要技术进一步发展,才能使得开采产生商业利益。如图7.11B所示,技术可开采量远小于地质体内的总量,但是会随着技术的发展而增多;商业可开采量现在还没有,将随着技术发展而逐步上升。

10年来对于海洋可燃冰总量估计值发生如此巨大的变化,根本原因在于对可燃冰产状的多样性估计不足,将同一个模式套用到全球。这些年的研究结果证明,不同海区的可燃冰从形成过程到产状特征都十分多样。陆架、尤其是北极高纬区陆架的可燃冰,其实就是冰期时陆上冻土带被海水淹没而形成,主要是在15 000年以来形成的,

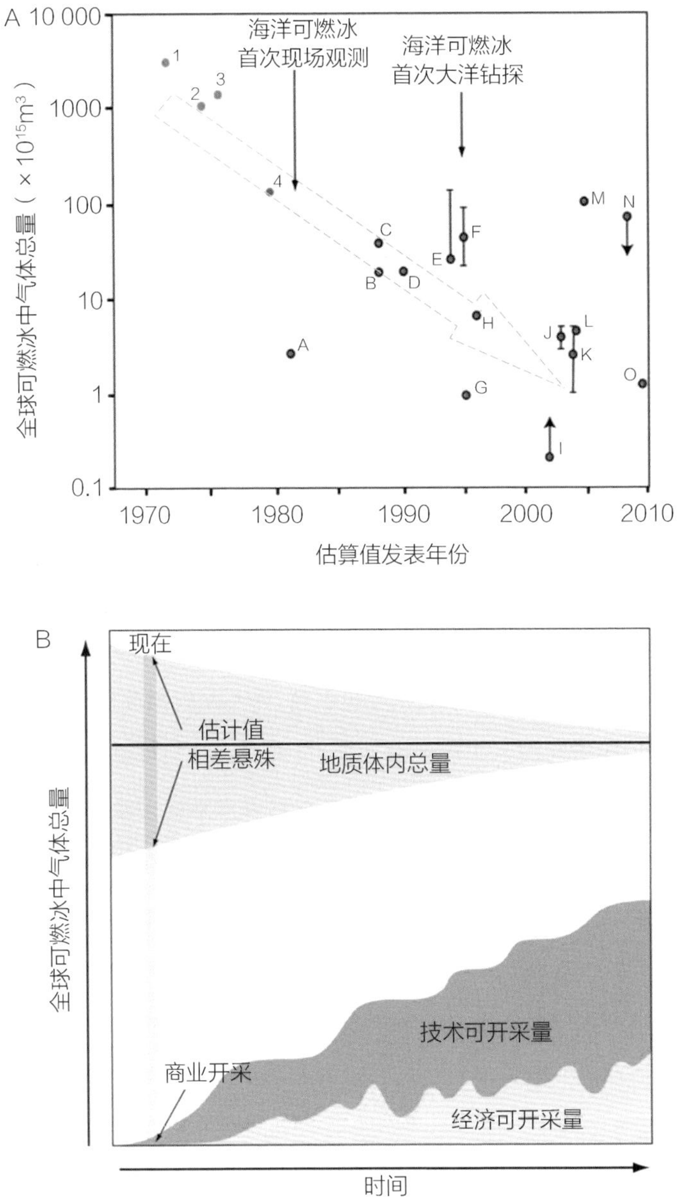

图7.11　可燃冰中气体全球总储量的争论。A.40年来总储量的变化趋势，每个红点表示一种估价值；B.区别三种不同的储量概念：全球地质体内所含的总量（灰色），技术上可开采的总量（橙色），经济上值得开采的总量（黄色）。

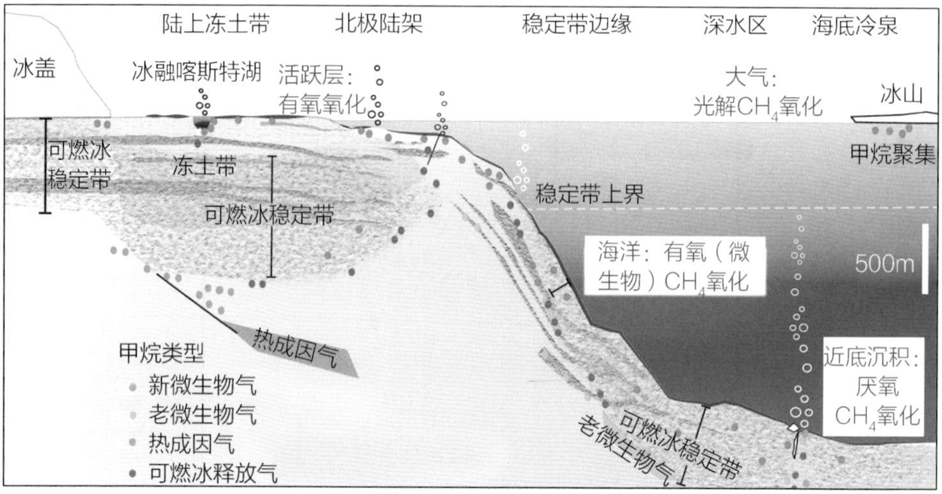

图7.12　可燃冰分布与甲烷来源的示意图。

不同于深水海底由深海甲烷菌所产生的可燃冰(图7.12)。

至于第二个问题:开采海底可燃冰究竟有多大风险,现在还难以讨论。虽然可燃冰试采已经进行,但是规模不大、技术成熟度也不高,尚不足以据此对风险和负面效应得出成熟的结论。如果暂时放下工程风险不谈,只来探索开采可燃冰的环境后果,那倒是相对比较容易,因为海底可燃冰的CH_4释放,自然界本来就在发生。CH_4的温室效应是CO_2的20多倍,可燃冰的释放将会增强全球变暖,而增暖的环境效应取决于CH_4进入大气圈的数量,从而又和可燃冰全球总量的估计相关。直至现在,可燃冰总量的估计值仍有很大差别,大致在$(1—5)\times10^{15}m^3$,相当于5000亿—25 000亿t的甲烷碳。与30年前相比,这是大幅度的收缩,因为那时候估计可燃冰中的有机碳,超过了全部已开发和未开发矿物燃料的总和(图7.13A),而现在的估计已经大为收缩(图7.13B)。

全球变暖的趋势正在影响着海底水合物的稳定性。常有文献报道可燃冰融化释出CH_4的消息,有可能加剧温室效应,这种现象在北极浅海尤为显著(图6.22)。但是近年来的观测发现,海底释出的CH_4很少能穿越水层进入大气,因而认为对全球温室效应的影响不大。从大气的角度考察,来自海底可燃冰的CH_4比例甚低,并非当前大气温室气体的重要来源(图7.13C)。

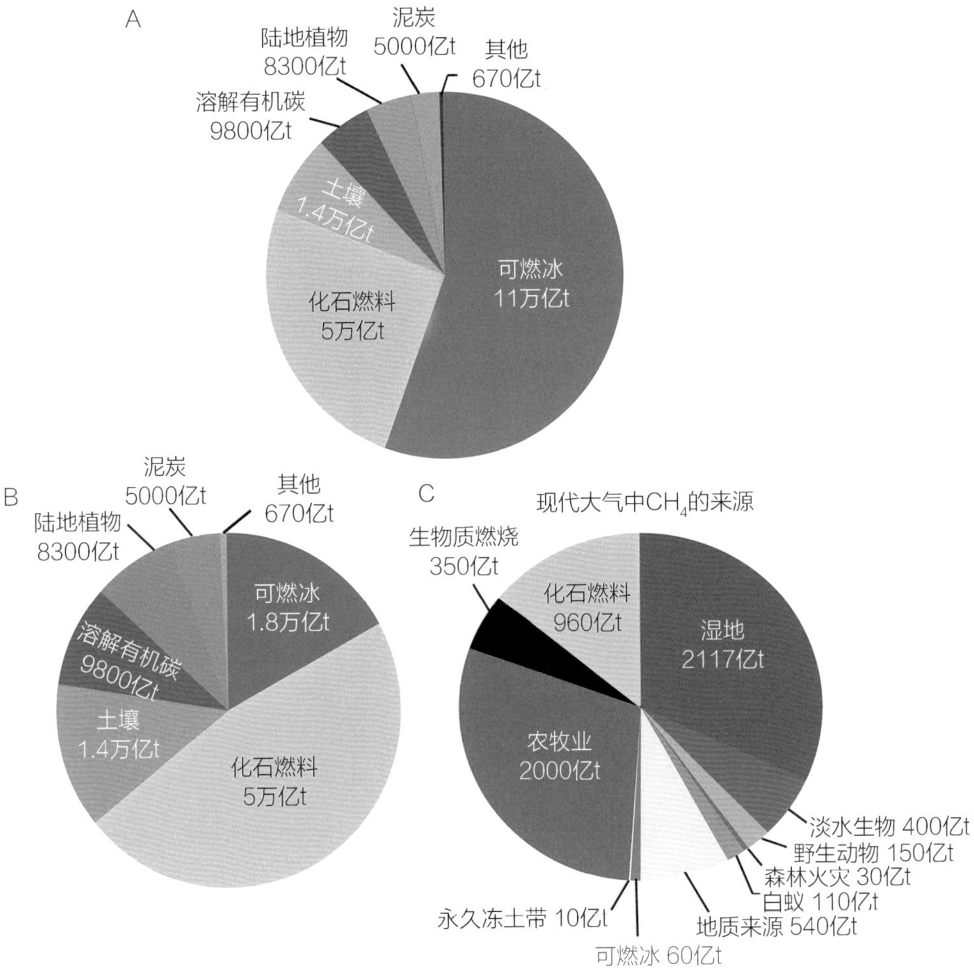

图7.13　地球表层有机碳的分布(A、B)和现代大气中CH_4的来源(C)。A.地球表层有机碳分布的1980年代估计;B.近年来的估计;C.现代大气中CH_4的来源。

第三节 生物资源

谈完金属矿和烃类资源之后，轮到深海生物资源。回顾19世纪的“深海无动物论”（第二章第一节），100多年来对深海生物的认识已经完全改观，从热液、冷泉到海山上的生态系统，从“黑暗食物链”到“深部生物圈”，深海的种种发现冲破了生命科学的旧概念。但什么才是“深海生物资源”？“深海生物资源”能不能开发？如果“能”的话又该如何开发？这一系列问题，已经摆在了海洋科学界的面前。

谈到生物资源，首先想到的是渔业。从本质上讲，人类在海洋捕鱼，相当于在陆地上去森林狩猎，都是适应于人口稀少的史前社会的生活方式。在陆地上，早在新石器时代人类就已经从狩猎转向农牧业，走上了可持续发展的道路，这样人口才得以增长。而在今天的海洋，人类不但将史前的捕捞方式延续至今，而且正在变本加厉向“工业化捕鱼”的方向发展。这种与可持续发展背道而驰的做法，必然造成原有陆架和近海渔场的资源枯竭，于是渔民纷纷向深远海发展，其结果就是1980年代起全球性的渔业资源下降。为此，有一种主张是要从根本上遏制深海渔业。关于渔业如何向可持续的方向发展，甚至说能不能做到可持续发展，是当前学术界热议的题目，但不属本书的范围——我们还是只谈深海。深海的概念随着行业而不同，水产业也有把几十米叫成“深海养殖”的，我们的重点则是放在陆架以外的深水海域。

海洋生产力的重点并不在深海，近海陆架和上升流区才是主要的渔业区。世界大洋的深海盆属于亚热带环流区，是大洋生产力最低区，被比喻为大洋里的沙漠。即便是要开发深远海，捕鱼的目标也应当在海水的上层，所谓远洋捕鱼并不是要到深海底下去打鱼。然而，渔业恰恰是当今破坏深海底栖生态系统的元凶。最大的破坏来自海底拖网。1950年代以来流行的拖网能够将海底面上的生物全部刮光，目的是捕捉鱼类和某种水生生物，但捞起来杀死的是网里的全体生物（图7.14）。据1990年代末的统计，全球每年有6万个拖网对至少1500万km^2的海底进行破坏性捕鱼，对底栖生物造成极大的损害，成为当前人为因素对海底生态环境最大的威胁。拖网同时还将海底沉积物一道刮起，从而使大量沉积颗粒泛起并且随流搬运，据估计如此搬运的沉积物数量，和河流注入陆架的数量相当。

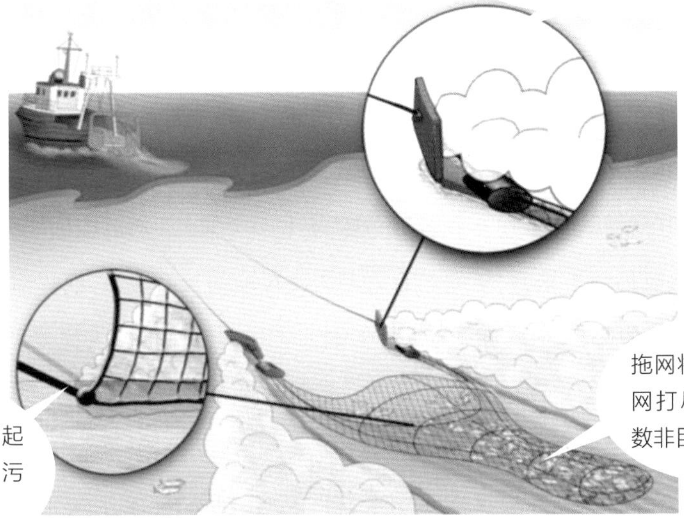
拖网靠一对"门"在海底张开，
每扇可以有5t重，在海底拖行
拖网将海底生物一网打尽，再将大多数非目标品种抛弃
底栖拖网扬起海底沉积，污染海底环境

图7.14　底栖拖网技术及其对环境的影响。

拖网捕鱼历来主要在陆架浅海进行，但近年来正在向上陆坡和海山等深水区推进。根据新世纪初的估计，全球被拖网捕捞的海底，有40%是在陆坡以外的深水区，但是深水鱼比浅水鱼更经不起过度捕捞。美味的胸棘鲷（orange roughy）是南半球上千米水深处的深海鱼，寿命长达150年，所以有"长寿鱼"的美称。1980年代在澳大利亚、新西兰一带海山区开始发现时十分高产，20分钟里就能拖到60t，但是10年以后产量急剧下降到20%以下。

总体来说，深水生物新陈代谢缓慢，拖网捕鱼对于底栖固着生物的破坏更为致命。比如深海的冷水珊瑚（第三章第四节），可以说是拖网捕鱼最大的受害者。深海拖网往往会获得珊瑚、海绵之类的"副渔获"（bycatch），有时候能够得到收益不菲的意外之财。比如深水的红珊瑚，简直可以按金子价格出售，即便抓到的是竹节珊瑚，白色骨骼也有人拿来染红了假冒红珊瑚卖。但是这些深水珊瑚生长极慢，夏威夷一种深水珊瑚有4000多岁高龄，号称是世界上最长寿的动物，但是生长速度一年还不到5μm。与此相应，一旦深海珊瑚林被拖网破坏，生态恢复的时间也要以千百年计。总之，深海生物资源不能像开发矿产那样开发，不能像陆地收割庄稼那样去深海水底捕鱼，不能像树林里伐木那样去砍深海珊瑚林。深海生物资源的开发利用，需要改换思路、另辟蹊径，最值得注意的就是生物基因资源。

基因资源是深海生物资源开发全新的大方向，着眼点不是通过渔业从深海索取动物蛋白，而是在于深海的生物多样性。世界大洋估计有220万种动物，有10亿个类型的微生物，尤其是深海的生物有着各种各样的“特殊功能”。有的能适应高温高压，有的能在还原缺氧环境下繁盛，更有的有着非人类尺度的长寿能力，而提供这些特殊功能的基因就是无价之宝，有着给人类带来特种福利的潜力。深海生物资源的利用时间不长，却已经初步得到了振奋人心的进展。比如在西班牙上市的抗癌新药plitidepsin，就是从一种原索动物——地中海海鞘中获得的成分；又如韩国科学家将海藻的成分用于美容，发明了能阻挡有害光线、防止光老化的皮肤防皱品。深海基因资源的应用，并不以制药保健为限，在化学制品等许多方面都有着广阔的前景。

尽管海洋基因资源（MGR，Marine Genetic Resources）还只是个新概念，目前却已经成为国际深海开发中竞争角逐的战略阵地。基因组测序技术和生物信息技术的发展，大大地加速了海洋微生物基因新资源的发现。据几年前的统计，已经有18 000个天然产物和4900个专利与海洋生物基因有关，MGR知识产权的拥有量也以每年12%的速度增长，说明MGR已经成为可以商业利用的重要生物资源。

不该忘记的是，深海探索既然开拓了生物圈的概念，也必然会扩大生物资源的原有范围。半个世纪以来发现的黑暗食物链、深部生物圈，尤其是微生物研究的进展，开拓了科学界的视野。生活在热液口、泥火山和冷泉口，生活在玄武岩孔隙里的微生物（图7.15），以我们完全陌生的生命活动方式度过了千千万万个春秋，一旦解开这些生命之谜，相信将会进一步指出深海对于人类社会的价值所在。

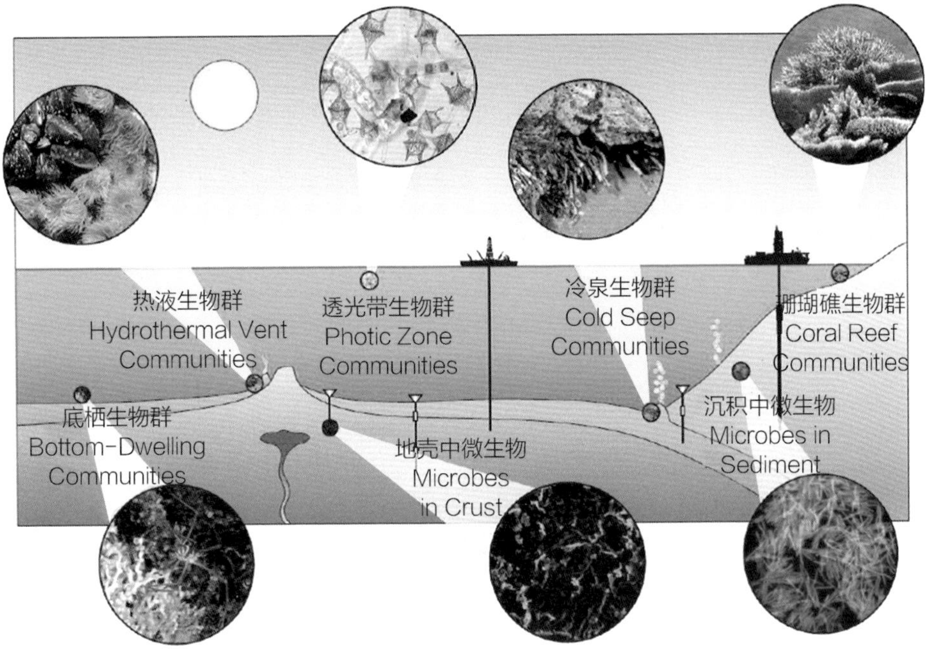

图7.15　半世纪来的深海研究，拓展了生物圈的概念。

自从20世纪晚期以来，人类对深海的认识有了飞跃式的进步，然而深海资源的开发，实际上还处于准备阶段，因为我们对深海的了解实在太少。深海的资源宝藏琳琅满目，但究竟哪些可以开发、如何开发，我们几乎一无所知，更何况到底有哪些宝藏也只是有了点皮毛知识，随着技术的发展，更大的发现还在前头。金属矿是我们研究最多的深海矿产，而近几年日本科学家发现太平洋的深海软泥富含稀土元素，仅一块海区的开发就够全球使用几十年。至于生物资源、海水的化学资源等，必将带来更多的惊喜和更大的前景。关键在于有自知之明，意识到对深海认识的局限，避免把陆上“淘金”的狂热带进深海。

第八章
无风也起浪

海上的权益之争，正在掀起一波又一波的政治风浪。而海上无风之浪之所以愈加密集发生，在于国际政坛上海洋权重的增加，细心倾听，可以从中识别出人类走向深海的脚步声。

第一节　深海权益之争

人类历史上有过不少海上战争，但是从来还没有过由深海引起的战争。古代海战的英雄们，连海洋有没有底都不知道，更不会有深海的概念。二战之后唯一具规模的海战，是1982年英国胜阿根廷的马岛（Malvinas）之战，双方死伤都以千计，但是与深海并无关系。不过千万不要大意，半世纪来科学界对深海资源所取得的粗浅认识，已经足以产生政治影响，已经加深了世界各国的海权之争。

从历史看，海上之争在16世纪"地理大发现"之后强化，而20世纪在新技术武装下提升到新的水平。回顾深海科技发展的源头，其实既不是科学也不是经济，而是军事需求，不过幸好最近半个世纪并没有发生世界级的海战。发生了两个层次的海上冲突：一个是世界级的美苏"冷战"，准备要动用航空母舰、核潜艇，但是这番核武器的对立最终并没有演变成"热战"；再一个是地区性的冲突，往往是来势汹汹开始，"虎头蛇尾"结束。这类冲突的由头通常是捕鱼之类，无论是1961年法国对巴西的"龙虾之战"，还是1958年开始英国对冰岛的20年"鳕鱼之战"，都是一上来剑拔弩张，不过动用的也就是军舰加渔船，最终的结局都没有人员伤亡。

这类"渔场战争"的根源在于缺乏国际规则：巴西和冰岛都不希望自己岸外的高档水产进入别国的渔网，声称离岸100海里（n mi）（约180km）以内只能由本国人捕鱼；而法国、英国都认定各国领海只有12海里（n mi）（约22km），在你领海之外捕鱼就是我的权利。这种矛盾，本质上属于海上权益的历史遗留问题。法国、英国坚持所谓"公海自由航行"（Freedom of the sea）原则，领海之外就是公海。而公海自由航行是个历史概念，源自"地理大发现"的欧洲，由荷兰法学家格劳秀斯（Hugo Grotius）在1609年提出。所谓"领海"也是根据荷兰海军舰炮的射程定为3海里（n mi）（约5.5km），后来才发展到12海里（n mi）。但是到20世纪，世界已经发生了巨大变化，先是1945年杜鲁门(Harry Truman)总统宣布美国领海延伸到整个大陆架,打破了传统公海的认定原则;后来随着1950年代海底资源的发现,许多国家又拓宽了自己的领海范围。

就是在这种背景下,1982年联合国通过了《联合国海洋法公约》,规定除了12海里(n mi)的领海之外,还有200海里(n mi)(约360km)的"专属经济区"(EEZ,Exclusive Economic Zone),沿海国对于该区内的海底与上覆水域的资源开发和研究具有主权,EEZ之外的国际海域为全球人类的共同财产,其海底资源的勘探、开发,由联合国国际海底管理局(ISA,International Seabed Authority)管辖,我国当年是《联合国海洋法公约》第一个签字国。这样,在历史上第一次明确了海底资源的归属,其中EEZ面积最大的是拥有海外领地的国家,具体说就是法国和美国,EEZ面积都在1100万km^{2}以上。因为你只要在大洋里有一个小岛,就可以获得大片海域:以小岛为圆心、200海里(n mi)为半径画个圆圈,圆圈内就是你的EEZ。在这种原则下,最为复杂的局面出现在西太平洋,因为那里的边缘海岛屿林立,各国之间的EEZ相互重叠、拥挤不堪,不但剩不下什么国际海域,单是各国EEZ如何划分就争得不可开交(图8.1)。西太平洋EEZ的这种布局,为以后的海上活动增加了国际纠纷的复杂性。

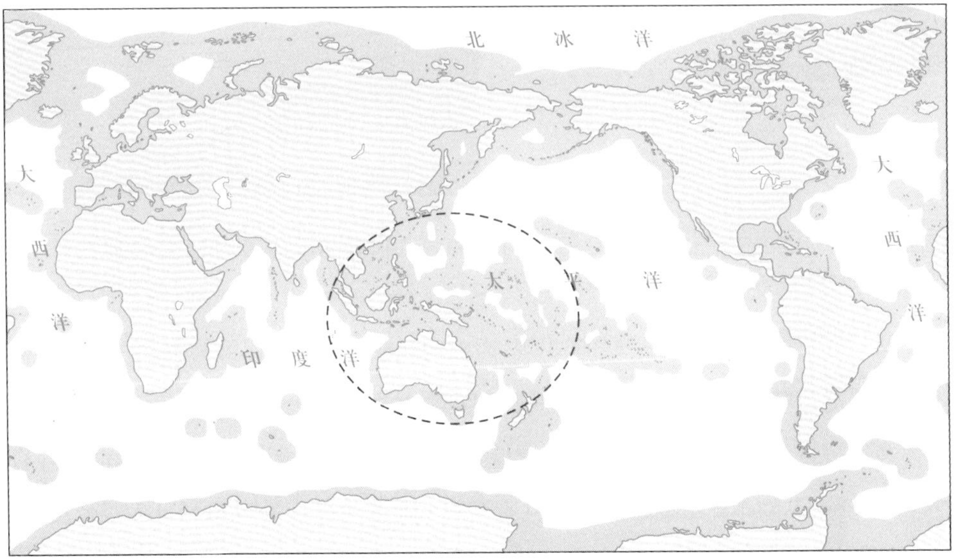

图8.1 世界各国专属经济区(蓝色)覆盖图,其中以西太平洋区(红虚线)为最密。

既然凭着一个小岛就能得到一大片海域，孤立的小岛就立即身价百倍，过去无人问津的荒岛，一夜之间就可以变成国宝。法国的陆地占世界陆地总面积的0.45%，但是论EEZ的面积却占全球EEZ的8%，依靠的就是海外领地。日本可以作为EEZ根据的离岛共有99座，其中多数还没有名字，但是据此就提出了450万km^2 EEZ的要求，面积相当于其本土的12倍，不过其中也包含着不少国际争端，无论与俄罗斯的北方四岛/南千岛群岛之争，与韩国的独岛/竹岛之争，还是和我国的钓鱼岛之争，都是当今国际海上纠纷的热点（图8.2A）。不仅如此，有些“离岛”本身是否成立都有争议。比如太平洋上的“冲之鸟岛”只不过是个珊瑚环礁，退潮时只有两块几个平方米面积的礁石出露，但日本就是以此为依据主张47万km^2的EEZ和25.5万km^2的外大陆架。

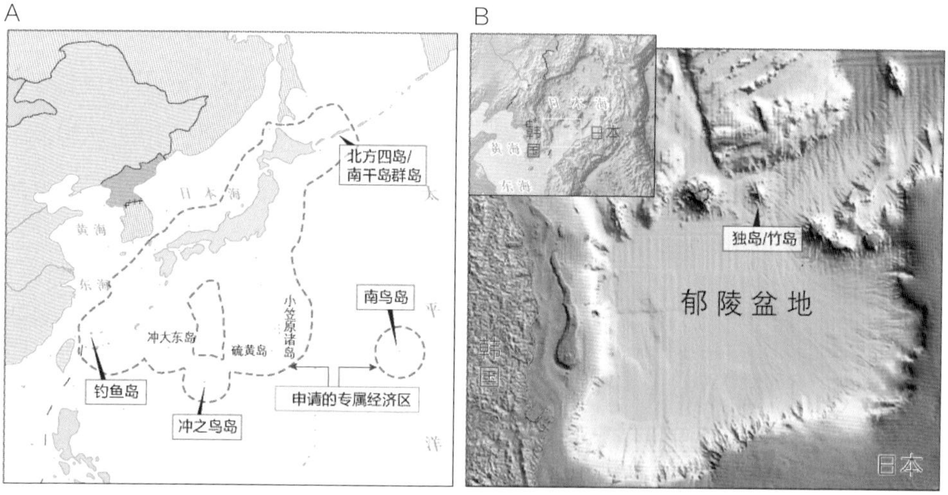

图8.2 岛屿专属经济区引发的国际纠纷。A.日本意图利用岛屿申请专属经济区的范围；B.韩国与日本之间独岛/竹岛争端的背景在于郁陵盆地。

这一类的要求在世界不少海区出现，因此国际权益的纠纷不容易解决。一些远离本土的小岛，1970年代前很少有人理会，现在突然走红成为国际纠纷的焦点，原因在于资源。以日本海南部为例，这里的郁陵盆地（Ulleung）拥有可燃冰和石油的潜在资源，于是盆地上的小岛就成了韩国和日本两国争夺的对象。这个小岛日本叫竹岛、韩国叫独岛、法国人叫利扬库尔岩（Liancourt），其实就是两个岩岛加上37块礁石，总共面积0.18km^2（图8.2B），地势险峻陡峭、缺乏淡水供应，两国之所以争夺至今，关键在于郁陵盆地的资源。

如果退一步从历史角度看，人类进入海洋的时间不长，不像在陆地上有积累了几千年的管理经验。15—16世纪的“地理大发现”，西欧国家开始在海上称霸，要等到20世纪晚期随着发展中国家的觉醒，海洋权益才放到联合国桌面上共同讨论。现在的海洋科技发展很快，但是海洋的国际管理在很大程度上仍然处于无序状态，到了海上甚至连“国界”的概念也并不完善，令人啼笑皆非的实例就出在英国。二战时英国在其东岸外11km处建造了一批平台作为海上碉堡，用作抵御德国轰炸机的反空袭基地。1967年一座废弃平台被一位名叫罗伊·贝茨(Roy Bates)的退役军官接管，罗伊选在他夫人琼·贝茨(Joan Bates)的生日那天宣布成立“西兰公国”(Principality of Sealand)，登基称王(图8.3)。英国政府试图制止，但是起诉失败，因为法院判定该平台已经在英国领海[当时为3海里(n mi)]之外，属于公海上的事务，无权受理。英国政府只能将其他相似的平台拆除，避免再出现更多的“独立国家”，而西兰公国便继续存在，并且得到了进一步的发展。1987年英国依据国际法公约宣布领海扩大到12海里(n mi)，西兰公国也宣布扩大领海为12海里(n mi)(图8.3右)。西兰公国不但以独立“国家”的身份发行邮票、货币和护照，为客户有偿提供贵族头衔，而且作为法外之地，公然为网

图8.3 西兰公国版图全景，及其国旗、国徽和地理位置。

上的各种非法运作提供基地。罗伊国王后来不幸罹患阿尔茨海默病，已于2012年驾崩，但是有王子迈克尔·贝茨（Michael Bates）继承王位，国祚延绵至今。

英国作为老牌的海上霸主，尚且在海上有种种法律漏洞，类似的闹剧在其他海域当然也会上演。比如1968年意大利也有人在岸外11km的海上，造了个400km^{2}面积的平台，成立独立的“玫瑰岛共和国”（Respubliko de la Insulo de la Rozoj），但是第二年就被军队炸毁。海洋太大，海上的历史故事说不完，这一类海上“国家”的经历就不少，有的还很有价值，比如华人在南海有过类似的活动，可惜流传十分有限。相传18世纪婆罗洲有过华人成立的“兰芳大统制共和国”（Lan Fang Republic），延续几近百年，虽然现在已经鲜为人知，在南海开发历史上却有其应有的地位。

第二节　海底的保护

海洋缺乏管理在另一方面的表现，就是环境的破坏和污染。自从学术界把全球变化提上政治日程，海面上升、海水酸化等都已经成为世界各国内政外交的焦点题目，但是注意不够的是深海的合理利用与保护，因为深海离日常生活十分遥远，除非专门观测很难发现问题，然而等到在海面上或者陆地上发现，就已经纠正太晚。第七章谈深海渔业时已经涉及拖网捕鱼之类的问题，这里集中讨论的是关于海洋废弃物的两大问题：核废料投放和深海垃圾。

1. 核废料投放

自古以来，人们都以为海洋有着无穷大的容量，因此是陆地废弃物的天然归宿。严重的是从1950年代开始，随着化工业和核工业的发展，随着人口和居住密度的增长，海洋成了各国有毒废料和核废料的倾倒空间，其中最为严重的是具有放射性的核废料。除去核工业产生的废料外，还有核武器和核事故产生的放射性物质，曾经在几十年之间大量进入海洋。从1946年大约80kg低放射性的核废料在加利福尼亚岸外投入太平洋开始，到1982年约550kg核废料投入大西洋的西欧陆架为止，在这36年里投入海洋的核废料，总的放射性活度高达63PBq，相当于每秒钟发生6.3亿亿次（6.3×10^{16}）核衰变的放射性。大多数核废料都是装在金属桶里沉到海底（图8.4），可是在早期的1950—1960年代，有些核废料不加包装就直接投入海洋。

幸好这类危害全人类的做法，已经早被制止。1972年，在伦敦召开了政府间会议，通过了《伦敦倾废公约》（LDC，London Dumping Convention），控制海洋的废物投放，并且于1975年生效，后来又在1983年做了补充修改，全面禁止放射性废物投放海

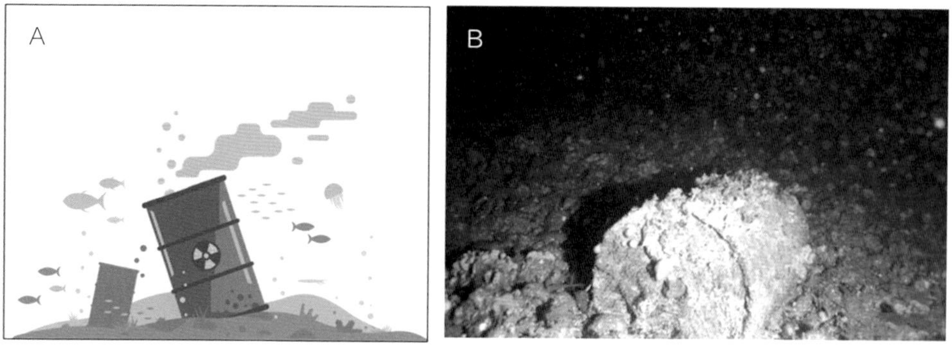

图8.4 海底投放核废料。A.核废料装桶抛入海底的泄漏危险；B.1950—1960年代英国投入北海的核废料桶已经腐蚀。

洋。此后虽然“禁而不止”的事件仍有发生，比如还有国家将核潜艇的核反应堆废物秘密投进海洋，但总的来说，1980年代后期，明目张胆往海洋丢核废料的时期已经结束。

往往前代人种下的苦果，要留给后代人去品尝。几十年前投入海底的核废料桶遭受生物化学的腐蚀，有的已经发生渗漏（图8.4），有的当时就没有认真处理，留下无穷后患，著名的比基尼（Bikini）环礁就是一例（图8.5）。比基尼之所以出名，是因为三点式泳装。1946年7月5日法国设计师推出新潮流女子泳装，为追求广告效果，采用美国刚进行原子弹试验的地点命名，果然一炮打响。就在新泳装上市几天前的7月1日，美国在太平洋中部马绍尔群岛的比基尼环礁进行了战后首次核爆炸试验。此后一直到1990年代，美国从原子弹到氢弹，总共在马绍尔群岛进行了67次试验，最大的一次爆炸当量达1500万t，相当于1000多个广岛原子弹。1954年的一次试验炸掉了比基尼两座珊瑚礁，炸出一个100m深的大坑，这一带的岛礁受到严重的放射性污染。1977年开始，美国4000名军人在各岛上收集被污染的表层土壤，总共有73 000m^3之多，统统投进那里的鲁尼特岛（Runit）上被核试验炸出的一个深坑里，上面盖起一个穹隆状的圆顶，修起了一座名副其实的“核坟墓”（图8.5）。

但是这样处理核废料，都只是临时措施，绝不是长久之计。坟是要修的，风吹浪打下的热带珊瑚礁“建筑”很容易遭受风化破坏，但是后来马绍尔群岛“独立”之后美国已经脱手，谁来修这座眼看就将损坏的“核坟墓”呢？美国在海洋环境上欠债累累，何止是核废料，更何止一处马绍尔群岛。就在其本土加利福尼亚的帕洛斯弗迪斯

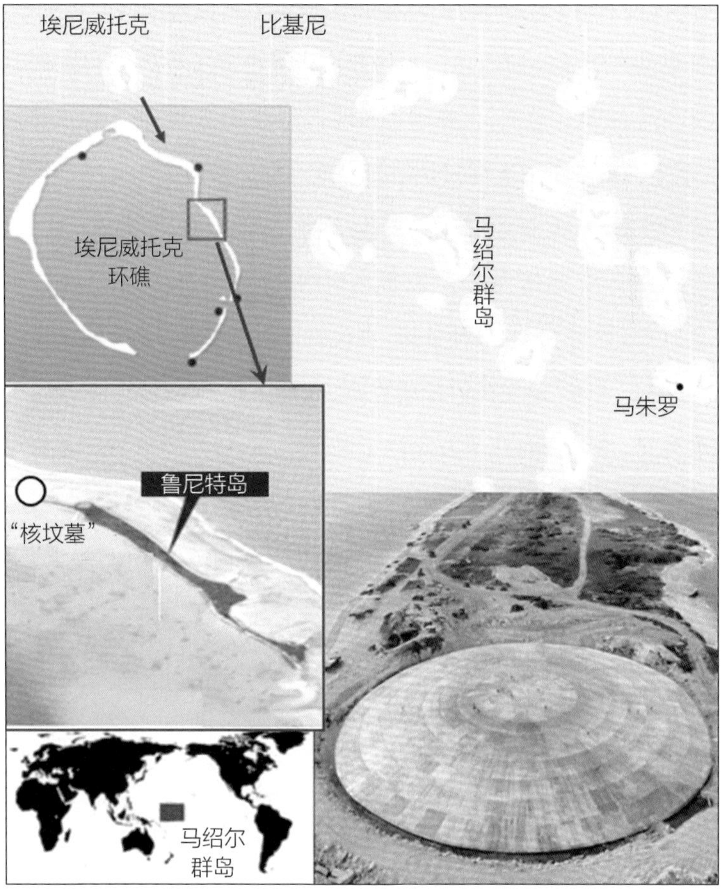

图8.5 太平洋马绍尔群岛埃尼威托克环礁上的“核坟墓”。

(Palos Verdes)半岛外,1947—1971年间倾倒了百余吨的DDT农药,除流入太平洋之外,污染了60m深处将近60km²的海底,是世界上DDT污染最大的海区。一种处理办法是在污染海底上铺砂,但是需要花几千万美元的代价。

可是想要清理核废料就不是几千万,而是需要几千亿美元的代价。急待处理的核废料、核污染,有军事与产业两种来源。在1967年美苏核军备竞赛的高峰时期,美国存有31 000多件战备核弹头,冷战结束开始核裁军,美国宣布已经拆除了85%的核武器库存,而遗留下相当数量的钚和铀都需要处理。产业方面,从20世纪中叶以来,核工业迅速发展,目前全世界大约16%的电能是由核反应堆生产的,源源不断产生的核废料，尽管放射性没有核武器那样高，却使得更多国家要面对如何处理的难题，而除役废弃的核设备更是在等候如何处理。2019年全世界已经关停的181座核反应堆中，只有19座经过了完全除役。总之，人类进入核时代已经70多年，但无论高浓度还是低浓度的核废料，至今各国的对策还都只是暂时存放。那么最终的出路又在哪里？

核废料的最终处理，无非是“上天，入地，下海”三条出路，学术界已经讨论多年，但是至今未见答案。“上天”是指去太空，将核废料用火箭送上太空，在宇宙里稀释。这似乎是个好主意，可惜数量太大、不胜负担，再说万一发射失败，就会给全世界散布放射性物质，过于冒险。“入地”是现在讨论的重点，在地下挖掘深500—1000m的隧道来储存高放射性废弃物，估计能有几十万年以上的稳定性，但是不清楚的是深层地下水的可靠程度，弄不好会导致放射性物质的流动。剩下的“下海”很有吸引力，一种办法是送入大洋底里的黏土层，因为历史上有上百万年的稳定性；另一种办法是送入俯冲带，把核废料直接送进地幔。的确，世界海洋各不相同，有发生“深海风暴”的洋底，也有活动停止的红黏土区，如果能在深海找到长期安全和切实可行的核废料处理方案，将是海洋地质学对人类的重要贡献。对于俯冲带的了解更少，我们至今对深海地质的了解过于肤浅，难以应对全人类生命攸关的重大问题，迫切需要催马加鞭，尽早拿出合格的答案来。

2. 深海垃圾

如果说深海核废料和有毒物质的投放，主要是二战以后发达国家在发家过程中欠下的宿债，那么深海垃圾的来源就和更多的国家相关，正在进军海洋的发展中国家都难脱干系。这里说的是关于海上倾倒(ocean dumping)的问题，向海洋倾倒的主要是港口、航道的疏浚物，倾倒的地点都在近岸水域，属于各国海洋管理的内容，1970年代《伦敦倾废公约》也从国际层面做过规定。但是本书讨论的是深海，深海当前面临的突出问题是塑料垃圾。

与核废料一样，塑料垃圾也是二战之后逐步出现的。全球塑料总产量从1950年的130万t，增加到现在已经每年不下3亿t，因为塑料最大的用处在于包装，因此很快就变为垃圾，除去回收处理者外，最终的归宿就是海洋。此外，海洋本身还有海洋产业带来的塑料，尤其是渔业。大部分塑料不能生物降解，只能靠热解或者靠机械作用破碎变成微塑料，也可以在太阳光的作用下发生光降解和光氧化，使分子量下降到可以由微生物进行生物降解的程度。塑料的这种降解是个漫长的过程，需要几十年，而在海洋深处没有阳光条件下塑料的寿命就更为延长。塑料垃圾进入海洋有多种渠道，包括河流和风力搬运，然后漂流水面或沉入海底，分布在海岸带到开放大洋的不同部位（图8.6A）。

现在，塑料已经成为海洋垃圾的主力，估计占50%—90%，而且在继续增加。海洋塑料垃圾的总量从2010年的800万t增加到2015年的900万t，推测2025年将达1600

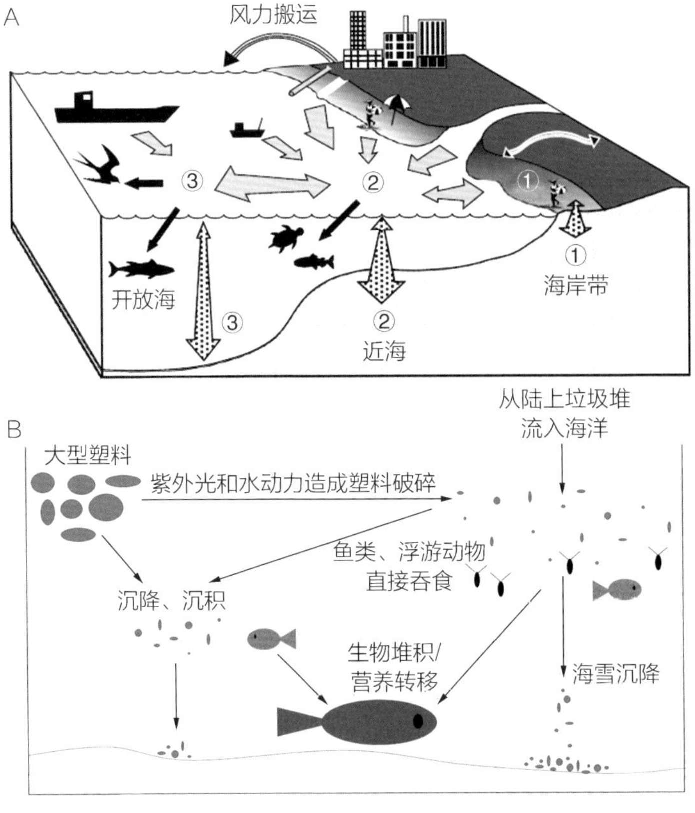

图8.6 海洋的塑料垃圾。A.塑料进入海洋；B.海底微塑料的来源。

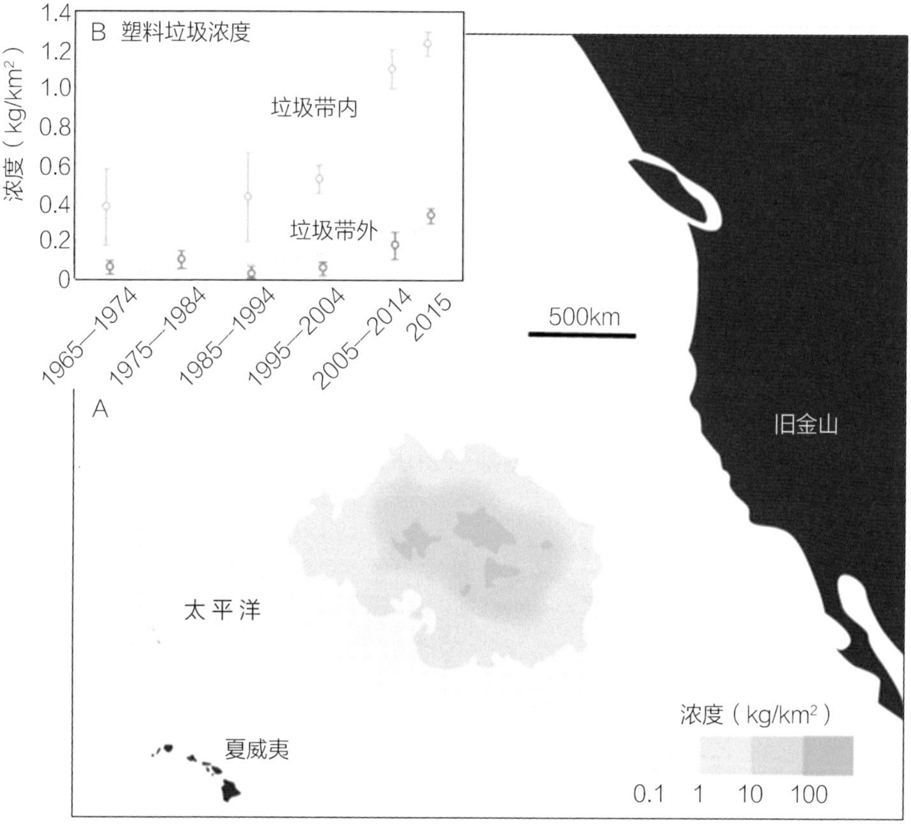

图8.7 “太平洋大垃圾带”。A.位置与浓度；B.50年来的浓度增长。

万t。进入海洋的塑料会随着洋流漂泊，卷入到大洋环流中去。现在世界大洋在亚热带环流圈的洋面上，已经形成了塑料的“垃圾带”，最大的一个在太平洋的夏威夷到加利福尼亚之间，这就是著名的“太平洋大垃圾带”（GPGP，the Great Pacific Garbage Patch），绵延1600万 km^2，相当于我国新疆的面积（图8.7A），其中塑料估计大约有45 000t之多。从1965年到2015年的统计，“大垃圾带”正在按几何级数迅速增长（图8.7B）。需要说明白的是，大洋“垃圾带”只是指相对浓度高的海域，并不是陆地上“垃圾堆”的概念。GPGP的塑料浓度可以高达1km^2 30多万片，算下来也就是3m^2有一个塑料片，靠肉眼还是觉察不出来的，所以不要误会，以为船上会看见太平洋上漂着个天大的垃圾堆。

太平洋大垃圾带塑料的来源与渔业相关，估计3/4的垃圾由5cm以上的大、中型塑料组成，其中至少46%来自渔网。而被弃的渔网不但构成垃圾，还会直接破坏生态系统，因为它们还会漂在海上使活鱼入网，成为破坏性的“鬼网”（ghost net）。联合国环境规划署估计，这种捕鱼抛弃的“鬼”设备，占据海洋垃圾的10%，重约64万t。

现在塑料已经成为地球表面影响最广的人造材料，从小鸟筑的巢到海龟胃囊里都出现了塑料，但是对环境影响最为严重的反而是其最小的碎片，通常指5mm以下的所谓“微塑料”，它们可以无孔不入地影响海洋生态环境。在海里，微塑料有着各种不同的来源（图8.6B），并且最终进入沉积层，成为20世纪晚期以来新沉积物的一大特色。近年来，一些科学家正在鼓吹将工业化以后的时代划为一个新的地质年代，叫“人类世”（Anthropocene），如果真的实现，那么“微塑料”就是其最好的标志，相当于人类世的“标准化石”。

从地质的长尺度讲，塑料垃圾的归宿还是海底，而且是深海的海底。但是受垃圾本身的体量限制，深海的垃圾堆只有深潜才能发现，深海沉积里的微垃圾要进实验室才能测出。深潜观察的结果真的令人担忧。东太平洋的科科岛（Isla del Coco）离哥斯达黎加海岸500km，是位于火山链山顶上的著名海上保护区，2006—2015年的10年期间用深潜器在这里下潜365次，在水深200—350m处发现有40处垃圾，其中60%都是塑料。德国在北冰洋79°N处的深海长期观测区Hausgarten，在2500m的海底剖面上发现垃圾而且逐年增多，从2002年的3635处增加到2011年的7710处。比利时科学家分析大西洋区水深4000多米的表层沉积，结果也发现了微塑料。不久前，我国科学家亦在南海深海槽里发现了塑料垃圾堆。

可见，塑料正在变成海洋生态学和海洋沉积学的一种新成分，也许微塑料的后果更加严重，因为这些看不见的颗粒正在通过海雪的沉降和滤食生物的吞用，从化学角度改变着海洋生物，然后又通过“海鲜”影响人类的健康。人类和海洋的关系正在改变，变得日益密切，而海洋的保护不仅取决于我们从海洋拿走什么，还在于我们向海洋投放什么。塑料垃圾正在引起日益严重的社会关心，需要通过国际和国内的共同努力，寻求海洋开发的可持续途径。

第三节　权益之争与深海科技

1. 深海科技的军事背景

回顾历史，深海科技最初的原动力其实是战争。前面说过，无论是达尔文参加的“贝格尔号”环球航行（1831—1836），还是开创历史的“挑战者号”环球航行（1872—1876），使用的都是英国皇家海军的军舰，也都给人类留下了无法估量的科学财富。其实16世纪郑和下西洋，所率领的也是大明帝国的海军舰队，可惜全部资料付之一炬，留下的只有烧不掉的石碑。甚至现代海洋学的创始人也是位军人：美国海军军官莫里（Matthew Maury，1806—1873）。他揭示了海风和海流的关系，提出了全大洋表层海流的认识，所绘制的大西洋海床图为铺设横贯大西洋的海底电缆提供了根据，所著《海洋自然地理》（1855）一书成了海洋学的经典著作。

现代战争转向海洋深部的关键在于潜艇。尽管潜艇在美国独立战争时就已经应用，但大规模的使用还是从第一次世界大战时的德国开始的。1914年9月22日，德国“U-9号”潜艇在一个多小时内，接连击沉3艘英国巡洋舰，翻开了水下作战的新篇章。二战期间，美国正是为了监测德国潜艇的踪迹，促进了海洋声学的发展，发现了“水下声道”，开启了以后水下海洋学观测的大门。

当前发展的海底长期观测技术，源头也是美国的军用项目，早在二战期间，美国就已经开始了海洋长期观测。1940年1月，罗斯福（Franklin Roosevelt）总统建立“大西洋气象观测队”，开始派遣军舰到大洋设站，后来又派货船和快艇设站，组成所谓的“大洋气象站”（OWS，Ocean Weather Stations），为飞越大西洋的飞机提供导航服务，最盛时期多达46个站，大西洋22个、太平洋24个，战后1946年保留了13个常设站（图8.8），1970年代遥感技术发展后，“大洋气象站”于1981年正式结束。但是OWS进行的海洋学观测，尤其是1945年开始用“温深仪”（bathythermograph）等测量所得的水文数

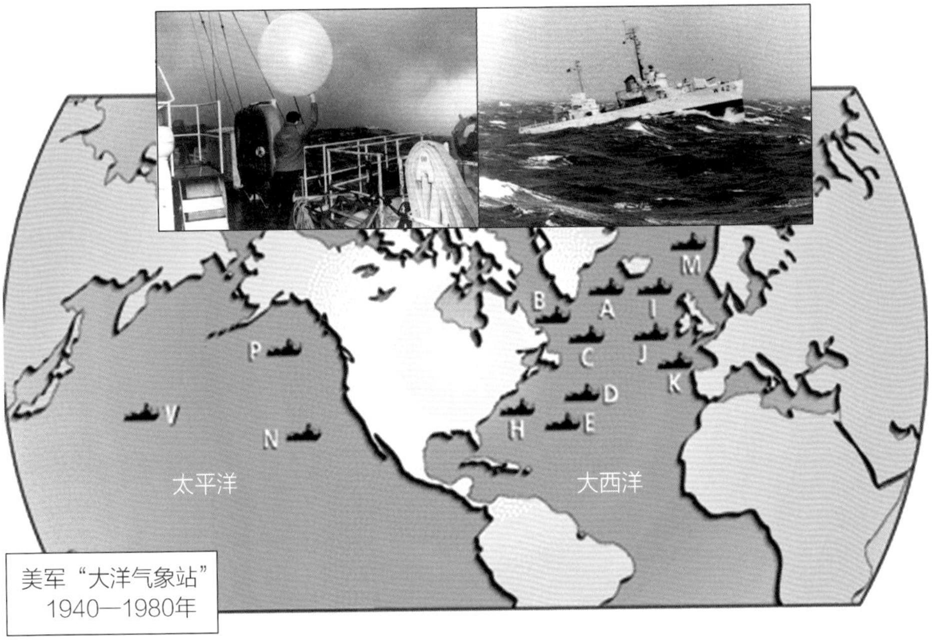

图8.8 美国军用的“大洋气象站”的13条船，照片为探空气球的布放(左)和A站的快艇(右)。

据，至今仍是海洋学上最大的一个数据库，成为人类了解海气相互作用的重要依据。

接续海面观测之后，美国还发展了海底的“声波监听系统”(SOSUS，SOund SUrveillance System)。1943年发现了低频声波的海洋远距离传播特性，因而发现在深层海洋存在着声波通道，1949年美国海军就拨款1000万美元开始研究其在水下作战中的应用，用于监听苏联潜艇。1950年起在麻省理工学院、哥伦比亚大学、贝尔实验室等开展研究和试验，1952年又将6套装置投于北大西洋，正式开始用SOSUS进行水下监听。具体说，是将监听器安置在海底深处，用电缆与岸上的接收站相连，监听器可以分辨出潜艇有几个螺旋桨或者是核潜艇。比如1962年“古巴危机”时，美国就是用SOSUS发现了巴哈马海区的苏联潜艇。“冷战”结束后，SOSUS向民用开放，为科学目的的海底观测创造了条件，美国科学家1990年代成功地监听到海底火山爆发，发现一两千千米外的鲸群和北冰洋冰下海水的升温。

2. 科学计划的非科学应用

由军事目的促进的海洋科技,发展起来以后又可以返回来用于军事目的,而且不但有明的、还可以有暗的渠道。这就是打着科学旗号谋取军事情报、进行军事部署,属于国际上"海上霸主"们的传统手段,是几百年来海洋上的"国际惯例"。尤其是美国,长期以来以科学探索的名义在全世界各大洋巡航,直到各国的海岸,通过调查测量为

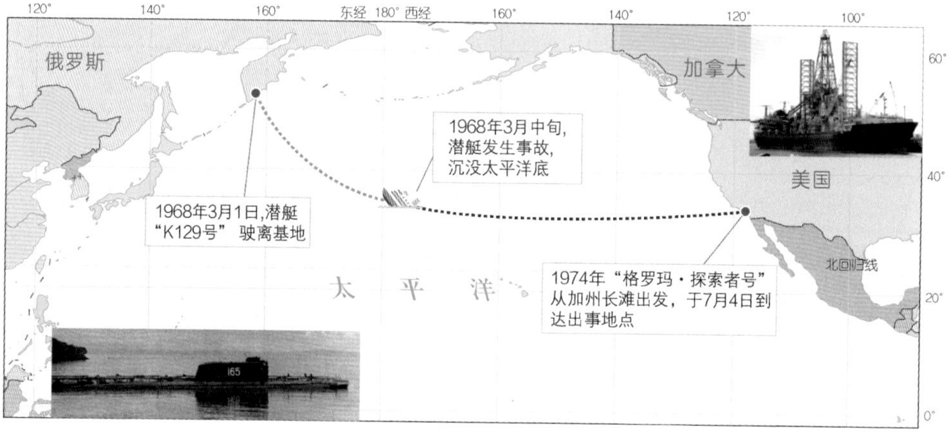

图8.9 1974年美国在太平洋打捞苏联沉没核潜艇。

其军事目的服务。在特定条件下,还以绝密形式在科学掩盖下做重大的军事动作。其中规模最大的,就是1974年的打捞核弹头潜艇事件。

1968年3月中旬,苏联装有3枚核导弹、载有98人的"K129号"潜艇发生事故,在中太平洋夏威夷东北1200km的深水区沉没,埋在水深5000多米的海底。苏联用尽所有办法,寻找不到沉船的下落,反倒是夏威夷珍珠港的美军发现了沉船的位置(图8.9)。对于冷战中的美国来说,这无疑是天赐良机,只要将沉船捞起,就能获得苏联的核机密。但是要把一条1800t的潜艇从5000m海底捞起,同时还得偷偷地进行,那绝对是个技术上的大难题。

然而失事地点是在太平洋的锰结核区,于是美国中央情报局请亿万富翁休斯出面,以他的公司采集锰结核的名义来暗度陈仓,打捞潜艇。1974年,建造了一艘5万吨级的"格罗玛·探索者号"勘探开采船(图8.10A),奔赴太平洋号称开发深海资源。这是

一套完全创新的设备，精彩的还不是船只，而是发明了将核潜艇抓起、提升以便运回的整套设备，包括巨爪式的抓斗系统（图8.10C的c），和用钢管连接的提升系统（图8.10C的b）。为了保密，“巨爪”外面是个有盖的大型拖船，90m长、27m高，相当于半个足球场的面积（图8.10B）。7月4日“格罗玛·探索者号”到达出事地点，花了一个来月的时间明采结核、暗捞潜艇，成功地将潜艇抓住上提，不料才提上了1/3高度，潜艇破裂，只捞上了沉船的前部，大部分脱落重返海底。

图8.10 美国以开采锰结核名义偷捞苏联沉没核潜艇的秘密计划。A.“格罗玛·探索者号”勘探开采船；B.暗载抓斗系统的驳船；C.从深海底抓提沉没核潜艇的操作示意图：a.“格罗玛·探索者号”船；b.提升系统；c.抓斗系统；d.沉没核潜艇。

从技术上讲，这项计划伪装得十分成功，开采的作业鼓舞了各国海洋界深海开矿的热情，苏联也曾派船在附近遥望，并没有发现可疑的破绽。虽然主要目的并未达到，打捞的“收获”中有6位苏联海军的尸体，捞上后美方不失礼仪，按海上的传统为他们进行了海葬，1992年美方作为释放善意，还将当时的录像交给了俄罗斯总统叶利钦（Бори́с Е́льцин）。船只返回之后，中央情报局当然不能罢休，准备再次出海打捞。但是居然又出了意外：休斯的公司遭窃，他和中情局签署的密件外泄，1975年《洛杉矶时报》率先爆料，全美轰动，秘密计划终于告吹。直到今天，这项计划还是国际情报界的顶级事例。只是美国也有人责问：这件事当时花掉8亿美元（相当于现在200多亿人民币),这是不是在糟蹋纳税人的钱?

其实这种"冤枉钱"花掉的还真不少,格陵兰的"冰虫计划"(Iceworm Project)也是冷战期间美国一项失败的策划。1951年,美国在《北大西洋公约》框架下和丹麦签订了条约,利用格陵兰的地理位置对付苏联,在格陵兰南北建了三个空军基地,并于1959年在北边建设"世纪营(Camp Century)冰下城",以科研活动的名义建设导弹基地(图8.11)。表面上的科学活动以冰芯钻探最为有名,第一次取得了1000多米的长冰芯,但是实际目的是美军的"冰虫计划",在冰盖之下部署600枚核弹头,以保证在苏联未能摧毁这些核弹头之前,给予突然打击。为此要建设长约4.5km的隧道,工程十分浩大。

图8.11 格陵兰"世纪营冰下城"导弹基地。A.格陵兰岛,白色为冰盖;B."世纪营冰下城"隧道;C."世纪营"冰芯钻井。

但是这项工程并没有成功,原因在于冰盖的不稳定性。冰盖不同于岩石,是活动的,由于冰层移动速度过快,建设无法进行。最终美方被迫于1966年放弃"冰虫计划",但是结束离开时只做了简单的处理,撤走了可携式核电站,而将大量物资原地处理、封在冰下。最近发现,随着全球变暖,格陵兰的冰盖正在崩解,看来被埋的放射性有害物质行将暴露在外,造成公害。

以上说的都是些不成功的例子,当然有许多成功的秘密计划,外人无从知晓。再说海洋高科技为政治服务,并不是都需要走这种绝密的险路,有时候完全可以公开,甚至需要宣传张扬,才能收到效果。十多年前俄罗斯在北冰洋深海底的插旗之举,就属于这种类型。2007年8月2日,俄罗斯科考队员乘“和平1号”深潜器,将一面约1m高的钛合金制俄罗斯国旗插到了水深4261m的北冰洋洋底(图8.12)。从科学技术上讲,这无疑是一次深海创举,人类第一次下潜到北冰洋的深海海底采样、观测,可惜并没有发现肉眼可见的大型生物;但是此举的目的和影响,主要都在于政治。航次由俄罗斯著名的极地专家、时任国家杜马副主席的奇林加罗夫(Артур Чилингаров)带队,由“俄罗斯号”破冰船开路,两艘深潜器先后从冰封的海面下水,是一次货真价实的破冰之旅。然而远远超过航次的学术价值、引起举世瞩目的着眼点,还在于北冰洋大片海域的国际归属之争。

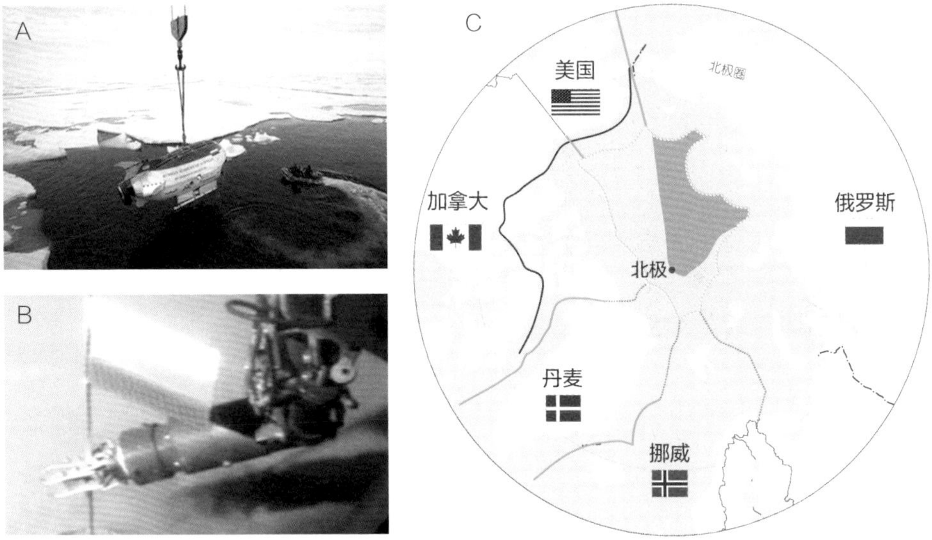

图8.12　北冰洋俄罗斯深潜器破冰插旗事件。 A.“和平1号”载人深潜器破冰下潜;B.将钛合金制俄罗斯国旗插入4261m的深海底;C.各国在北冰洋的声索海域,深蓝色为俄罗斯声索主权的三角形海域,虚线为各国声索海域的界限,实线为探索中的西北航道。

自从《联合国海洋法公约》通过之后,俄罗斯在北冰洋的权益局限在200海里的专属经济区里,比1920年代苏联地图上的范围小了许多。2001年俄罗斯提出:北冰洋海底的罗蒙诺索夫海岭并非国际海底,而是其西伯利亚大陆架的自然延伸,这就意味着以北极为顶点、东起楚科奇半岛、西抵科拉半岛的三角形海区，海底资源权都应属俄罗斯(图8.12C深蓝色)。这块120万km^2面积的海区，论面积和黄海、东海的总和相近，其海底石油开发有着难以估量的前景。然而俄罗斯此举的效果如何，只能说是见仁见智。加拿大外长不以为然，说现在不是15世纪，你不能在世界到处插上自己的国旗，就声称“我们拥有这片领土”；但是反过来讲，加拿大自己并不具备深潜的能力。科学技术，在深海的国际权益之争中无疑有着重要的地位，问题第一在于是否拥有这种高科技的能力，第二在于这种能力能否得到巧妙而有效的使用。

第四节　人类与深海

1. 陆地与海底

科学界到了20世纪方才认识到陆地和海洋的本质差异。20世纪初知道了两万年前有大冰期，现在的大陆架就是当时的陆地（图8.13），所以海陆分界并不固定在今天的海岸线上。20世纪晚期发现海底扩张，懂得了大洋地壳才是海洋的本体（图4.2），其他的部分其实是被海水淹没的陆地。

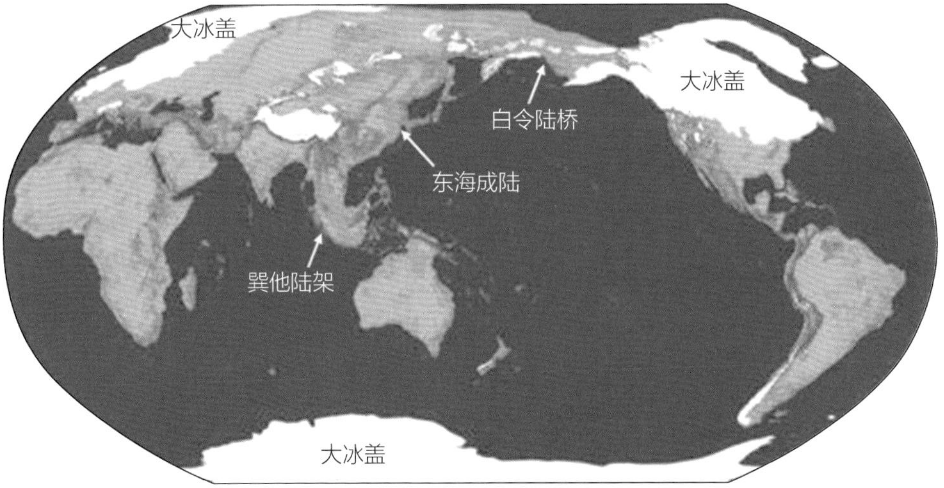

图8.13　两万年前末次大冰期的地球表面。

至于人类真正进入深海内部进行探索，更是只有半个多世纪的时间，但是已经抓住了海洋和陆地这两个不同世界的根本区别。从地球系统的高度看，陆面和海底都是岩石圈的顶面，而这正是地球所有圈层中最重要的一个界面，也就是固态和流态圈层的分界。只不过陆地上方的流态介质是大气，容许阳光穿越；而海底上方的海水致密得多，是一片永远黑暗的世界。在陆地的下面，是平均22亿年高龄的大陆地壳，而大洋底下的地壳却最老不过2亿年。这样，从生物圈的角度看，地面和洋底形成了两种完全不同的生态环境。

首先，能量的来源不同。地球表层能量来源有三种，分别是太阳、地球和月亮。地球上发生的运动，能量来自太阳的我们叫“外力作用”，来自地球内部的叫“内力作用”。陆地上几乎全是太阳能“外力作用”的天下，而深海底下距离地球内部最近，又有直接连通地球内部的大洋中脊和俯冲带，因此“内力作用”占有很大的分量。至于月球驱动的潮汐作用，影响着地球所有的圈层，但是以在海面上的表现最强。就生命活动而论，陆地上“万物生长靠太阳”，清一色地靠太阳能，而且有氧光合作用是生物圈里最为先进的生产方式；而在深海黑暗环境下，古老原始的化学合成作用依然活跃，虽然生产效率低下，但在物源、能源高度聚集的热液、冷泉喷口，可以形成不见于陆地和浅水的密集簇状动物群(图3.4)。

其次，运动的时间尺度不同。由于流态圈层介质的不同和生命活动效率的不同，深海过程往往比陆地过程缓慢得多，只是由内力作用引起的海底过程可以呈爆发性，构成例外。尤其是冷水珊瑚之类，在黑暗的深海底依靠海雪为生，食物来源十分贫乏，生长速率极为低下，可以享有“千岁”的长寿。至于海底下面深部生物圈的微生物，新陈代谢低到极限，可以成为真正的“万岁爷”。沉积方面，深海红黏土、锰结核之类，都可以在百万年里生长几厘米。这种速率为陆地过程的时间节奏所不容，无论风化剥蚀还是沉积作用，都不容许有如此慢节奏的过程长期延续。

此外，深海和陆地过程的空间尺度也不相同。与海水相比，大气过于稀薄，因此海水对于深水海底的意义，远大于大气对于陆地的影响。海底的沉积剥蚀由海水决定，而陆地的相应过程主要由河流而不是风力主宰。由于全世界的海水相互联通，很容易发生全球或者大洋规模的变化，海底碳酸盐的溶解堆积、跨越大洋的海啸灾难都是影响整个洋盆。同时，大陆地壳经过22亿年的演变，经过多次的联合与分解，空间布局变得十分复杂，不可能有像大洋那种6万km长的大洋中脊，也不会产生近10万km^2的大滑坡。

海洋和陆地的根本差异，突出的表现是在深海。水深超过2000m的深海，占海洋面积的84%，占地球表面的60%，因此深海才是地球表面的主体（图8.14），但是深海又是我们在地球上了解最少的部分。“人类中心论”是我们认识世界的大敌，往往习惯地将自身的时空尺度和自己身边见闻的局限性，强加在不熟悉的事物之上。认识深海与陆地的本质区别，是当代科学界不容推辞的重任，也是我们进军深海的成败关键。

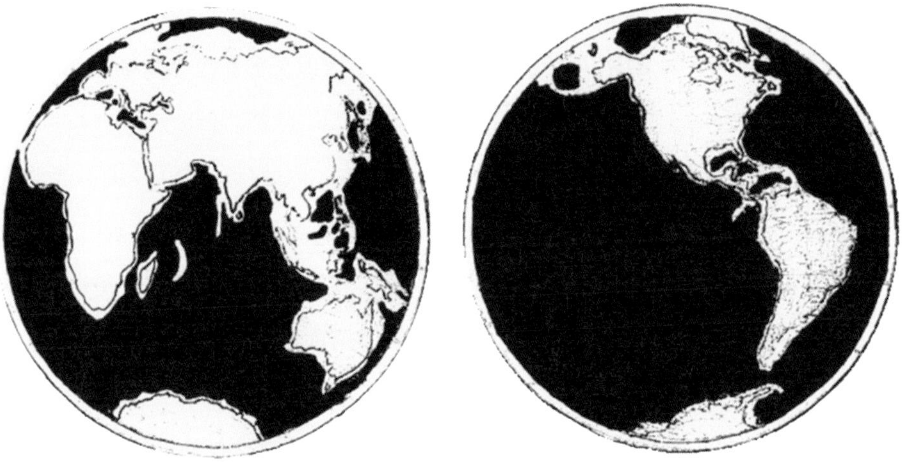

图8.14　水深超过2000m的深水区（黑色）占海洋面积的84%，占地球表面的60%。

2. 回顾与展望

人类和海洋的关系在变化。早期的人类社会，与海洋只有零星的关系。16世纪人类在平面上进入海洋，通过航海导致的“地理大发现”，改变了世界历史的轨迹。当前的21世纪，人类正在垂向上进入海洋，向海洋深处进军。那么这次人类和海洋关系的变化，是不是也会产生巨大的影响，也会改变历史的进程？未来的事，只能由历史自己来回答，当前我们能做到的是保持清醒的头脑和长远的目光，处理好人和海洋的关系，处理好进军海洋进程中人类内部的相互关系。

回顾人类历史，其实是从野蛮到文明的进步史。在新石器时代里，人类在陆地上从狩猎转向农牧，摆脱了动物世界的“丛林规则”。在经过几千年的努力后，人类找到了有稳定资源的生活方式，发展了社会文明、增大了人口容量。这些是在陆地上。现在人类进入海洋内部，准备开发海洋的深处。估计不用上百年的工夫，就有可能将深海、海底纳入人类社会生活的范畴。但是，海上的渔业相当于陆地的狩猎，人类会不会像在陆地上那样，在海洋里找到稳定而可持续的发展方式，将是今后要经受的考验。人类对深海的了解实在太少，远没有学会如何和海洋相处。地球表面只有陆地与海洋两个部分，人类需要学好海和陆两种学问，才能和它们处好，把它们用好。人类对陆地的认识已经获得了大学文凭，开始读研；而对海洋的认识至多有个小学毕业的水平，还没有考入初中。

认识海洋比认识陆地难，认识深海更是难上加难。因此"开发深海"决不能学当年的"淘金潮"一拥而上，浮夸、急躁不但无济于事，而且隐患无穷。"殷鉴不远"，墨西哥湾漏油就是前车之鉴，根源在于人类对深海的了解实在太少。最为可怕的是以"万物之灵"的身份，摆出"征服自然"的架势，与自然规律背道而驰，还没有弄明白深海有些什么，更不知道和深海如何相处，就忙着要发"深海财"。

进军深海的另一条原则，是要处理好人类内部的相互关系，这里重要的是汲取历史的教训。15—16世纪，欧洲人越洋远航，通过海面航道的开拓将世界各大洲联系起来，发展了殖民经济，为自身带来了几百年的繁荣。同时也涌现出一大批的海上探险家、发现家，至今世界地图上许许多多海湾和海峡的名称，都在铭记着这些欧洲开拓者的贡献(图8.15)。

宏观地说，16世纪的所谓"地理大发现"并没有改变人类依靠陆地的原则，只是借海面的舟楫之便，跨海到另一个大陆去掠夺，海洋开发的本身，依旧是"渔盐之利，舟楫之便"。即便如此，这已经产生了扭转社会历史的巨大进步。但是人类那一次进入海洋，带有浓重的血腥气。虽然几百年前的历史，经过人脑记忆的"长距离筛选"，留下来的是被人称颂的英雄事迹，可是历史本身并不会消失。近年来有人旧事重提，说到"跨大西洋奴隶贸易"的惨剧。从15世纪中期到19世纪末，从葡萄牙开始，欧洲人在四个半世纪里将上千万个奴隶贩运到拉丁美洲开矿种地。他们像牲口般被锁在船舱底部，在途中大量死亡。这就是所谓"跨大西洋三角航运"的中段：前段是从欧洲到非洲，运的是从衣服到刀枪等加工品；后段从美洲到欧洲，运的是从棉花到蜜糖等原料；贩运奴

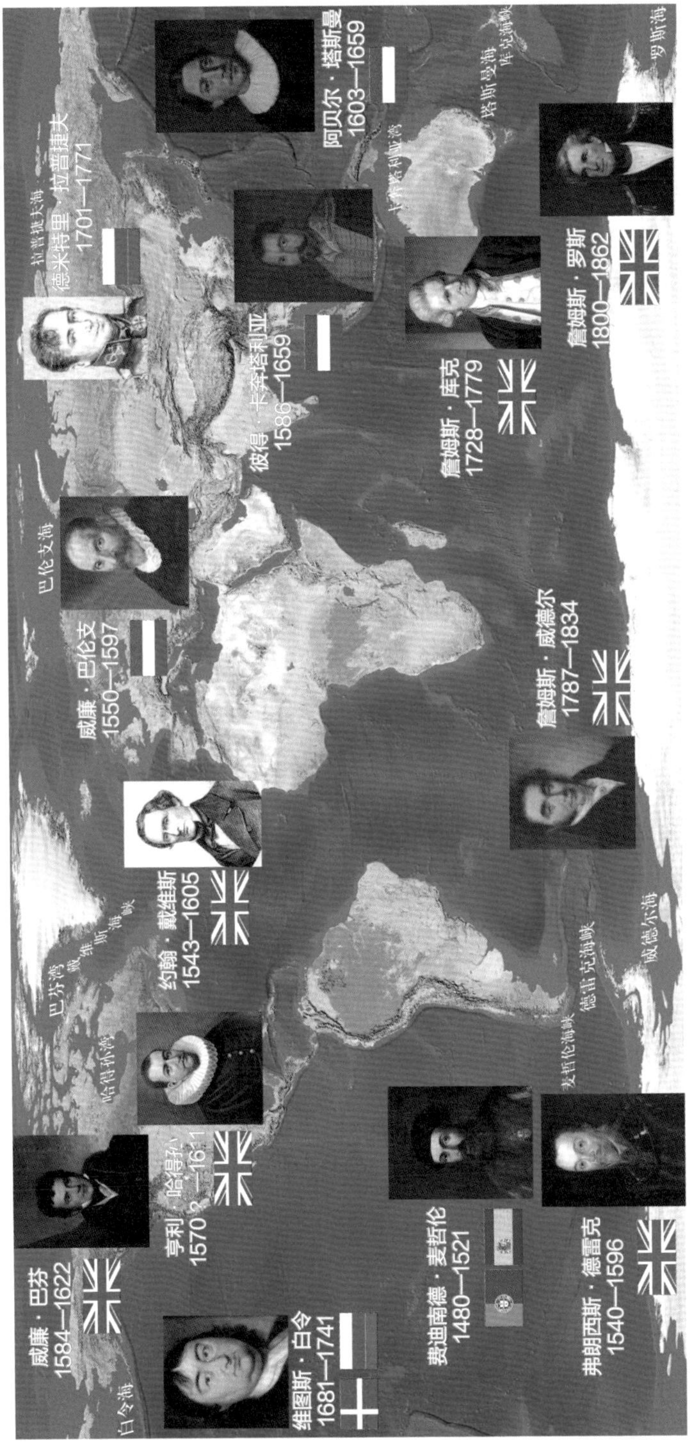

图8.15 世界上海湾、海峡以欧洲探险家姓氏命名的若干实例。

隶的就在中段(图8.16)。

这里并不是想说几百年前的悲剧还会重演,只是21世纪人类进入海洋内部,向海洋深处发展,必然也会给人类社会本身带来新的挑战。16世纪进军海洋,产生了殖民帝国和殖民地,为今天世界上发达国家和发展中国家的矛盾埋下了基础。新一轮进军海洋又会产生什么样的社会效果?显然这是百年,或者几百年后才能回答的问题,但是至少可以在两个层面上指出方向:海洋的保护和海洋的合作。如果人类依然把大洋当作地球的“垃圾桶”,如果核废料和有毒废料的投放得不到控制,如果塑料垃圾的增加得不到遏制,海洋就有可能变为威胁人类生存的环境负面因素。如果世界各国在深海的开发利用上不能协调合作,如果将16世纪的掠夺伎俩搬进深海,海洋就有可能沦为地球上的“火药桶”。

进军深海,为华夏振兴提供了新的机遇。从历史上看,具有大陆性质的华夏文明

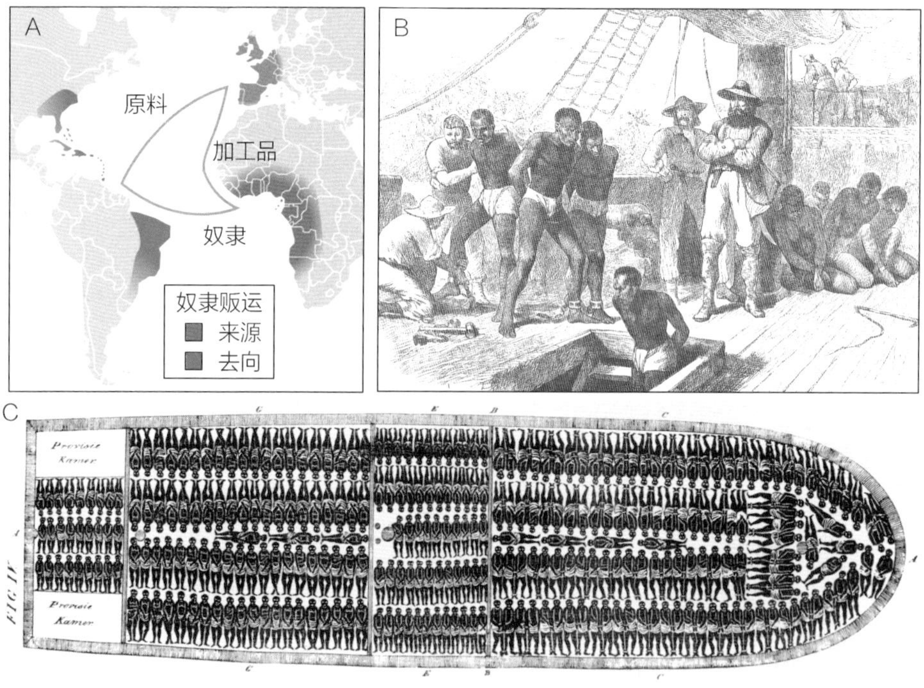

图8.16 跨大西洋的奴隶贩运。A.16—19世纪的“跨大西洋三角贸易”;B.从非洲将黑奴贩运到拉丁美洲;C.贩运船底部奴隶的舱位,该舱设计锁载奴隶292人。

和以古希腊为代表的地中海海洋文明，走了两种不同的道路。直到15世纪初，中国海军的实力仍远远超越欧洲。郑和下西洋比哥伦布航行早90年，郑和的船队超越哥伦布一两个量级，郑和的航程是哥伦布的5倍（图8.17），但是改变世界历史航程的却是

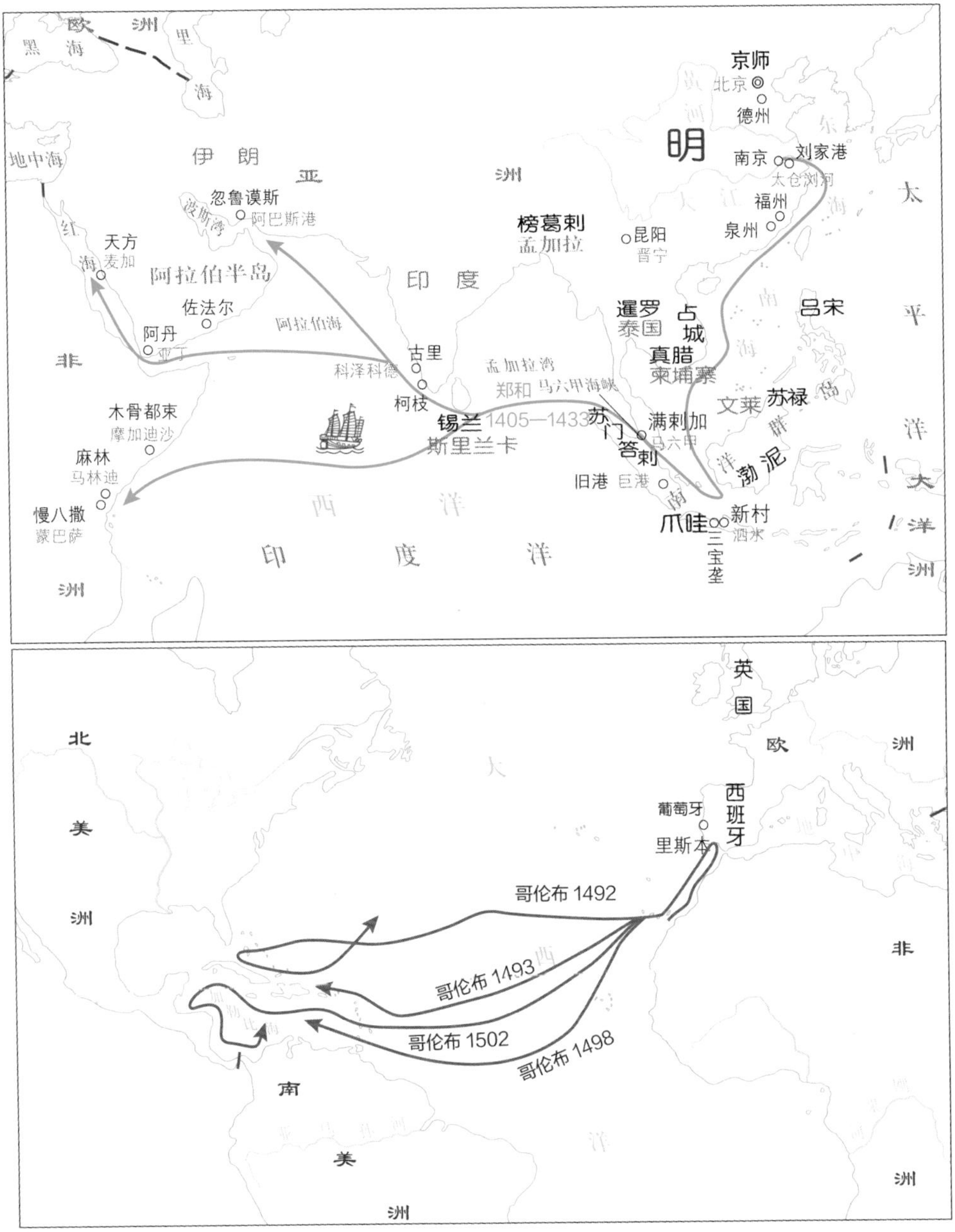

图8.17　郑和下西洋（上）和哥伦布航行（下）的比较。

哥伦布的航行，中国的“海禁”和欧洲的海上崛起都是在此之后。随后的几百年里，这两种文明各行其道，直到19世纪的碰撞，中国的大陆文明败给西方的海洋文明，中国沦为次殖民地。现在，古老的中国已经重新崛起，“建设海洋强国”的国策已定，但是华夏文明的大陆性质留存至今。华夏振兴的道路需要翻山越岭，考验之一就是要过“海洋关”。当前人类进军深海，正好提供了弯道超车的历史良机。了解深海、进军深海，对于中国来说，有着比其他国家更加深刻的意义。

参考书目

[1] 何起祥,许靖华.2012.海底探索之路.北京:海洋出版社.

[2] 许靖华.2009.古海荒漠——科学史上大发现(中国文库·科技文化类).朱文焕,译.北京:生活·读书·新知三联书店,2009.

[3] 许靖华.2006.搏击沧海——地学革命风云录(第二版).何起祥,译.北京:地质出版社.

[4] 金性春.2000.漂移的大陆(第二版).上海:上海科学技术出版社.

[5] 杰米逊.2016.深渊——探索海洋最深处的奥秘.许云平,葛黄敏,刘如龙,等译.杭州:浙江科学技术出版社.

[6] 巴拉德,海夫利.2018.深海探险简史.罗瑞龙,宋婷婷,崔维成,等译.上海:上海科学技术出版社.

[7] 布洛克.2012.大洋传送带——发现气候突变触发器.中国第四纪科学研究会高分辨率气候记录专业委员会,译.西安:西安交通大学出版社.

[8] 汪品先(主编).2013.十万个为什么第六版·海洋卷.上海:少年儿童出版社.

[9] 汪品先(主编).2018.深海探索(丛书,共六册).上海:少年儿童出版社.

[10] 内斯特.2015.深海——探索寂静的未知.白夏,译. 北京:北京联合出版公司.

[11] 拜厄特,福瑟吉尔,霍姆斯.2005.蓝色星球——海洋自然史.史立群,王元青,史曙光,译.沈阳:辽宁教育出版社.

[12] 埃里克森.2010.蓝色星球——海底世界的源起.党皓文,徐其刚,译.北京:首都师范大学出版社.

图片来源

部分图片来自以下文献:

图1.3 Harris et al.,2014;图1.5 Heezen and Tharp,1977;图1.6 Wessel et al.,2010;图1.7 Becker et al.,2009;图1.8 Smith et al.,2004;图1.10 Stommel,1958;图1.11 Quadfasel,2005和Marshall and Speer,2012;图1.12 Broecker,1991;图1.14 Marshall and Speer,2012; 图1.15 Morrison et al.,2015;图2.1 Anderson and Rice,2006;图2.2 Flemming,2016;图2.5 Hollister and McCave,1984;图2.13 Beaulieu et al.,2015;图2.14 Kelley et al.,2005;图2.16 Ceramicola et al.,2018;图2.17 Lupton et al.,2006;图2.19 Ohtani,2005;图3.3 Chave, 1998和O'Neill et al.,1995;图3.4 Van Dover et al.,2018;图3.5 Sawyer,1999和Kusek,2007;图3.6 Desbruyères et al.,1998和Le Bris et al.,2005;图3.8 Cordes et al.,2009和Siburt and Olu,1998;图3.9 Krieger,2009;图3.10 Marcarelli,2009;图3.11 Santelli et al.,2008和Furnes et al.,2007;图3.12 D'Hondt et al.,2019;图3.13 Li and Wang,2019;图3.14 Cairns et al.,2017等;图3.15 Roberts et al.,2009;图3.16 Freiwald et al.,2004;图3.17 Freiwald et al.,2004;图4.3 Taylor and McLennan,1996;图4.4 Ewing,Heezen,Tharp,1959和Heezen,1960和Blakemore,2016;图4.5 Heezen,1960;图4.6 White et al.,2003;图4.7 Flood,1999和Staudigel and Clague,2010;图4.8 Heezen and Tharp,1977;图4.9 Smith,2007;图4.10

Gaina et al.,2013 和 Pavoni and Müller,2000;图 4.11 Joseph,2007;图 4.14 Tatsumi,2005;图 4.15 Fryer et al.,2020 和 Fryer et al.,2011;图 4.16 Du et al.,2019;图 4.17 Mortimer et al.,2017;图 4.18 Mortimer et al.,2017 和 Sutherland et al.,2020;图 4.19 Coffin et al.,2013;图 4.20 Taylor 2006;图 4.21 Neal et al.,2008 和 Bralower,2008;图 4.24 Silva et al.,2013;图 5.3 Moore and Backman,2019;图 5.4 Klaus et al.,2000;图 5.5 Smit,1999;图 5.6 Hand,2016;图 5.7 Stoll,2006;图 5.8 Moran et al.,2006;图 5.9 Brinkhuis et al.,2006 和 Jakobsson et al.,2007;图 5.11 Ryan,2008 和 Hsu et al.,1973;图 5.12 Kessouir,2005 和 Incarbona et al.,2016;图 5.13 Roveri et al.,2014;图 5.14 Hsu et al.,1973 和 Roveri et al.,2014;图 5.15 Krijgsman et al.,2018;图 5.16 McKenzie,1999;图 5.17 Munk,2002;图 6.4 Lin et al.,2013 和 Chester et al.,2013 和 Hirono et al.,2016;图 6.6 Kodaira et al.,2012;图 6.8 Rubin et al.,2017;图 6.9 Tatsumi et al.,2018;图 6.11 Carey et al.,2018;图 6.12 Kano et al.,1995;图 6.13 Rotella et al.,2013;图 6.14 Fiske et al.,2001;图 6.15 Cesca et al.,2020;图 6.18 Farrington et al.,2016;图 6.19 Fisher et al.,2016;图 6.21 Zachos et al.,2005;图 6.22 Feynman,2016;图 6.23 Bondevik et al.,2005 和 Masson et al.,2010;图 6.24 Feynman,2016;图 6.25 Masson et al.,2010;图 7.1 Miller et al.,2018;图 7.3 Parada et al.,2012 和 Galley et al.,2007;图 7.5 Miller et al.,2018;图 7.6 Simon-Lledó et al.,2019;图 7.7 Maugeri,2004 和 Campbell and Laherrere,1998;图 7.10 Spencer,2011;图 7.11 Boswell and Colletee,2010;图 7.12 Ruppel and Kessler,2017;图 7.13 Ruppel and Kessler,2017;图 8.5 Pettit,2019;图 8.6 Ryan et al.,2009;图 8.7 Lebreton et al.,2018;图 8.8 Dinsmore,1996;图 8.10 Tarantota,2014。

部分图片由汪品先,张建松,IODP-CHINA,WHOI,NOAA,USGS,JAMSTEC 等提供。

本书地图由中华地图学社根据相关文献绘制,由中华地图学社授权使用,地图著作权归中华地图学社所有。

图书在版编目(CIP)数据

深海浅说/汪品先著. —上海:上海科技教育出版社,2020.10

ISBN 978-7-5428-7335-4

Ⅰ.①深… Ⅱ.①汪… Ⅲ.①深海-普及读物 Ⅳ.①P72-49

中国版本图书馆CIP数据核字(2020)第127722号

责任编辑 王世平 殷晓岚 程 着
装帧设计 杨 静

深海浅说
汪品先 著

出版发行 上海科技教育出版社有限公司
(上海市柳州路218号 邮政编码200235)
网 址 www.sste.com www.ewen.co
经 销 各地新华书店
印 刷 上海华顿书刊印刷有限公司
开 本 720×1000 1/16
印 张 15
版 次 2020年10月第1版
印 次 2020年10月第1次印刷
书 号 ISBN 978-7-5428-7335-4/N·1096
审 图 号 GS(2020)4865号
定 价 88.00元

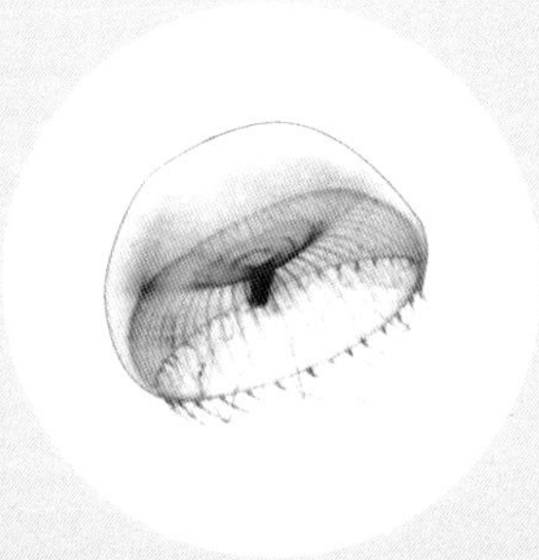